Hive

性能调优实战

林志煌◎编著

机械工业出版社
China Machine Press

图书在版编目（CIP）数据

Hive性能调优实战 / 林志煌编著. —北京：机械工业出版社，2020.1（2022.1重印）

ISBN 978-7-111-64432-3

Ⅰ. H… Ⅱ. 林… Ⅲ. 数据库系统－程序设计 Ⅳ. TP311.13

中国版本图书馆CIP数据核字（2019）第288083号

Hive 性能调优实战

出版发行：机械工业出版社（北京市西城区百万庄大街 22 号 邮政编码：100037）

责任编辑：欧振旭 陈佳媛　　责任校对：姚志娟

印　　刷：中国电影出版社印刷厂　　版　　次：2022 年 1 月第 1 版第 3 次印刷

开　　本：186mm×240mm 1/16　　印　　张：18.5

书　　号：ISBN 978-7-111-64432-3　　定　　价：89.00 元

客服电话：（010）88361066 88379833 68326294　　投稿热线：（010）88379604

华章网站：www.hzbook.com　　读者信箱：hzjsj@hzbook.com

前言

Hive 作为 Hadoop 生态的重要组成部分，以其稳定和简单易用成为了当前企业在搭建大数据平台及构建企业级数据仓库时使用较为普遍的大数据组件之一。

目前，图书市场上关于 Hive 的书籍比较少，而专题介绍 Hive 性能调优的图书就更少了，几乎是个空白。有些书籍中涉及 Hive 性能调优，但也只是浅尝辄止。笔者认为，Hive 是构建在 Hadoop 生态之上的，其性能调优其实与自身及其关联的大数据组件都有很密切的联系。鉴于市面上还没有从 Hadoop 的整体和全局介绍 Hive 性能调优的书籍，笔者编写了这本书。这本书除了总结和完善自己的知识体系外，还希望能将自己多年的大数据开发经验系统地总结出来，供读者借鉴，从而让他们在学习和工作中少走弯路。

考虑到很多调优方法的着眼点有一定的相似性，这些方法一般可以适用于多个 Hive 版本，所以本书在讲解时穿插了 Hive 1.x、Hive 2.x 和 Hive 3.x 等多个版本的内容。

本书特色

1. 内容非常系统、实用

本书从语法、表模型设计、执行计划和计算引擎等多个角度系统地介绍了 Hive 性能调优的相关知识。为了避免纸上谈兵，书中在讲解知识点时列举了大量的实例帮助读者理解。

2. 从原理谈优化

本书所介绍的实例都是从原理谈优化，让读者知其然也知其所以然。例如，在介绍 HiveSQL 调优时，我们会转换成计算引擎执行的等价代码，让读者知道 HiveSQL 的实际运行流程，从而直观地理解其可能引发的性能问题。

3. 适用于多个Hive版本

本书总结了 Hive 性能调优的方法论，并总结了 Hive 性能调优需要关注的技术点。这些方法论和技术点无论是现在还是将来，只要是将 Hive 构建于 Hadoop 大数据平台之上，就都可以借鉴和使用。

本书内容

第1章　举例感受Hive性能调优的多样性

本章用代码演示了各种优化技巧，从多个完全不同的角度介绍了 Hive 性能调优的多样性，例如改写 SQL、调整数据存储的文件块、改变数据存储格式、设计 Hive 表等。

第2章　Hive问题排查与调优思路

本章介绍了 Hive 性能调优的整个过程，并给出了作者对于 Hive 调优过程中的一些思考，如编码和调优的原则、Hive SQL 的相关开发规范等。通过阅读本章内容，读者可以对 Hive 性能调优的过程和工具有一个整体认识。

第3章　环境搭建

本章介绍了多种快速部署大数据开发环境的方式。考虑到不同读者手头的计算机资源有限，加之很多开发者并不喜欢“折腾”基础环境的搭建，书中介绍了一些比较快捷搭建环境的方式，涉及 Docker 和 Cloudera Manager 等技术。通过阅读本章内容，读者可以快速构建自己的大数据开发环境。

第4章　Hive及其相关大数据组件

本章比较系统地介绍了 Hive 及其相关大数据组件的基础知识。因为 Hive 构建于 Hadoop 大数据平台之上，其数据存储依赖 HDFS，而 HiveSQL 的执行引擎依赖 MapReduce、Spark 和 Tez 等分布式计算引擎，其作业资源调度依赖 YARN 和 Mesos 等大数据资源调度管理组件，所以脱离 Hadoop 生态讲 Hive 性能调优无异于隔靴搔痒，解决不了根本问题。

第5章　深入MapReduce计算引擎

本章详细介绍了 MapReduce 计算引擎的相关内容。之所以选择 MapReduce，首先是因为它足够简单，没有过多对高层接口做封装，而是将所有业务计算都拆分成 Map 和 Reduce 进行处理，易于读者理解；其次是因为大多数分布式计算框架处理数据的基本原理和 MapReduce 大同小异，学习 MapReduce 对于日后学习 Spark 和 Tez 有举一反三的效果。

第6章　Hive SQL执行计划

本章带领读者系统地学习了 Hive SQL 的相关知识。Hive SQL 执行计划描绘了 SQL

实际执行的整体轮廓。通过执行计划，可以了解 SQL 程序在转换成相应的计算引擎时的执行逻辑。掌握了执行逻辑，就能更好地了解程序出现的瓶颈，从而便于用户更有针对性地进行优化。

第7章 Hive数据处理模式

本章介绍了 Hive 的数据处理模式。Hive SQL 的语法多种多样，但是从数据处理的角度而言，这些语法本质上可以被分成三种模式，即过滤模式、聚合模式和连接模式。通过这些计算模式，读者可以了解它们的优缺点，从而提升 SQL 优化水平。

第8章 YARN日志

YARN 日志是每个 Hive 调优人员必然会用到的工具。本章着重介绍了 YARN 日志，并对其进行解读。如果说执行计划提供了一个定性优化依据，那么 YARN 日志提供的就是一个定量优化依据。

第9章 数据存储

本章着重介绍了 Hive 数据存储的相关知识。数据存储是 Hive 操作数据的基础，选择一个合适的底层数据存储文件格式，即使在不改变当前 Hive SQL 的情况下，其性能也可以得到大幅提升。

第10章 发现并优化Hive中的性能问题

本章运用前面章节所介绍的性能问题定位工具，来定位 Hive 中常见的性能问题。对于 Hive 的使用者而言，借助 Hadoop 生态组件中所提供的工具就足以应对日常生产环境中所产生的问题。

第11章 Hive知识体系总结

本章简要梳理了 Hive 的整个知识体系，帮助读者比较全面地了解一项技术所涉及的方方面面，也有助于读者在学习该技术时形成自己的调优体系。

配书资料获取方式

本书涉及的所有源代码需要读者自行下载。请在华章公司的网站 www.hzbook.com 上搜索到本书，然后单击“资料下载”按钮，即可在本书页面上找到下载链接。

本书读者对象

- Hive 初学者与进阶读者；
- 大数据开发工程师；
- 大数据开发项目经理；
- 专业培训机构的学员；
- 高校相关专业的学生。

本书作者

本书由林志煌编写。由于笔者的经验和能力所限，书中可能还有一些疏漏和不当之处，敬请读者指正，以便于及时改正。联系邮箱：hzbook2017@163.com。

编著者

目录

第 1 章　举例感受 Hive 性能调优的多样性

谈及一项技术的优化，必然是一项综合性的工作，它是多门技术的结合。在这一章中将会用代码来演示各类优化技巧，目的在于演示 Hive 调优的多样性。

本章将从多个完全不同的角度来介绍 Hive 优化的多样性，如改写 SQL、调整数据存储的文件块、改变数据的存储格式、Hive 表的设计等方面。

如果对本章里面提到的技术和技巧不懂的话也没关系，先知道有这样一个技术即可。这些技术将会在本书后续章节陆续讲到，并会让读者知道为什么要用这些技巧，最终能在知其然的情况下，知其所以然，不管在应对多大的数据量下都能够在开发、生产和运维等阶段感知和监控性能问题，并快速定位问题点将其快速解决。

1.1　感受改写 SQL 对性能的影响

通过改写 SQL 来优化程序性能是编程人员进行调优的常见手段。本节将围绕对 union 改写案例来让大家感受改写 SQL 对性能的提升。在 1.1.2 节中要思考一个问题：这样的写法性能瓶颈点在哪里？在 1.1.3 节中要思考两个问题：为什么选用这种改写方式？还有提升的空间吗？

1.1.1　数据准备

在做这个演示前需要准备一些数据，如果读者对准备数据代码不感兴趣，则可以略过本节的代码，直接学习后面章节的内容。案例 1.1 是准备学生信息表（student_tb_txt）数据的代码示例，案例 1.2 是准备学生选课信息表（student_sc_tb_txt）数据的代码示例。

【案例 1.1】 生成 Hive 表 student_tb_txt 的数据。

（1）创建 student 数据的本地目录，并确保该目录有写权限，代码如下：

```
mkdir init_student
chmod -R 777 ./init_student
```

（2）在 init_student 目录下，创建生成 student 数据的 python 代码 init_student.py，如下：

```
# coding: utf-8
import random
import datetime
import sys
reload(sys)
sys.setdefaultencoding('utf8')
# lastname 和 first 都是为了来随机构造名称
lastname = u"赵李周吴郑王冯陈褚卫蒋沈韩杨朱秦尤许何吕施张孔曹严华金魏陶姜戚谢邹喻柏
水窦章云苏潘葛奚范彭郎鲁韦昌马苗"
firstname = u"红尘冷暖岁月清浅仓促间遗落一地如诗的句点不甘愿不决绝掬一份刻骨的思念
系一根心的挂牵在你回眸抹兰轩的底色悄然"
#创建一个函数，参数 start 表示循环的批次
def create_student_dict(start):
    firstlen = len(firstname)
    lastlen = len(lastname)
    # 创建一个符合正太分布的分数队列
    scoreList = [int(random.normalvariate(100, 50)) for _ in xrange(1, 5000)]
    # 创建 1 万条记录，如果执行程序内存够大，这个可以适当调大
    filename = str(start) + '.txt'
    print filename
    #每次循环都创建一个文件，文件名为：循环次数+'.txt',例如 1.txt
    with open('./' + filename, mode='wr+') as fp:
        for i in xrange(start * 40000, (start + 1) * 40000):
            firstind = random.randint(1, firstlen - 4)
            model = {"s_no": u"xuehao_no_" + str(i),
                "s_name": u"{0}{1}".format(lastname[random.randint(1, lastlen - 1)],
                                       firstname[firstind: firstind + 1]),
                "s_birth": u"{0}-{1}-{2}".format(random.randint(1991, 2000),
                                          '0' + str(random.randint(1, 9)),
                                          random.randint(10, 28)),
                "s_age": random.sample([20, 20, 20, 20, 21, 22, 23, 24, 25, 26], 1)[0],
                "s_sex": str(random.sample(['男', '女'], 1)[0]),
                "s_score": abs(scoreList[random.randint(1000, 4990)]),
                's_desc': u"为程序猿攻城狮队伍补充新鲜血液,"
                          u"为祖国未来科技产业贡献一份自己的力量" * random.randint
(1, 20)}
            #写入数据到本地文件
            fp.write("{0}\t{1}\t{2}\t{3}\t{4}\t{5}\t{6}".
                     format(model['s_no'], model['s_name'],
                            model['s_birth'], model['s_age'],
                            model['s_sex'], model['s_score'],
                            model['s_desc']))
# 循环创建记录，一共是 40000*500=2 千万的数据
for i in xrange(1, 501):
    starttime = datetime.datetime.now()
    create_student_dict(i)
```

（3）确保该文件有被执行的权限，代码如下：

```
chmod 777 init_student.py
```

（4）生成数据，执行下面的代码后将在 init_student 目录下生成 500 个 txt 文件。

```
python init_student.py
```

（5）创建 hdfs 目录：

```
hdfs dfs -mkdir /mnt/data/bigdata/hive/warehouse/student_tb_txt/
```

（6）在 init_student 目录下执行下面的命令，将所有的 txt 文件上传到步骤 5 创建的目录下。

```
hdfs dfs -put ./*.txt  /mnt/data/bigdata/hive/warehouse/student_tb_txt/
```

（7）在 Hive 上创建 student 内部表，并将数据目录映射到步骤 5 的目录，代码如下：

```
create table if not exists default.student_tb_txt(
  s_no string comment '学号',
  s_name string comment '姓名',
  s_birth string comment '生日',
  s_age bigint  comment '年龄',
  s_sex string comment '性别',
  s_score bigint comment '综合能力得分',
  s_desc string comment '自我介绍'
)
row format delimited
fields terminated by '\t'
location '/mnt/data/bigdata/hive/warehouse/student_tb_txt/';
```

至此，student_tb_txt 表的数据已经生成并加载完成。

【案例 1.2】 生成 Hive 表 student_sc_tb_txt 的数据。

步骤与案例 1.1 类似，创建本地目录 init_course，并编写 student_sc_tb_txt 表数据的生成程序 init_course.py。代码如下：

```
# coding: utf-8
import random, datetime
import sys
reload(sys)
sys.setdefaultencoding('utf8')
#创建一个函数，参数 start 表示循环的批次
def create_student_sc_dict(start):
    filename = str(start)+'.txt'
    print start
    with open('./'+filename , mode='wr+') as fp:
        for i in xrange(start * 40000, (start + 1)  * 40000):
            #课程出现越多表示喜欢的人越多
            course = random.sample([u'数学', u'数学', u'数学', u'数学', u'数学',
                                   u'语文', u'英语', u'化学', u'物理', u'生物'], 1)[0]
            model = {"s_no": u"xuehao_no_" + str(i),
                     "course": u"{0}".format(course),
                     "op_datetime": datetime.datetime.now().strftime("%Y-%m-%d"),
                     "reason": u"我非常非常非常非常非常非常非常"
                               u"非常非常非常非常非常非常非常喜爱{0}".format(course)}
            line = "{0}\t{1}\t{2}\t{3}"\
                .format(model['s_no'],
                        model['course'],
```

```
                        model['op_datetime'],
                        model['reason'])
            fp.write(line)
    # 循环创建记录，一共是 40000*500=2 千万记录
    for i in xrange(1, 501):
        starttime = datetime.datetime.now() # create_student_dict 转换成dataframe
                                              格式，并注册临时表 temp_student
        create_student_sc_dict(i)
```

执行 init_course.py 代码并生成本地数据，之后创建 hdfs 目录，即/mnt/data/bigdata/hive/warehouse/student_sc_tb_txt/，并将本地数据上传到对应的 hdfs 目录下，最后创建对应的 hive 表，代码如下：

```
create table if not exists default.student_sc_tb_txt(
  s_no string comment '学号',
  course string comment '课程名',
  op_datetime string comment '操作时间',
  reason  string comment '选课原因'
)
row format delimited
fields terminated by '\t'
location '/mnt/data/bigdata/hive/warehouse/student_sc_tb_txt';
```

至此已经完成了 student_sc_tb_txt 表数据的准备。准备好数据后，接着看下面的案例。

1.1.2 union 案例

本节将编写一个带有 union 关键字的案例。在该案例中查询 student_tb_txt 表，每个年龄段最晚出生和最早出生的人的出生日期，并将其存入表 student_stat 中。

【案例 1.3】 编写一个带有 union 关键字的案例。

```
--创建一张新的统计表
create table student_stat(a bigint, b bigint) partitioned by (tp  string)
STORED AS TEXTFILE;
--开启动态分区
set hive.exec.dynamic.partition=true;
set hive.exec.dynamic.partition.mode=nonstrict;
--找出各个年龄段最早和最晚出生的信息，并将这两部分信息使用 union 进行合并写入
student_stat 中
insert into table student_stat partition(tp)
select s_age,max(s_birth) stat,'max' tp
from student_tb_txt
group by s_age
union all
select s_age,min(s_birth) stat, 'min' tp
from student_tb_txt
group by s_age;
--------------执行后计算结果如下------------------------
Query ID = hdfs_20180928153333_6e96651d-e0d3-41a3-a3d9-121210094aca
```

```
Total jobs = 5
Launching Job 1 out of 5
…省略大部分的打印信息
MapReduce Jobs Launched:
Stage-Stage-1: Map: 84  Reduce: 328   Cumulative CPU: 1456.95 sec   HDFS
Read: 21956521358 HDFS Write: 31719 SUCCESS
Stage-Stage-9: Map: 84  Reduce: 328   Cumulative CPU: 1444.21 sec   HDFS
Read: 21956522014 HDFS Write: 31719 SUCCESS
Stage-Stage-2: Map: 6   Cumulative CPU: 34.47 sec   HDFS Read: 258198 HDFS
Write: 582 SUCCESS
Stage-Stage-4: Map: 2   Cumulative CPU: 3.83 sec   HDFS Read: 6098 HDFS
Write: 84 SUCCESS
Total MapReduce CPU Time Spent: 48 minutes 59 seconds 460 msec
OK
Time taken: 336.306 seconds
```

从上面打印的返回结果可以看到一个共有 5 个 Job 对应 4 个 MapReduce（MR）的任务，即 Stage-Stage-1、Stage-Stage-9、Stage-Stage-2 和 Stage-Stage-4 对应的任务。

我们重点看黑体部分，从 Total MapReduce CPU Time 中可以看到所占用系统的实际耗时是 48 分 59 秒，用户等待的时间是 336 秒，记住这些数字，并对比接下来 1.1.3 节的结果。

扩展： Partition default.student_stat{tp=max} stats: […]这类信息只有在开启统计信息收集的时候才会打印出来，对应的配置是 hive.stats.autogather，默认值是 true。

注意： Total MapReduce CPU Time Spent 表示运行程序所占用服务器 CPU 资源的时间。而 Time taken 记录的是用户从提交作业到返回结果期间用户等待的所有时间。

接下来我们来看一个不使用 union all 的对比案例。

1.1.3　改写 SQL 实现 union 的优化

在上一节的案例中，我们只是完成了一个简单的求最大值/最小值的统计，但却用了 4 个 MR 任务，如图 1.1 所示。

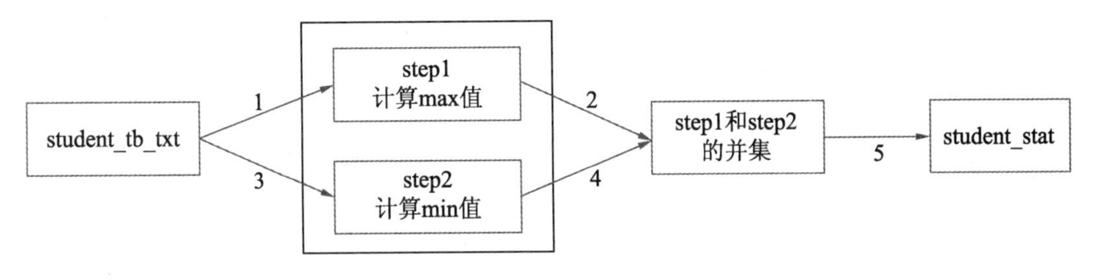

图 1.1　union 数据流（图中数字仅代表执行顺序）

（1）任务 1，取 student_tb_txt 数据，计算 birth 的 max 值，并写入临时区。

（2）任务 2，取 student_tb_txt 数据，计算 birth 的 min 值，并写入临时区。

（3）任务 3，求任务 1 和任务 2 结果的并集。

（4）任务 4，把任务 3 得到的结果写入 student_stat 中。

扩展： 如何知道是上面 4 个任务，而不是其他任务呢？有两种方式可以判断：第一，通过查看执行计划，但是一定要记住一点，Hive 的执行计划都是预测的，这点不像 Oracle 和 SQL Server 有真实的计划，在后面我们会详细谈谈执行计划；第二，按照 SQL 语法，结合 MapReduce 的实现机制去推测 MR 应该怎么实现，这种方式需要建立在有一定的 MapReduce 编写经验上，理解基本的分布式计算基本原理。

HiveSQL 在执行时会转化为各种计算引擎能够运行的算子。作为 HiveSQL 的使用者，想要写出更加有效率的 HiveSQL 代码和 MR 代码，就需要去理解 HiveSQL 是如何转化为各种计算引擎所能运行的算子的。怎么做到？分为两步：第一步，理解基本的 MR 过程和原理，第二步，在日常编写 SQL 的过程中，尝试将 SQL 拆解成计算引擎对应的算子，拆解完和执行计划进行比对，还要和实际执行过程的算子比对，并思考自己拆解完后的算子与通过 explain 方式得到的算子的执行计划的异同。

在大数据领域，分布式计算和分布式存储会消耗大量的磁盘 I/O 和网络 I/O 资源，这部分资源往往成为了大数据作业的瓶颈。在运行案例 1.3 时观察集群资源的运行情况，将会发现 CPU 使用率很少，磁盘和网络读/写会变得很高，所以优化的焦点就集中在如何降低作业对 I/O 资源的消耗上。MR 任务有一个缺点，即启动一次作业需要多次读/写磁盘，因为 MR 会将中间结果写入磁盘，而且为了保障磁盘的读写效率和网络传输效率，会进行多次排序。

如果一个 SQL 包含多个作业，作业和作业之间的中间结果也会先写到磁盘上。减少中间结果的产生，也就能够达到降低 I/O 资源消耗，提升程序效率。针对案例 1.3，我们调优的关键点就是减少或者避免中间结果集的产生，基于这样的想法，改造后的数据流如图 1.2 所示。

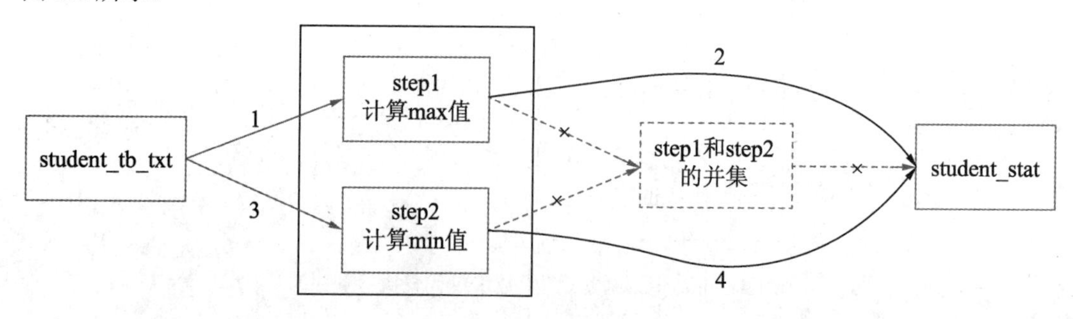

图 1.2　去掉 union 数据流

观察图 1.2，会发现有一处冗余的地方：step1 和 step2 都是对 student_tb_txt 进行计算，但在计算时要查询两次表，这一步其实是冗余的。如果 student_tb_txt 是一个基数特别大的表，从表中取数（读取磁盘中的数据）的时间将变得很长，也浪费了集群宝贵的 I/O 资源。可以将其进行优化，变成只需读取一次表，如图 1.3 所示。

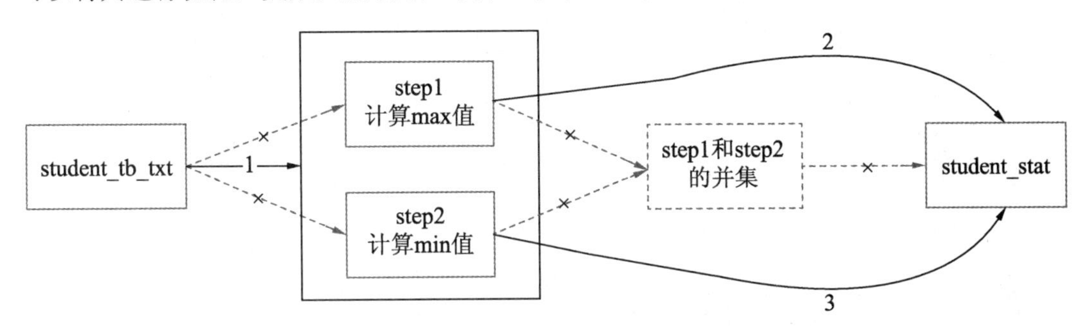

图 1.3　优化从源表取数的操作

图 1.3 中优化了从源表 student_tb_txt 取数的次数，但是计算 max 值和 min 值却要分成两个 MR 作业，并将计算结果分别插入到 student_stat 中。如果能够在一个任务当中完成 max 和 min 值计算，那就可以减少启动一个作业的时间，以及 MR 任务对磁盘 I/O 和网络 I/O 的消耗。改造后的数据流如图 1.4 所示。

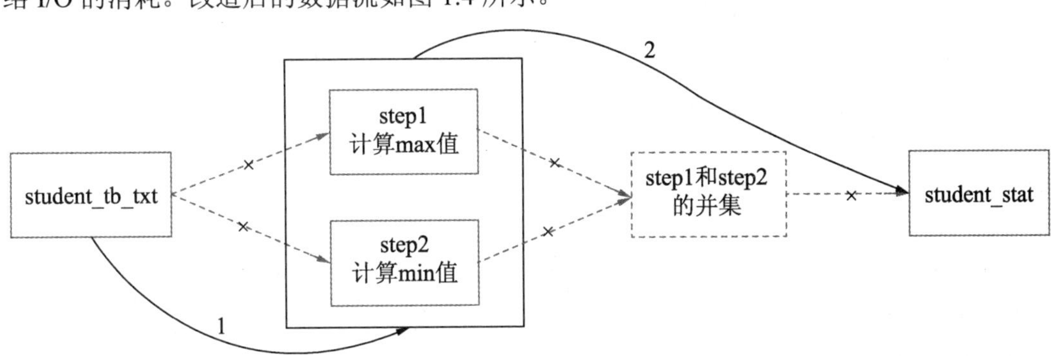

图 1.4　简化 max/min 的计算过程

基于图 1.4 的方案，在 Hive 中采用了案例 1.4 的实现方式。

【案例 1.4】 去掉 union 计算 max 和 min。

```
DROP TABLE if EXISTS student_stat;
--创建 student_stat
create table student_stat(a bigint, b bigint) partitioned by (tp  string)
STORED AS TEXTFILE;
--开启动态分区
set hive.exec.dynamic.partition=true;
set hive.exec.dynamic.partition.mode=nonstrict;
from student_tb_txt
```

```
INSERT into table student_stat partition(tp)
select s_age,min(s_birth) stat,'min' tp
group by s_age
insert into table  student_stat partition(tp)
select s_age,max(s_birth) stat,'max' tp
group by s_age;
-------------------执行结果-----------------------------------
Query ID = hdfs_20190225095959_25418167-9bbe-4c3d-aae0-0511f52ca683
Total jobs = 1
...//省略部分的打印信息
Hadoop job information for Stage-2: number of mappers: 84; number of
reducers: 328
2019-02-25 10:00:02,395 Stage-2 map = 0%,  reduce = 0%
2019-02-25 10:00:19,973 Stage-2 map = 3%,  reduce = 0%, Cumulative CPU 18.06 sec
...//省略部分的打印信息
2019-02-25 10:02:44,432 Stage-2 map = 100%,  reduce = 100%, Cumulative CPU
2133.75 sec
MapReduce Total cumulative CPU time: 35 minutes 33 seconds 750 msec
Ended Job = job_1550390190029_0218
...
MapReduce Jobs Launched:
Stage-Stage-2: Map: 84  Reduce: 328   Cumulative CPU: 2133.75 sec   HDFS
Read: 21957309270 HDFS Write: 2530 SUCCESS
Total MapReduce CPU Time Spent: 35 minutes 33 seconds 750 msec
OK
Time taken: 171.342 second
```

从以上结果中可以看到案例 1.4 的执行结果：

- Total MapReduce CPU Time：35 分 33 秒；
- 用户等待时间：171 秒。

相比于案例 1.3，在案例 1.4 中通过改写 SQL，即实现 MULTI-TABLE-INSERT 写法，Total MapReduce CPU Time Spent 的总耗时从 48 分 59 秒减少到了 35 分 33 秒，减少了 13 分钟 26 秒，用户实际等待耗时从 336 秒减少到了 171 秒，节省了近 1/2 的时间。案例 1.4 中，整个优化的过程都集中在对磁盘 I/O 和网络 I/O 的优化上，在硬件资源保持不变的情况下，随着数据量的增加，整个集群的磁盘和网络压力会更大，相比于案例 1.3 的写法，其节省的时间会更加明显。

扩展： 细心的读者会发现，案例 1.4 只启动了 1 个 job，而案例 1.3 却启动了 5 个，每启动一个 job，就说明集群多执行了一次 MapReduce 作业，MapReduce 作业越多则代表数据就要经历更多次的磁盘读写和网络通信。随着数据量增多，磁盘和网络的负载会越来越大，耗在每个 MapReduce 过程的时间延迟也会越来越长。

1.1.4 失败的 union 调优

如果是从学 PL-SQL 或 T-SQL 刚转到学习 Hive 的读者，可能不知道 MULTI-TABLE-

INSERT 的写法，在分析图 1.2 的调优方式时，将会采用如下案例来对其优化，即把一个 union 语句拆解成多个简单 SQL，比如案例 1.5 的写法。

【案例 1.5】 将一个含有 union 的 SQL 改写为两个简单的 SQL。

```
drop table if exists student_stat;
create table student_stat(a bigint, b bigint) partitioned by (tp  string)
STORED AS TEXTFILE;
set hive.exec.dynamic.partition=true;
set hive.exec.dynamic.partition.mode=nonstrict;
--计算 max 值
insert into table student_stat partition(tp)
select s_age,max(s_birth) stat, 'max' tp
from student_tb_txt
group by s_age;
--计算 min 值
insert into table student_stat partition(tp)
select s_age,min(s_birth) stat,'min' tp
from student_tb_txt
group by s_age;
```

案例 1.5 将案例 1.3 的代码拆分成了两段代码，这样可以省略 union 的 MR 作业，计算 max 和 min 值的两个作业可直接将数据放到 student_stat 目录下，少了一次 MR 作业，并节省了一个 MR 所额外消耗的资源。看似很合理的方案，我们来看下两个程序的执行结果。

计算 max 值的执行结果：

```
Query ID = hdfs_20190219142020_2462a9ff-98d0-4fe0-afd8-24f78eebf46b
Total jobs = 1
Launching Job 1 out of 1
...//省略非必要信息
Hadoop job information for Stage-1: number of mappers: 84; number of
reducers: 328
2019-02-19 14:20:16,031 Stage-1 map = 0%,  reduce = 0%
2019-02-19 14:20:26,350 Stage-1 map = 6%,  reduce = 0%, Cumulative CPU 28.57 sec
...//省略部分信息
2019-02-19 14:22:35,773 Stage-1 map = 100%,  reduce = 100%, Cumulative CPU
2028.24 sec
MapReduce Total cumulative CPU time: 33 minutes 48 seconds 240 msec
Ended Job = job_1550390190029_0057
Loading data to table default.student_stat partition (tp=null)
  Time taken for load dynamic partitions : 153
 Loading partition {tp=max}
  Time taken for adding to write entity : 0
Partition default.student_stat{tp=max} stats: [numFiles=7, numRows=7,
totalSize=42, rawDataSize=35]
MapReduce Jobs Launched:
Stage-Stage-1: Map: 84  Reduce: 328  Cumulative CPU: 2028.24 sec  HDFS
Read: 21956949222 HDFS Write: 1265 SUCCESS
Total MapReduce CPU Time Spent: 33 minutes 48 seconds 240 msec
OK
Time taken: 147.503 seconds
```

计算 min 值的执行结果：

```
Query ID = hdfs_20190219142222_7babcc53-6ceb-4ca6-a1c1-970d7caa43ab
Total jobs = 1
Launching Job 1 out of 1
...//省略部分信息
Hadoop job information for Stage-1: number of mappers: 84; number of
reducers: 328
2019-02-19 14:22:48,191 Stage-1 map = 0%,  reduce = 0%
2019-02-19 14:22:56,453 Stage-1 map = 6%,  reduce = 0%, Cumulative CPU 25.13 sec
...//省略部分信息
2019-02-19 14:25:11,062 Stage-1 map = 100%,  reduce = 100%, Cumulative CPU
2014.8 sec
MapReduce Total cumulative CPU time: 33 minutes 34 seconds 800 msec
Ended Job = job_1550390190029_0058
Loading data to table default.student_stat partition (tp=null)
  Time taken for load dynamic partitions : 104
 Loading partition {tp=min}
  Time taken for adding to write entity : 0
Partition default.student_stat{tp=min} stats: [numFiles=7, numRows=7,
totalSize=42, rawDataSize=35]
MapReduce Jobs Launched:
Stage-Stage-1: Map: 84  Reduce: 328   Cumulative CPU: 2014.8 sec   HDFS
Read: 21956949222 HDFS Write: 1265 SUCCESS
Total MapReduce CPU Time Spent: 33 minutes 34 seconds 800 msec
OK
Time taken: 152.628 seconds
```

从案例 1.5 的执行结果中可以得到计算最大值和最小值的 Total MapReduce CPU Time 总和为 66 分钟，用户等待时间为 303 秒。

案例 1.5 相比于 union 的写法，即案例 1.3，系统 CPU 耗时多了近 16 分钟，这样的结果让人感到意外。难道分析过程有问题？其实对于 Hive 的早期版本，用案例 1.5 的代码确实是对案例 1.3 的代码进行了调优，但在 Hive 版本迭代中对 union 命令进行了优化，导致拆分后的代码令整个程序跑得慢了。从这里我们可以知道，某些调优方式随着版本的迭代，也逐渐变得不再适用。

扩展： Hive 同其他数据库一样，提供了 SQL 并行执行的功能。但我们知道，SQL 并行执行并不会节省作业耗用的 CPU 和磁盘资源，只是节省了用户等待的时间。另外，当作业足够大或者集群资源不够的情况下，SQL 并不会并行运行。

1.2 感受调整数据块大小对性能的影响

改写 SQL 让程序性能得到了一定的优化，但不要把这个当成是 Hive 调优的全部。有时，即使应用程序不需要任何改变，也能让性能得到提高。本节我们就来看一下通过调整数据块大小对性能产生的影响。

1.2.1　数据准备

我们先准备一个数据分布不均匀的表 student_tb_txt_bigfile。数据准备的代码如下：

```
#合并 Map 输出的小文件
set hive.merge.mapfiles=true;
set hive.merge.orcfile.stripe.level=true;
set hive.merge.size.per.task=268435456;
set hive.merge.smallfiles.avgsize=16777216;
#先写入到 student_tb_orc，由于 orc 格式会压缩数据因此最后生成的文件会很小
#最后会被合并成 3 个文件
create table student_tb_orc like student_tb_txt stored as orc;
insert into student_tb_orc
select * from student_tb_txt;
#再从 student_tb_orc 写入 student_tb_txt_bigfile
#由于 student_tb_orc 的文件只有三个，写入到 student_tb_txt_bigfile 也只会有少数的
几个文件
#具体的文件数看启动的 Map 数（和集群配置有关），本例子最后生成了两个文件
#即 20Gtxt 的表会被分到两个大文件中
create table student_tb_txt_bigfile like student_tb_txt stored as textfile;
insert into student_tb_txt_bigfile
select * from student_tb_orc;
```

student_tb _txt_bigfile 表的数据准备好了，来看 1.2.2 节的案例。

1.2.2　案例比较

参考案例 1.4MULTI-INSERT 的写法，我们编写了案例 1.6，将 SQL 查询基表从 student_tb_txt 换成数据分布不均的表 student_tb_txt_bigfile。

【案例 1.6】 使用数据分布不均的表进行业务计算。

```
DROP  TABLE if EXISTS student_stat;
create table student_stat(a bigint, b bigint) partitioned by (tp  string)
STORED AS TEXTFILE;
set hive.exec.dynamic.partition=true;
set hive.exec.dynamic.partition.mode=nonstrict;
--业务过程同案例 1.4 一样计算各个年龄段，最小出生日期和最大出生日期
from student_tb_txt_bigfile
INSERT into table student_stat partition(tp)
select s_age,min(s_birth) stat,'min' stat
GROUP  by s_age
insert into table  student_stat partition(tp)
select s_age,max(s_birth) stat,'max' stat
GROUP  by s_age;
```

下面是执行结果：

```
Query ID = hdfs_20190225153030_259b6243-dac3-4f06-9325-e562843359d6
```

```
Total jobs = 1
Launching Job 1 out of 1
...//省略非必要信息
Hadoop job information for Stage-2: number of mappers: 82; number of
reducers: 328
2019-02-25 15:31:09,605 Stage-2 map = 0%,  reduce = 0%
2019-02-25 15:31:27,114 Stage-2 map = 4%,  reduce = 0%, Cumulative CPU 42.95 sec
...//省略非必要信息
2019-02-25 15:33:48,943 Stage-2 map = 100%,  reduce = 100%, Cumulative CPU
2158.91 sec
MapReduce Total cumulative CPU time: 37 minutes 58 seconds 910 msec
Ended Job = job_1550390190029_0219
...//省略非必要信息
MapReduce Jobs Launched:
Stage-Stage-2: Map: 82  Reduce: 328   Cumulative CPU: 2278.91 sec   HDFS
Read: 21967941496 HDFS Write: 2530 SUCCESS
Total MapReduce CPU Time Spent: 37 minutes 58 seconds 910 msec
OK
Time taken: 182.842 seconds
```

从上面的信息可以看到，案例 1.6 的执行结果为：

- Total MapReduce CPU Time：近 38 分；
- 用户等待时间：182 秒。

相比案例 1.4，Total MapReduce CPU Time 从 35 分钟增加到了 38 分钟。实际等待时间也从 171 秒增加到了 182 秒，性能有了些许下降。

为什么从 student_tb_txt 表执行的操作能够比 student_tb_bigfile 来得更快呢？我们来看两个表有什么不同。采用 desc formmated table 来查看 student_tb_txt 和 student_tb_txt_bigfile 两个表的基本信息，具体操作见案例 1.7 和案例 1.8。

【案例 1.7】 查看 student_tb_txt 表信息。

```
>desc formatted student_tb_txt;
…//省略非重要信息
Location:           hdfs://bigdata-03:8020/mnt/data/bigdata/warehouse/
                    student_tb_txt
Table Type:         MANAGED_TABLE
Table Parameters:
    COLUMN_STATS_ACCURATE        false
    last_modified_by         hdfs
    last_modified_time       1550503736
    numFiles                 500
    numRows                  -1
    rawDataSize              -1
    totalSize                21937135249
    transient_lastDdlTime    1550503736
…//省略非重要信息
```

【案例 1.8】 查看 student_tb_txt_bigfile。

```
> desc formatted student_tb_txt_avg;
…为节省篇幅，略去同上面相同的项目
```

```
Location:            hdfs://bigdata-03:8020/mnt/data/bigdata/warehouse/
                     student_tb_txt_bigfile
Table Parameters:
   COLUMN_STATS_ACCURATE       true
   numFiles                  2
   numRows                   20000000
   rawDataSize               21934950966
   totalSize                 21954950966
   transient_lastDdlTime     1550542762
...为节省篇幅，略去同上面相同的项目
```

比较案例 1.7 和案例 1.8，在 Table Parameters 表中我们看到唯一的不同是 numFiles，numFiles 表示这个表存储数据的文件个数。

- student_tb_txt：存储约 20GB 的文件，用了 500 个文件，平均每个文件接近 40MB。
- student_tb_txt_bifile：存储相同的数据，用了 2 个文件，平均每个文件 10GB。

我们用 hdfs dfs 命令来查看具体的文件信息，并验证上面的信息，见案例 1.9。

【案例 1.9】 查看 HDFS 中的数据文件。

```
#下面的...表示省略相同的路径前缀
#查看表 student_tb_txt 的文件信息
$ hdfs dfs -ls /mnt/data/bigdata/warehouse/student_tb_txt
Found 500 items
-rwxrwxrwt   3 hue hive 43840864 2018-09-27 17:53 1.txt
-rwxrwxrwt   3 hue hive 43905110 2018-09-27 17:49 2.txt
...
-rwxrwxrwt   3 hue hive 43755002 2018-09-27 17:46 500.txt
#查看表 student_tb_txt_bigfile 的文件信息
$ hdfs dfs -ls /mnt/data/bigdata/warehouse/student_tb_txt_bigfile
Found 2 items
-rwxrwxrwt   3 hdfs hive  16158758810 2018-11-09 10:33 000000_0
-rwxrwxrwt   3 hdfs hive  5796192156  2018-11-09 10:33 000001_0
```

从 hdfs 的命令结果中我们确实可以看到 student_tb_txt_bigfile 有两个文件，最大约 16GB，最小约 5GB，student_tb_txt 共有 500 个文件，每个文件大约 40MB。

接着再来看看运行案例 1.4 和 1.6 启用的 Map 数，在案例 1.4 的打印输出中会看到这样的一段结果：

```
Stage-Stage-2: Map: 84  Reduce: 328   Cumulative CPU: 2133.75 sec   HDFS
Read: 21957309270 HDFS Write: 2530 SUCCESS
```

上面的信息表示案例 1.4 读 500 个文件用了 84 个 Map 任务。在案例 1.6 的打印输出中还会看到相同的一段结果：

```
Stage-Stage-2: Map: 82  Reduce: 328   Cumulative CPU: 2278.91 sec   HDFS
Read: 21967941496 HDFS Write: 2530 SUCCESS
```

上面的信息表示案例 1.6 读取 2 个文件用了 82 个 Map 任务。仅仅 2 个文件，却启动了 82 个任务，这在读取文件时会存在如图 1.5 所表现的问题，一个文件要被分布在不同服务器的 Map 任务中读取。

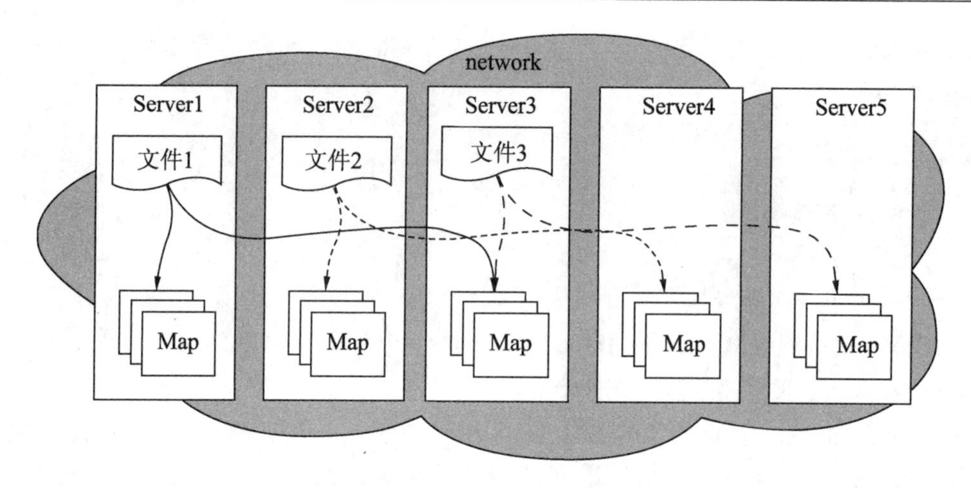

图 1.5 Map 读取大文件

而案例 1.6 的 Map 实际工作情况则如图 1.6 所示，单个文件只被本地的 Map 所读取。

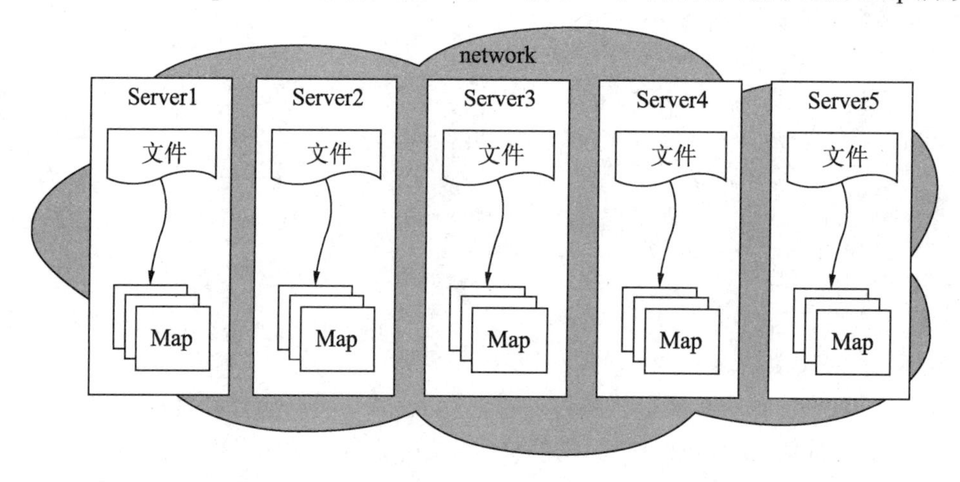

图 1.6 Map 读取普通文件

两者最大的区别就在于，案例 1.4 在读文件时需要跨网络传输，而案例 1.6 只有本地读写，这是两者差异的最直接原因。在后面的章节中，我们将会通过一些量化的数据再来剖析这个案例。

扩展： 案例 1.4 相比案例 1.6 其提升的效率不是很明显，在不同的环境下，执行结果可能会有点差异，比如当集群的规模较小，整个集群的内网带宽资源充裕的情况下，因网络传输带来的时间损耗和其他原因（例如，hdfs 的 namenode 节点资源紧张，定位查找更多的文件需要耗费更多时间等）相比所造成的时间延迟可能还少的时候，案例 1.6 代码的执行速度可能会比案例 1.4 代码稍快。

1.3　感受不同数据格式对性能的提升

其实不仅数据块影响着程序性能，回想在使用关系数据库 MySQL 有多种数据存储引擎，如 Innodb、MyIsam，而且不同的数据存储引擎在应对不同的场景时也会有不一样效果。不同的存储方式对数据组织和程序逻辑的运行也会产生不一样的效果。

在关系数据库中，Hive 提供了多种数据存储组织格式，不同格式对程序的运行效率也会有极大的影响，Hive 提供的格式有 TEXT、SequenceFile、RCFile、ORC 和 Parquet 等。

SequenceFile 是一个二进制 key/value 对结构的平面文件，在早期的 Hadoop 平台上被广泛用于 MapReduce 输出/输出格式，以及作为数据存储格式。

Parquet 是一种列式数据存储格式，可以兼容多种计算引擎，如 MapRedcue 和 Spark 等，对多层嵌套的数据结构提供了良好的性能支持，是目前 Hive 生产环境中数据存储的主流选择之一。

ORC（Optimized Row Columnar）优化是对 RCFile 的一种优化，它提供了一种高效的方式来存储 Hive 数据，同时也能够提高 Hive 的读取、写入和处理数据的性能，能够兼容多种计算引擎。事实上，在实际的生产环境中，ORC 已经成为了 Hive 在数据存储上的主流选择之一。

本章我们将会分别以 Sequncefile、Parquet 及 ORC 作为存储格式来对比它们之间的性能差别。

1.3.1　数据准备

【案例 1.10】 准备数据代码。进入 beeline/hive cli/hue，代码如下：

```
--创建表：student_tb_seq 结构和 student_，存储在 SequenceFile 中
--step 1.创建一张和 student_tb_txt 表结构一样的表 student_tb_seq，存储在用
SequenceFile 中
create table if not exists student_tb_seq like student_tb_orc STORED as
SEQUENCEFILE;
--step 2.复制 student_tb_orc 中的数据到 student_tb_seq 中
insert into table student_tb_seq
select * from student_tb_orc;
--step 3.创建表 student_tb_par，表结构和 student_tb_seq 表一样，存储采用 Parquet
类型
create table if not exists student_tb_par like student_tb_orc STORED as
PARQUET;
--step 4.复制 student_tb_orc 中的数据到 student_tb_par 中
insert overwrite table student_tb_par
select * from student_tb_orc;
```

上面创建了两张表：student_tb_seq 和 stduent_tb_par。student_tb_orc 表在案例 1.5 中已经创建。

1.3.2 案例比较

参照案例 1.4 的写法，我们编写了案例 1.11、案例 1.12 和案例 1.13，3 个案例的逻辑和案例 1.4 一致，只是将查询的基表分别变为数据存储采用 SequeceFile 类型的 stduent_tb_seq 表、采用 Parquet 类型的 student_tb_par 表和采用 ORC 类型的 stduent_tb_orc 表。

【案例 1.11】 将基表数据存储为 SequenceFile。代码如下：

```
DROP  TABLE if EXISTS student_stat;
create table student_stat(a bigint, b bigint) partitioned by (tp  string)
STORED AS sequencefile;
set hive.exec.dynamic.partition=true;
set hive.exec.dynamic.partition.mode=nonstrict;
from student_tb_seq
INSERT into table student_stat partition(tp)
select s_age,min(s_birth) stat,'max' stat
GROUP  by s_age
insert into table  student_stat partition(tp)
select s_age,max(s_birth) stat,'min' stat
GROUP  by s_age;
```

执行结果输出如下：

```
Query ID = hdfs_20181120110202_ac39a10c-ee99-4066-bb55-5d4ac4b42ce8
Total jobs = 1
Launching Job 1 out of 1
…省略中间打印信息
Partition default.student_stat{tp=max} stats: [numFiles=7, numRows=7,
totalSize=42, rawDataSize=35]
Partition default.student_stat{tp=min} stats: [numFiles=7, numRows=7,
totalSize=42, rawDataSize=35]
MapReduce Jobs Launched:
Stage-Stage-2: Map: 84  Reduce: 334   Cumulative CPU: 2311.86 sec   HDFS
Read: 22399167264 HDFS Write: 2554 SUCCESS
Total MapReduce CPU Time Spent: 38 minutes 31 seconds 860 msec
OK
Time taken: 162.336 seconds
```

从上面的打印信息可以得知，案例 1.11 的执行结果为：

- Total MapReduce CPU Time：38 分；
- 用户等待时间：162 秒。

【案例 1.12】 将基表数据存储为 Parquet。代码如下：

```
DROP  TABLE if EXISTS student_stat;
create table student_stat(a bigint, b bigint) partitioned by (tp  string)
STORED AS PARQUET;
```

```
set hive.exec.dynamic.partition=true;
set hive.exec.dynamic.partition.mode=nonstrict;
from student_tb_par
INSERT into table student_stat partition(tp)
select s_age,min(s_birth) stat,'max' stat
GROUP  by s_age
insert into table  student_stat partition(tp)
select s_age,max(s_birth) stat,'min' stat
GROUP  by s_age;
```

输出结果如下：

```
Query ID = hdfs_20181119181616_ef5dd9f4-1ed9-4abf-869a-22053b3d26ce
Total jobs = 1
Launching Job 1 out of 1
…省略中间打印信息
Partition default.student_stat{tp=max} stats: [numFiles=7, numRows=7,
totalSize=42, rawDataSize=35]
Partition default.student_stat{tp=min} stats: [numFiles=7, numRows=7,
totalSize=42, rawDataSize=35]
MapReduce Jobs Launched:
Stage-Stage-2: Map: 4  Reduce: 9  Cumulative CPU: 142.56 sec  HDFS Read:
35425608 HDFS Write: 1254 SUCCESS
Total MapReduce CPU Time Spent: 2 minutes 22 seconds 560 msec
OK
Time taken: 50.188 seconds
```

从上面的结果信息中可以看到案例 1.12 的执行结果为：

- Total MapReduce CPU Time：2 分 22 秒；
- 用户等待时间：50 秒。

【案例 1.13】 将基表数据存储为 ORC。代码如下：

```
DROP  TABLE if EXISTS student_stat;
create table student_stat(a bigint, b bigint) partitioned by (tp  string)
STORED AS ORC;
set hive.exec.dynamic.partition=true;
set hive.exec.dynamic.partition.mode=nonstrict;
from student_tb_orc
INSERT into table student_stat partition(tp)
select s_age,min(s_birth) stat,'max' stat
GROUP  by s_age
insert into table  student_stat partition(tp)
select s_age,max(s_birth) stat,'min' stat
GROUP  by s_age;
```

输出结果如下：

```
Query ID = hdfs_20181119181313_bd7153a5-2808-4bd3-8cd1-9aa28667a2cc
Total jobs = 1
Launching Job 1 out of 1
…省略中间的打印信息
Partition default.student_stat{tp=max} stats: [numFiles=6, numRows=7,
totalSize=42, rawDataSize=35]
Partition default.student_stat{tp=min} stats: [numFiles=6, numRows=7,
totalSize=42, rawDataSize=35]
```

```
MapReduce Jobs Launched:
Stage-Stage-2: Map: 2  Reduce: 6   Cumulative CPU: 112.11 sec   HDFS Read:
42325461 HDFS Write: 1080 SUCCESS
Total MapReduce CPU Time Spent: 1 minutes 52 seconds 110 msec
OK
Time taken: 56.843 seconds
```

从上面的结果信息可以得知，案例 1.13 的执行结果为：

- Total MapReduce CPU Time：1 分 52 秒；
- 用户等待时间：56 秒。

至此我们得到案例 1.11 至案例 1.13 的执行结果。下面通过表 1.1 来观察上面以不同数据格式作为存储结构的性能差异。

表 1.1　各个案例的性能比较

案　　例	CPU Time	用户等待耗时	备　　注
案例1.4	33分	171秒	查询TextFile类型的表
案例1.11	38分	162秒	查询SequenceFile类型表
案例1.12	2分22秒	50秒	查询Parquet类型表
案例1.13	1分52秒	56秒	查询ORC类型的表

通过表格可以看到，从案例 1.4 查询 TextFile 类型的数据表耗时 33 分钟，到案例 1.13 查询 ORC 类型的表耗时 1 分 52 秒，时间得以极大缩短，可见不同的数据存储格式也能给 HiveSQL 性能带来极大的影响。

1.4　感受不同的表设计对性能的影响

通过前面章节的学习，我们知道调整数据块、改变数据存储格式，能够对 SQL 的执行效率产生影响。本节我们将学习另外一种不改写 SQL 也能左右 HiveSQL 性能的方式，即通过分区和分桶的方式来提升 HiveSQL 的性能。

1. Hive分区

我们知道，Hive 表其实是对应分布式数据存储系统中的某个目录，而 Hive 分区就是在原来的目录下创建一个二级子目录，如果有多个分区，则会创建相应数量的多级子目录。和关系型数据库的分区不一样，可以通过 hdfs dfs –ls 来实际体会分区表和非分区表的区别。

在后面的 1.4.1 节创建了表 student_orc_partition，它是 student_tb_orc 的分区表，以 part 作为分区列，该分区表的 HDFS 的目录组织方式如下：

```
$hdfs dfs -ls /mnt/data/bigdata/hive/warehouse/student_orc_partition
Found 10 items
drwxrwxrwt  - hdfs hive  0 2018-11-20 16:12 ...student_orc_partition/part=0
drwxrwxrwt  - hdfs hive  0 2018-11-20 16:12 ...student_orc_partition/part=1
…
drwxrwxrwt  - hdfs hive  0 2018-11-20 16:12 ...student_orc_partition/part=2
```

student_orc_partition 分区表在 student_orc_partition 目录下创建了多个二级子目录，对比 student_tb_orc 非分区表，该非分区表在 student_tb_orc 的目录下就是数据存储文件，具体内容如下：

```
$hdfs dfs -ls /mnt/data/bigdata/hive/warehouse/student_tb_orc
Found 1002 items
-rwxrwxrwt  3 hdfs hive 224211 2018-11-18 23:39 ...student_tb_orc/part-
                        00000-001553ec-8681-4c0a-adb8-a2bfbf97a429-c000
-rwxrwxrwt  3 hdfs hive 224292 2018-11-18 23:37 ...student_tb_orc/part-
                        00000-005ba056-fb3e-487a-affd-b5ad8c16acbc-c000
…
```

2. Hive分桶

每一个表（table）或者分区，Hive 可以进一步组织成桶。也就是说，桶是更为细粒度的数据范围划分。分桶的原理是对分桶列取 Hash 值（Hive 中使用 hash 函数），再用该 Hash 值模桶数（Hive 中使用 pmod 函数），用 Hive 的函数可以表达为 pmod(hash 分桶列，桶数)。分桶不会改变原有表/分区目录的组织方式，只是更改了数据在文件中的分布。

我们可以使用 hdfs dfs –ls 来查看桶表目录的组织方式，在 1.4.1 中创建的 student_orc_bucket 就是 student_tb_orc 的分桶表，具体如下：

```
hdfs dfs -ls /mnt/data/bigdata/hive/warehouse/student_orc_bucket
Found 2 items
-rwxrwxrwt  3 hdfs hive 103455398 2018-11-20 17:19 ...student_orc_bucket/
                        000000_0
-rwxrwxrwt  3 hdfs hive 100350035 2018-11-20 17:19 ...student_orc_bucket/
                        000001_0
…
-rwxrwxrwt  3 hdfs hive 100350035 2018-11-20 17:19 ...student_orc_bucket/
                        0000015_0
```

扩展： 查看每个表所在目录的方式，可以通过命令 desc formatted[表名]来查看 location 的值。

1.4.1　数据准备

在开始讲解不同表结构对查询性能的影响前，先通过以下几个例子准备一些基础数据和表。

【案例 1.14】 准备 student_orc_partition 分区表及数据。

```
--如果存在 student_orc_partition 表就删除
DROP  TABLE if EXISTS student_orc_partition;
--创建 student_orc_partition，以 part 为分区列，s_age 为分桶列
create table if not exists student_orc_partition(
  s_no string comment '学号',
  s_name string comment '姓名',
  s_birth string comment '生日',
  s_sex string,
  s_score bigint,
  s_desc string comment '自我介绍'
)
partitioned by(s_age bigint)
STORED AS ORC;
set hive.exec.dynamic.partition=true;
set hive.exec.dynamic.partition.mode=nonstrict;
--将 student_tb_orc 中的数据复制到 student_orc_partition 中
insert into table student_orc_partition partition(s_age)
select s_no,s_name,s_birth,s_sex,s_score,s_desc,s_age
from student_tb_orc;
```

【案例 1.15】 准备 student_orc_bucket 分桶表及数据。

```
--如果存在 student_orc_bucket 表就删除
DROP  TABLE if EXISTS student_orc_bucket;
--创建 student_orc_bucket 桶表 s_age 为分桶列
create table if not exists student_orc_bucket(
    s_no              string,
    s_name            string,
    s_birth           string,
    s_age             bigint,
    s_sex             string,
    s_score           bigint,
    s_desc            string
)
--分成 16 个桶
clustered BY (s_age) INTO 16 BUCKETS
STORED AS ORC;
set hive.exec.dynamic.partition=true;
set hive.exec.dynamic.partition.mode=nonstrict;
set hive.enforce.bucketing = true;
insert into table student_orc_bucket
select s_no,s_name,s_birth,s_age,s_sex,s_score,s_desc
from student_tb_orc;
```

【案例 1.16】 准备 student_orc_partition_bucket 分区分桶表及数据。

```
--如果存在 student_orc_partition 表就删除
DROP  TABLE if EXISTS student_orc_partition_bucket;
--创建 student_orc_partition_bucket，以 part 为分区列，s_age 为分桶列
--part 等于对 s_no 取 hash 值的结果取模 10，即 pmod(hash(s_no),10)
create table if not exists student_orc_partition_bucket(
  s_no string ,
```

```
  s_name string ,
  s_birth string ,
  s_age string,
  s_sex string,
  s_score bigint,
  s_desc string
)
partitioned by(part bigint)
clustered BY (s_age) INTO 16 BUCKETS
STORED AS ORC;
set hive.exec.dynamic.partition=true;
set hive.exec.dynamic.partition.mode=nonstrict;
set hive.enforce.bucketing = true;
insert into table student_orc_partition_bucket partition(part)
select s_no,s_name,s_birth,s_age,s_sex,s_score,s_desc,pmod(hash(s_no),10)part
from student_tb_orc;
```

至此我们已经准备了 3 张表和数据，分别为：

- 分区表：student_orc_partition；
- 分桶表：student_orc_bucket；
- 分区分桶表：student_orc_partition_bucket。

接下来在 1.4.2 节中，将使用相同的 SQL 逻辑在上面的 3 张表中运行，并比较它们的执行时间。

1.4.2　案例比较

下面的 3 个案例（案例 1.17 至案例 1.19）都是基于同样的业务逻辑和相同的数据，只是表结构不一样，统计年龄在 23 岁以下的人员人数。

【案例 1.17】 在普通表 student_tb_orc 中完成统计业务。普通表的查询如下：

```
select s_age,count(s_no)
from student_tb_orc
where s_age<23
group by s_age
```

执行结果如下：

```
Query ID = hdfs_20181120191717_70da6f91-f507-415a-8d35-bf0b5ec8b453
Total jobs = 1
Launching Job 1 out of 1
…省略运行日志信息
Ended Job = job_1542591652831_1659
MapReduce Jobs Launched:
Stage-Stage-1: Map: 2  Reduce: 3   Cumulative CPU: 18.3 sec   HDFS Read:
59720737 HDFS Write: 33 SUCCESS
Total MapReduce CPU Time Spent: 18 seconds 300 msec
OK
21  1998726
22  1999601
```

```
20  8003683
Time taken: 27.547 seconds, Fetched: 3 row(s)
```

从上面打印的结果信息可以知道案例 1.17 的执行结果为：

- Total MapReduce CPU Time：18 秒；
- 用户等待时间：27 秒。

【案例 1.18】 在分区表 student_orc_partition 中完成统计业务。

分区分桶表的查询如下：

```
select s_age,count(s_no)
from student_orc_partition
where s_age<23
group by s_age
```

执行结果如下：

```
Query ID = hdfs_20181120191919_3a35a891-d009-4ef2-a997-35fefae86a8c
Total jobs = 1
Launching Job 1 out of 1
…省略运行日志信息
Ended Job = job_1542591652831_1661
MapReduce Jobs Launched:
Stage-Stage-1: Map: 3  Reduce: 2   Cumulative CPU: 22.04 sec   HDFS Read:
35620658 HDFS Write: 33 SUCCESS
Total MapReduce CPU Time Spent: 22 seconds 40 msec
OK
20 8003683
22 1999601
21 1998726
Time taken: 24.755 seconds, Fetched: 3 row(s)
```

从上面打印的执行结果可以看到案例 1.18 的执行结果为：

- Total MapReduce CPU Time：22 秒；
- 用户等待时间：24.7 秒。

【案例 1.19】 在桶表 student_orc_bucket 中完成统计业务。

```
select s_age,count(s_no)
from student_orc_bucket
where s_age<23
group by s_age
```

执行结果如下：

```
Query ID = hdfs_20181120191919_89a7a2ee-2560-4357-820b-a7d3876a4e41
Total jobs = 1
Launching Job 1 out of 1
MapReduce Jobs Launched:
Stage-Stage-1: Map: 3  Reduce: 3   Cumulative CPU: 30.01 sec   HDFS Read:
70495112 HDFS Write: 33 SUCCESS
Total MapReduce CPU Time Spent: 30 seconds 10 msec
OK
21 1998726
22 1999601
```

```
20 8003683
Time taken: 24.31 seconds, Fetched: 3 row(s)
```

从上面的执行结果中可以看到案例 1.19 的执行结果为：

- Total MapReduce CPU Time：30 秒；
- 用户等待时间：24 秒。

【案例 1.20】 在分区和分桶表 student_orc_partition_bucket 中完成统计业务。

```
select s_age,count(s_no)
from student_orc_partition_bucket
where s_age<23
group by s_age;
```

执行结果如下：

```
Query ID = hdfs_20190219153737_a4a3e6fc-2390-4e16-9f0c-29aa67a31248
Total jobs = 1
Launching Job 1 out of 1
...省略非重要信息
Ended Job = job_1550390190029_0073
MapReduce Jobs Launched:
Stage-Stage-1: Map: 3  Reduce: 3   Cumulative CPU: 38.97 sec   HDFS Read:
82181180 HDFS Write: 33 SUCCESS
Total MapReduce CPU Time Spent: 38 seconds 970 msec
OK
21 1998726
22 1999601
20 8003683
Time taken: 32.965 seconds, Fetched: 3 row(s)
```

从上面的执行结果可以看到案例 1.20 的执行结果为：

- Total MapReduce CPU Time：38 秒；
- 用户等待时间：32 秒。

下面用一张表格来直观体现三者的性能比较，如表 1.2 所示。

表 1.2　不同表结构对查询性能的耗时

案　　例	CPU 耗时	用户等待耗时	备　　注
案例1.17	18秒	27秒	查询student_tb_orc
案例1.11	22秒	24.7秒	查询student_orc_partition
案例1.12	30秒	24秒	查询student_orc_bucket
案例1.13	38秒	32秒	查询student_orc_partition_bucket

从表 1.2 中可以知道，表的设计对于 HiveSQL 的性能也有一定的影响，但这里的实验只能说明有影响，并不能说明分区分桶表的性能一定比只分桶的表的性能差，因为基于不同业务和上层的计算逻辑，表现出来的性能差异也会不同。

1.5 调优其实不难

Hive 是构建在大数据集群之上的，整个大数据集群包括分布式计算、分布式存储和分布式调度等多个系统。此外，随着 Hive 和大数据组件的版本迭代，许多新的特性也会不断衍生，例如 Hive 2.0 出现的 LLAP，Hadoop 3.0 可以支持对 GPU 资源的使用，这必然导致 Hive 出现的问题是多样且复杂的，也决定了 Hive 的调优是一门综合性的课程。

在整个章节中，我们从改写 SQL、调整数据块大小、调整数据存储格式及对表的设计进行更改等多个角度来演示调优手段的多样性。从这里也佐证了 Hive 调优需要考虑多个方面的综合性因素。

有读者可能对 Hive 的性能问题“举白旗”投降，或者认为性能太复杂，根源问题出现后就上网搜索解决方法，凭借搜索到的方法不断进行各种尝试，可能多试几次就解决了，并没有研究为什么能够解决，为什么出现相似的异常和性能问题时别人的环境下可以解决，而到自己这就无法解决。最终，相似的情况不时出现，相同的错误也不断在上演。

虽然 Hive 的调优涉及的组件很多，但是从调优的角度去学习这些组件，门槛都不高。只要学习 Hive 及其关联的几个组件之间的基本原理和各个组件之间的关系，并不断在练习中思考这些基本原理和性能的关系，建立一个全链路的性能全局观，即使不掌握实现细节，也能做好调优工作，并解决实际工作中的大部分问题。

如果你已经能自如应对工作中出现的各种问题，这时可以选择对某个组件的原理进行深入学习，从基本原理作为出发点，时刻认清该组件的应用场景，不断丰富自己对这个组件的认知，重点思考这个组件为什么能适用该场景，在反复不断的练习中不断加深自己的知识深度。学习新技术并举一反三将会奠定良好的基础，也许某一天你在学习新技术时会发现，新技术和之前学习的某项技术之间有一定的共通性，其调优也有一定的共通性。

调优的基础有了，技术深度也有了，就能够透过现象看本质，在学习一项新技术时会学得特别快，自己的视野也会加速变宽，这时候就要考虑构建自己的知识体系，将正在学习的技术和已学的技术建立起联系，联系越多，说明对新学的技术掌握得越多，学习的速度也就越快。

第 2 章　Hive 问题排查与调优思路

本章将介绍 Hive 整体的调优过程，以及个人对于 Hive 调优过程中的一些思考，包括编码和调优的原则、Hive SQL 的相关开发规范等。通过学习本章内容，读者能够对 Hive 调优过程和调优工具有一个整体的感知。

在介绍 Hive 整体调优过程之前，先介绍两种截然不同的 Hive 调优思路。

第一种，从一个无经验的小白角度，谈谈对于 Hive 调优过程的思考。这个角度偏向于问题驱动，也是技术人员在实际开发中获取新知识的一种方式。读者在阅读这部分内容时请思考小白的优化思路和方法存在哪些问题？是否需要进行改进？

第二种，站在从事大数据开发多年的老工角度，以他的视角来看如何归纳自己的调优方法。

本章将从总结知识的角度来谈 Hive 的优化。读者可以对照自己的调优方法，如果认为这些解决方法适合自己，也可以兼收并蓄。

2.1　小白推演 Hive 的优化方法

笔者在刚接触 Hive 时只会套用 PL-SQL 和 T-SQL 的编码方式去编写 HiveSQL 程序，也会套用 Oracle 和 MySQL 调优的方法用于 Hive 调优。但 Hive 毕竟和关系型数据库不同，随着对其了解的增多，会发现两者调优方法的异同。这时需要遵循 Hive 自身的特性，来构建一套属于 Hive 的调优方法。

本节将介绍一个“小白”调优的过程，即从一个从没有接触过 Hive 的新手小白，成长到能够熟练使用 Hive，并能够利用相关工具解决日常工作中发生的问题的成长过程。

2.1.1　类比关系型数据库的调优

小白之前用过一段时间的 Oracle 等关系型数据库，并总结了关系型数据库优化的诀窍——看执行计划。Oracle 是一个成熟的产品，当要调优时需要掌握两类必备的工具：执行计划和各种类型的系统报表。Oracle 能提供多种类型的报表，最常用的是 AWR 报表，但 Hive 没有这种类型的报表，因此小白放弃了这点。

Oracle 有多种类型的执行计划，通过多种执行计划的配合使用，可以看到根据统计信息推演的执行计划，即 Oracle 推断出来的未真正运行的执行计划；还可以看到实际执行任务的执行计划；能够观察到从数据读取到最终呈现的主要过程和中间的量化数据。可以说，在 Oracle 开发领域，掌握合适的环节，选用不同的执行计划，SQL 调优就不是一件难事。如图 2.1 所示是 Oracle 两个表 t1 和 t2 做 join 的预估执行计划图。

```
set autotrace on
--sql代码片段
SELECT  * FROM t1, t2 WHERE t1.id = t2.t1_id AND t1.n in(18,19);

执行计划
----------------------------------------------------------
Plan hash value: 3532430033
------------------------------------------------------------------------------------------
| Id  | Operation                    | Name     | Rows  | Bytes | Cost (%CPU)| Time     |
------------------------------------------------------------------------------------------
|   0 | SELECT STATEMENT             |          |     2 |  8138 |     6   (0)| 00:00:01 |
|   1 |  NESTED LOOPS                |          |       |       |            |          |
|   2 |   NESTED LOOPS               |          |     2 |  8138 |     6   (0)| 00:00:01 |
|   3 |    INLIST ITERATOR           |          |       |       |            |          |
|   4 |     TABLE ACCESS BY INDEX ROWID| T1     |     2 |  4056 |     2   (0)| 00:00:01 |
|*  5 |      INDEX RANGE SCAN        | T1_N     |     1 |       |     1   (0)| 00:00:01 |
|*  6 |    INDEX RANGE SCAN          | T2_T1_ID |     1 |       |     1   (0)| 00:00:01 |
|   7 |   TABLE ACCESS BY INDEX ROWID | T2      |     1 |  2041 |     2   (0)| 00:00:01 |
------------------------------------------------------------------------------------------
Predicate Information (identified by operation id):
---------------------------------------------------
   5 - access("T1"."N"=18 OR "T1"."N"=19)
   6 - access("T1"."ID"="T2"."T1_ID")
Note
-----
   - dynamic sampling used for this statement (level=2)
统计信息
----------------------------------------------------------
          0  recursive calls
          0  db block gets
         12  consistent gets
          0  physical reads
          0  redo size
       1032  bytes sent via SQL*Net to client
        416  bytes received via SQL*Net from client
          2  SQL*Net roundtrips to/from client
          0  sorts (memory)
          0  sorts (disk)
          2  rows processed
```

图 2.1　Oracle 执行计划

在执行计划中，可以看到这段代码在执行过程中所做的操作（Operation），每个逻辑涉及的两个表在做连接时各个阶段的数据行（Rows）、数据量（Bytes）、耗时（Time）和执行成本（Cost）。其中，Cost 是 Oracle 基于成本评估模型计算出来的值，值越大表示成本越大。

在统计信息里面，可以看到有递归调用次数（recursive calls）、获取的数据块（db block gets）、一致性读次数（consistent gets）、物理读（physical reads）等信息。通过这些信息，可以直接了解到 SQL 执行的各个阶段的数据参数，用于去发现定位和调优。

小白觉得 Hive 也是数据库，用执行计划也能解决大部分问题。带着这种想法，小白在忍受不了缓慢的 HiveSQL 时，第一次打开了执行计划见下面的案例 2.1。

【案例 2.1】 使用 explain 查看 HiveSQL 的执行计划。

```
#SQL 代码:
explain
select s_age,count(1)
from student_tb_txt
group by s_age;
输出结果
STAGE DEPENDENCIES:
  Stage-1 is a root stage
  Stage-0 depends on stages: Stage-1
STAGE PLANS:
  Stage: Stage-1
    Map Reduce
      Map Operator Tree:
          TableScan
            alias: student_tb_txt
            Statistics: Num rows: 20000000 Data size: 54581459872
                        Basic stats: COMPLETE Column stats: NONE
            Select Operator
              expressions: s_age (type: bigint)
              outputColumnNames: s_age
              Statistics: Num rows: 20000000 Data size: 54581459872
                          Basic stats: COMPLETE Column stats: NONE
              Group By Operator
                aggregations: count(1)
                keys: s_age (type: bigint)
                mode: hash
                outputColumnNames: _col0, _col1
                Statistics: Num rows: 20000000 Data size: 54581459872
                            Basic stats: COMPLETE Column stats: NONE
                Reduce Output Operator
                  key expressions: _col0 (type: bigint)
                  sort order: +
                  Map-reduce partition columns: _col0 (type: bigint)
                  Statistics: Num rows: 20000000 Data size: 54581459872
                              Basic stats: COMPLETE Column stats: NONE
                  value expressions: _col1 (type: bigint)
      Reduce Operator Tree:
        Group By Operator
          aggregations: count(VALUE._col0)
          keys: KEY._col0 (type: bigint)
          mode: mergepartial
          outputColumnNames: _col0, _col1
          Statistics: Num rows: 10000000 Data size: 27290729936
                      Basic stats: COMPLETE Column stats: NONE
          File Output Operator
            compressed: false
            Statistics: Num rows: 10000000 Data size: 27290729936
                        Basic stats: COMPLETE Column stats: NONE
            table:
                input format: org.apache.hadoop.mapred.TextInputFormat
                output format: org.apache.hadoop.hive.\
                      ql.io.HiveIgnoreKeyTextOutputFormat
                serde: org.apache.hadoop.hive.serde2.lazy.LazySimpleSerDe
```

当小白初次看到这个执行计划时一脸迷茫，经过查阅 Hive 的官网资料才慢慢明白，上面的信息描述的是计算引擎的执行逻辑。Hive 架设在 Hadoop 集群上，如果计算引擎使用的是 MapReduce，HiveSQL 默认最后会解析并转化成 MapReduce 算子，如果是架设在 Spark 集群上，则会转化成 Spark 算子，去执行计算。小白意识到，要想对 Hive 的优化有进一步理解，关键是要知道计算引擎。

扩展： 不管执行引擎是 MapReduce 还是 Spark，它们的执行计划都大同小异，可以通过以下方式查看案例 2.2 的 spark 执行计划。

【案例 2.2】 查看使用 spark 计算引擎的执行计划。

```
set hive.execution.engine=spark;
explain
select s_age,count(1)
from student_tb_txt
group by s_age;
```

2.1.2 学习大数据分布式计算的基本原理

学习计算引擎工作的方式，就是先去使用它。先编写一个简单的例子，并将这个例子运行起来，对基本运行过程有个简单的认识，之后再去深究背后的原理，这样的学习方式，效果会事半功倍。

在所有的分布式计算引擎中，MapReduce 是最为简单的计算引擎，小白决定通过学些 MapReduce 引擎，来打开自己对分布式计算认知的第一步。

MapReduce 提供了两个开发者编写业务逻辑的编程接口 Mapper 和 Reducer，这两个接口已经定义好了输入和输出的格式，开发者只需要去编写每个接口对应的方法，对于学过编程有一定基础的读者来说都是较为简单的工作。

MapReduce 对于习惯写 SQL 的读者毕竟是新东西，要了解它，最快的方式就是看例子，并尝试构建一个案例。于是小白打开 Hadoop 官网，并学习 Hadoop 入门案例 wordcount，即案例 2.3。wordcount 案例指的是输入一段文本，统计文本中各个单词个数的程序案例。下面是一个 wordcount 案例。

输入：

```
word word count hello word,
```

输出：

```
key=word value=3
key=count value=1
key=hello value=1
```

其中，value 中的数字代表单词个数。上面的例子程序处理过程可以用案例 2.3 来表示。

【案例 2.3】 经典的 wordcount 案例。

```
#Java 代码
public class WordCount {
  /*Mapper 泛型接受声明了 4 个参数
  *前两个 Object, Text 表示程序接受输入的数据类型
  *在 MapReduce 输入的数据都是采用键-值对的形式
  *其中, Object 表示键, Text 表示值, 和下面 map 函数的前两个参数类型保持一致
  *后两个 Text, IntWritable 表示 map 输出的键-值对的数据类型
  *map 函数中 context.write()函数接受的数据类型要和这两个数据类型保持一致
  */
  public static class TokenizerMapper  extends Mapper<Object, Text, Text,
IntWritable>{

    private final static IntWritable one = new IntWritable(1);
    private Text word = new Text();
    //Map 执行逻辑代码
    //下面的代码接受 3 个参数
    //参数- key 表示偏移量, 在 HDFS 的文件中每一行数据都有一个行偏移量
    //参数-value 表示每一行的内容
    //参数-context 表示 MapReduce 的上下文
    public void map(Object key, Text value, Context context
                    ) throws IOException, InterruptedException {
      //将一行数据内容按空格切分成可以迭代的集合
      StringTokenizer itr = new StringTokenizer(value.toString());
      while (itr.hasMoreTokens()) {
        //mapreduce 不接受 Java 的数据类型, 必须转化成 mapreduce 可以识别的类型
        //例如 Java 中的 String 对应 Text, int 对应的 IntWritable 等
        word.set(itr.nextToken());
        //context 会将文件写到 HDFS 的临时目录中, 等待 Reducer 节点来取
        //写到 HDFS 的文件中, 每一行表现形式如 word1 1
        context.write(word, one);
      }
    }
  }
  /*Reducer 泛型也接受声明了 4 个参数
  *前两个, 即 Text 和 IntWritable 分别表示读取 Mapper 输出键和值的数据类型
  *和上面的 Mapper 泛型后面两个参数的数据类型保持一致
  *后两个, 即 Text 和 IntWritable 分别表示 Reducer 输出键和值的数据类型
  *reduce 函数中 context.write()函数接受的数据类型要和这两个数据类型保持一致
  */
  public static class IntSumReducer  extends Reducer<Text,IntWritable,
Text,IntWritable> {
    private IntWritable result = new IntWritable();
    # Reduce 阶段执行的逻辑代码
    public void reduce(Text key, Iterable<IntWritable> values,
                       Context context
                       ) throws IOException, InterruptedException {
      int sum = 0;
      for (IntWritable val : values) {
        sum += val.get();
      }
```

```
        result.set(sum);
        #context 将结果写入 HDFS 中
        #写到 HDFS 的文件中，每一行的表现形式如 word1 sum
        #其中 sum 表示具体数值
        context.write(key, result);
      }
    }
    //下面是提交作业的逻辑
    public static void main(String[] args) throws Exception {
      Configuration conf = new Configuration();
      Job job = Job.getInstance(conf, "word count");
      job.setJarByClass(WordCount.class);
      job.setMapperClass(TokenizerMapper.class);
      //Combiner 实际执行的逻辑和 reducer 是一样的
      //所以可以将 Combiner 的处理类直接用 Reducer 类来表示
      #和 Reducer 的差别是，combiner 是在 Map 阶段所在的节点中执行的
      job.setCombinerClass(IntSumReducer.class);
      job.setReducerClass(IntSumReducer.class);
      job.setOutputKeyClass(Text.class);
      job.setOutputValueClass(IntWritable.class);
  //设置文件输入路径
      FileInputFormat.addInputPath(job, new Path(args[0]));
  //设置文件的输出路径
      FileOutputFormat.setOutputPath(job, new Path(args[1]));
      System.exit(job.waitForCompletion(true) ? 0 : 1);
    }
  }
```

小白看了几遍 wordcount 代码并动手临摹了一遍后，就尝试用 MapReduce 来写以前用 SQL 写的业务逻辑，比如-PV 统计、UV 统计。之后小白总结并画了下面一个 wordcount 在 MapReduce 中数据的变换过程，如图 2.2 所示。

图 2.2 中主要演示了 3 个阶段。

阶段 1：file 到 Mapper 阶段。在 file1 中将一行行的文本转化成键-值对的形式输入到 Mapper 中，其中键为行所在位置的偏移量（offset），值为文本内容。在 Mapper 的 map 函数中输入的值，被切分成一个个单词并输出，输出也是以键-值对的形式输出的，其中，键是文本中的一个个单词，值是固定值 1。

阶段 2：Mapper 到 Combiner 阶段。Combiner 将汇集本地多个 Mapper 输出的结果并转化为键-值对的形式，输入键是 Mapper 输出键，输入值是由 Map 输出键相同的输出值组成的一个数组。例如，在 node server1 中，mapper1 和 mapper2 各出现一次 word1 单词，在 combiner 的输入表现形式键为 word1，值为数组[1,1]。Combiner 的输出和 Mapper 输出格式一样，key 值就是单词，value 则是本地 mapper 所有单词个数的总和。例如，word1 的值就会以 2 的形式输出。

阶段 3：Combiner 到 Reducer 阶段。Reducer 阶段所做的事情和 Combiner 一样，输入和输出都和 Combiner 保持一致，事实上，Reducer 的代码可以直接使用在 Combiner 上，唯一

不同的是 Reducer 接受的数据来自于远端 Combiner 的输出。因此，在配置作业信息的时候，可以直接使用 job.setCombinerClass(IntSumReducer.class)来启用 Combiner 计算过程。这一点和启用 Reduce 计算过程中设置方式:job.setReducerClass(IntSumReducer.class)是一样的。

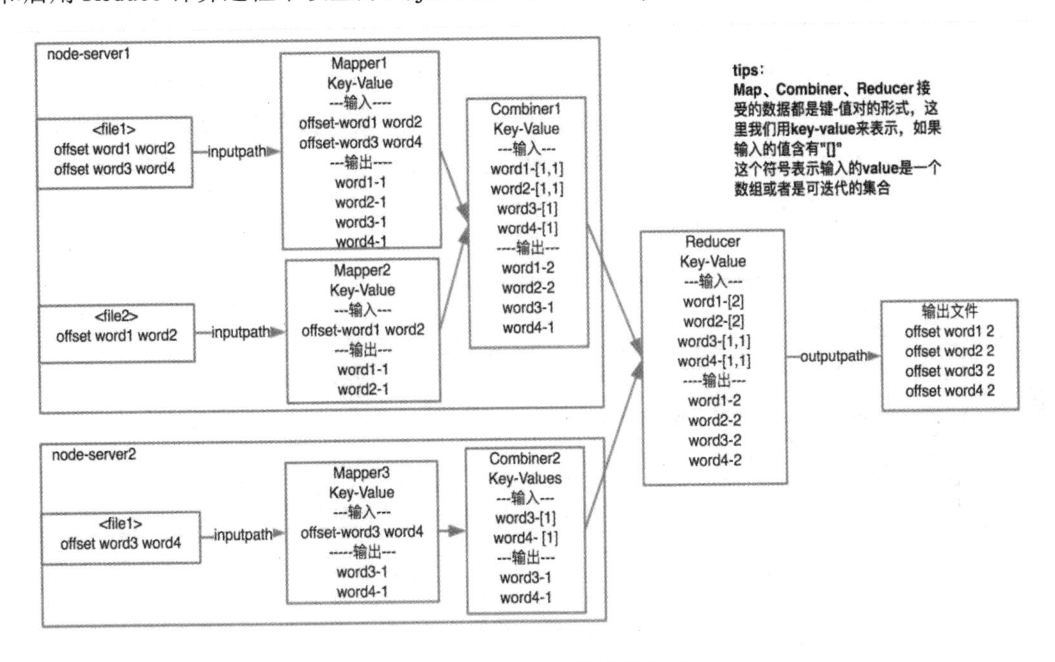

图 2.2　WordCount 数据变化图

小白整理完图 2.2，觉得对 MapReduce 的数据处理逻辑有了清楚认识，也开始理解执行计划中的关键词及其表示的含义，例如执行计划中出现的 Map Operator Tree 和 Reduce Operator Tree；也能慢慢将 SQL 转化为 MapReduce，例如 SQL 执行计划中的 Select Operator 就是对列的投影操作，转化成 MapReduce 算子就是对一行的数据按一定的列分割符进行分割并取出该列。

总结，其实不仅仅是 MapReduce 在数据处理时将所有的数据简化成业务无关的键-值对模式，大部分的大数据数计算引擎在底层实现上也是如此，如 Spark、Tez 和 Storm。在进行数据处理时先将计算发往数据所在的节点，将数据以键-值对作为输入，在本地处理后再以键-值对的形式发往远端的节点，这个过程通用叫法为 Shuffle，远端的节点将接收的数据组织成键-值对的形式作为输入，处理后的数据，最终也以键-值对的形式输出。这些都会体现在执行计划上。

2.1.3　学习使用 YARN 提供的日志

通过对 MapReduce 的学习，小白逐渐看懂了执行计划所表示的含义，只是 Hive 的执行计划和 Oracle 不一样，里面没有相关的具体量化数据，如 Rows 和 Cost 等。在关系型数据库中，通过执行计划可以看到每个阶段的处理数据、消耗的资源和处理的时间等量化数据。Hive 提供的执行计划没有这些数据，这意味着虽然 Hive 的使用者知道整个 SQL 的执行逻辑，但是各阶段耗用的资源状况和整个 SQL 的执行瓶颈在哪里是不清楚的。于是小白去求助于组内经验颇丰的老工。

老工提到，想要知道 HiveSQL 所有阶段的运行信息，可以查看日志。查看日志的链接，可以在每个作业执行后，在控制台打印的信息中找到。于是小白尝试执行一个 SQL，得到如图 2.3 所示的信息。

```
hive> select s_age,count(1) from student_tb_orc group by s_age;
Query ID = hdfs_20181021112020_c650fb64-241c-4ff0-bffb-43c358f325da
Total jobs = 1
Launching Job 1 out of 1
Number of reduce tasks not specified. Estimated from input data size: 4
In order to change the average load for a reducer (in bytes):
  set hive.exec.reducers.bytes.per.reducer=<number>
In order to limit the maximum number of reducers:
  set hive.exec.reducers.max=<number>
In order to set a constant number of reducers:
  set mapreduce.job.reduces=<number>
Starting Job = job_1537177728748_3064, Tracking URL = http://bigdata-03:8088/proxy/application_1537177728748_3064/
Kill Command = /opt/cloudera/parcels/CDH-5.14.0-1.cdh5.14.0.p0.24/lib/hadoop/bin/hadoop job  -kill job_1537177728748_3064
Hadoop job information for Stage-1: number of mappers: 3; number of reducers: 4
2018-10-21 11:20:11,707 Stage-1 map = 0%,  reduce = 0%
```

图 2.3　HiveSQL 执行结果范例

在图 2.3 中，Tracking URL 就是我们需要的日志链接，单击该链接，将得到如图 2.4 所示的页面。

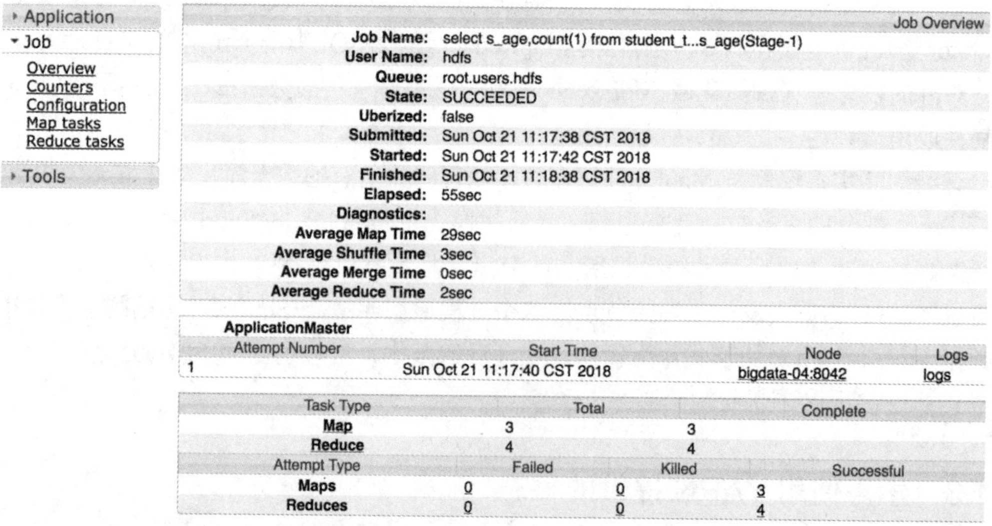

- Application
- Job
  - Overview
  - Counters
  - Configuration
  - Map tasks
  - Reduce tasks
- Tools

Job Overview

Job Name:	select s_age,count(1) from student_t...s_age(Stage-1)
User Name:	hdfs
Queue:	root.users.hdfs
State:	SUCCEEDED
Uberized:	false
Submitted:	Sun Oct 21 11:17:38 CST 2018
Started:	Sun Oct 21 11:17:42 CST 2018
Finished:	Sun Oct 21 11:18:38 CST 2018
Elapsed:	55sec
Diagnostics:	
Average Map Time	29sec
Average Shuffle Time	3sec
Average Merge Time	0sec
Average Reduce Time	2sec

ApplicationMaster

Attempt Number	Start Time	Node	Logs
1	Sun Oct 21 11:17:40 CST 2018	bigdata-04:8042	logs

Task Type	Total	Complete
Map	3	3
Reduce	4	4

Attempt Type	Failed	Killed	Successful
Maps	0	0	3
Reduces	0	0	4

图 2.4　Tracking URL 的链接页面

小白从页面的信息可知，该页面反应了 SQL 运行的整体概况，于是尝试继续挖掘这个页面更多的信息。单击左边 Job 下的 Counters 链接，可以看到熟悉的信息，如图 2.5 所示。

	Name	Map	Reduce	Total
Map-Reduce Framework	Combine input records	0	0	0
	Combine output records	0	0	0
	CPU time spent (ms)	32790	18500	51290
	Failed Shuffles	0	0	0
	GC time elapsed (ms)	448	367	815
	Input split bytes	134432	0	134432
	Map input records	20000	0	20000
	Map output bytes	1299997	0	1299997
	Map output materialized bytes	386817	0	386817
	Map output records	60000	0	60000
	Merged Map outputs	0	12	12
	Physical memory (bytes) snapshot	2152882176	1402519552	3555401728
	Reduce input groups	0	20000	20000
	Reduce input records	0	60000	60000
	Reduce output records	0	0	0
	Reduce shuffle bytes	0	386817	386817
	Shuffled Maps	0	12	12
	Spilled Records	60000	60000	120000
	Total committed heap usage (bytes)	1924136960	1124597760	3048734720
	Virtual memory (bytes) snapshot	7888785408	10575134720	18463920128

图 2.5 MapReduce 的 Counters 信息

图 2.5 就是描述 MapReduce 作业在各个阶段的量化数据。结合之前所了解的 MapReduce 基本原理，小白也能看懂几个关键词。例如，Map input records 表示 Map 阶段输入的记录数，Map output bytes 表示输出数据的字节数，Map out records 表示 Map 阶段输出的记录数，Reduce input Records 表示输入的字节数等。通过这些关键词，可以看到一个作业在运行中具体的、可以量化的数据描述。上面的信息在调优的时候会经常用到，在后续的章节中我们会详细介绍上面各个关键词的含义。

2.1.4 干预 SQL 的运行方式

在调优时，我们会经常性干预 SQL 的运行过程，以便选择一种计算引擎运行效率最佳的 SQL。那么在 Hive 中通过什么方式能够干预 SQL 的执行来达到最终的调优呢？小白按过往写 PL-SQL 和 T-SQL 的经验，总结了 3 条经验：

- 通过改写 SQL，实现对计算引擎执行过程的干预；
- 通过 SQL-hint 语法，实现对计算引擎执行过程的干预；
- 通过数据库开放的一些配置开关，实现对计算引擎的干预。

1. 通过改写SQL实现对计算引擎执行过程的干预

通过改写 SQL 实现对 MapReduce 执行过程的调优，这种方式需要对 HiveSQL 的语法、用户有比较详细的了解。于是小白先通读了 HiveSQL 的用户手册，并开始学习各种能够提高 Hive 的 SQL 写法，比如下面是小白收集的案例 2.4 和案例 2.5。

【案例 2.4】 使用 grouping sets 代替 union 的 SQL 优化。

```
--该案例演示的是使用版本新增的命令关键词写法，代替在早期的 Hive 还不支持 cube、rollup 和
--grouping sets 等操作时，用 union 关键词来构建多维统计的方式
--改写前的代码段
select * from(
    select s_age,s_sex,count(1) num
    from student_tb_orc
    group by s_age,s_sex
    union all
    select s_age,null s_sex,count(1) num
    from student_tb_orc
    group by s_age
) a
--改写后的代码段
select s_age,s_sex,count(1) num
from student_tb_orc
group by s_age,s_sex
grouping sets((s_age),(s_age,s_sex))
```

【案例 2.5】 分解 count(distinct)的 SQL 优化。

```
--该案例演绎的是用子查询代替 count（distinct），避免因数据倾斜导致的性能问题
--改写前的代码段
--统计不同年龄段，考取的不同分数个数
select s_age,count(distinct s_score) num
from student_tb_orc
group by s_age
--改写后的代码段
select s_age,count(1) num
from(
    select s_age,s_score,count(1) num
    group by s_age,s_score
) a
```

小白收集了一堆在网上帖子里看到的糟糕的 SQL 优化写法，并尝试将这些规则进行记录。收集这些规则，如果遇到类似的代码，可以直接进行套用。

2. 通过SQL-Hint语法实现对计算引擎执行过程的干预

在以往的关系数据库编程中，Hint 也是一个比较常用的使用方式，通过 Hint 可以强制干预 SQL 的运行逻辑，比如 Oracle，在大数据量的表连接中可以用 hash join 和 merge sort join 优化 nested loop join，以期提高多表接连的速度。因此，小白觉得 Hive 的 Hint 命令也是丰富自己调优技能的方法之一。于是开始翻阅 Hive 的 wiki 文档，发现 Hive 对 Hint 命令也支持，最常见的有下面两种 Hint，见案例 2.6 和案例 2.7。

【案例 2.6】 使用 MapJoin Hint 的 SQL。

```
--MAPJOIN()，括号中指定的是数据量较小的表，表示在 Map 阶段完成 a,b 表的连接
--将原来在 Reduce 中进行连接的操作，前推到 Map 阶段
SELECT /*+ MAPJOIN(b) */ a.key, a.value
FROM a
   JOIN b ON a.key = b.key
```

【案例 2.7】 使用 STREAMTABLE 的 SQL。

```
--STREAMTABLE()，括号中指定的数据量大的表
--默认情况下在 reduce 阶段进行连接，hive 把左表中的数据放在缓存中，右表中的数据作为流数据表
--如果想改变上面的那种方式，就用/*+streamtable(表名)*/来指定你想要作为流数据的表
SELECT /*+ STREAMTABLE(a) */ a.val, b.val, c.val
FROM a
   JOIN b ON (a.key = b.key1)
   JOIN c ON (c.key = b.key1)
```

Hint 语法 Hive 支持有限，但是小白在实际工作中确实觉得这些命令对性能提升巨大。于是 Hint 命令成为了小白在开发中经常使用的方法。

3. 通过数据库开放的一些配置开关，来实现对计算引擎的干预

在关系型数据库中，通过数据库提供的配置开关可以实现一部分的性能调优。比如，一次性要写入大量的数据，为了提高写入效率，可以暂时关闭 WAL 日志，可以适当开启并行等操作。在 Hive 的 wiki 里小白也发现了相关的配置选项。于是也收集了一些案例。

【案例 2.8】 通过配置，实现对计算引擎运行过程的干预。

```
--开启向量化查询开关
set hive.vectorized.execution.enabled=true;
select s_age,max(s_desc) num
from student_tb_orc
group by s_age;
```

开启 hive.vectorized.execution.enabled 操作，默认是关闭状态，将一个普通的查询转化为向量化查询执行是一个 Hive 特性。它大大减少了扫描、过滤器、聚合和连接等典型查询操作的 CPU 使用。标准查询执行系统一次处理一行。矢量化查询执行可以一次性处理 1024 行的数据块，以减少底层操作系统处理数据时的指令和上下文切换。

在支持向量化查询的数据块中，每个列都存储为一个向量（原始数据类型的数组）。像算术和比较这样的简单操作，是通过在一个紧凑的循环中快速迭代向量来完成的，在循环中没有或很少有函数调用或条件判断分支。这些循环以一种简化的方式编译，使用相对较少的指令，通过有效地使用处理器管道和缓存内存，在更少的时钟周期内完成每条指令。简单地说就是，将单条的数据处理，转化为一次 1 万条数据的批量处理，优化了底层硬件资源的利用率。

除了开启向量化查询操作，还可以开启并行执行的操作，如案例 2.9。

【案例 2.9】 开启并行执行。

```
set hive.exec.parallel=true;
set hive.exec.parallel.thread.number=2;
select s_age,max(s_birth) stat,'max' tp
from student_tb_orc
group by s_age
union all
```

```
select s_age,min(s_birth) stat, 'min' tp
from student_tb_orc
group by s_age;
```

通过开启并行，原来案例 2.9 的 3 个作业（作业 1 是计算 max，作业 2 是计算 min，作业 3 是计算并集）串行执行变为并行执行，即原来的 1→2→3，变为（1,2）→3，其中，1、2 同时计算。

扩展：并行执行是大数据分布式计算的核心概念。SQL 开发者提交的每个 SQL 都会尽量被分解成各个可以并行的任务去执行。

小白将自己以往对关系型数据库的调优方法迁移到 Hive SQL 的调优学习中。先以执行计划作为切入点，但他发现要看懂执行计划，关键还是要懂 MapReduce 原理。于是小白研究了最基本的 MapReduce 代码案例。为了较好地理解 MapReduce，他动手“临摹”了一遍 MapReduce 案例，并尝试用 MapReduce 程序去写几个常见的统计程序，如统计某个应用程序的 PV、UV。

小白通过对 MapReduce 的学习，能看懂执行计划，但执行计划仅能提供 SQL 的执行逻辑，却没有提供每个过程的一些量化统计信息，这对于调优的帮助有限。于是小白去请教老工，知道计算引擎基于 YARN 调度，可以通过 YARN 提供的工具查看 Job 日志。

查看 YARN Job 日志可以知晓 MapReduce 整个过程的量化数据信息，可以较好地定位整个程序的瓶颈位置。定位到出现瓶颈的位置后，小白尝试使用优化“三板斧”：利用别人已有的经验来改写 SQL；给 SQL 语句用上 Hint 的语法；使用数据库开放的配置参数。

以上便是小白所经历的调优过程，这个过程符合实际开发中新手不断遇到问题而深入挖掘的过程。

2.2 老工对 Hive 的调优理解

老工在职场多年，从事过海量（PB 级）数据的关系型数据库数据处理工作，后由于数据平台升级的要求，将数据迁移到 Hadoop 集群，做了多年的数据研发和数据产品的研发工作，从业务理解、数据模型构建、数据采集、数据清洗，到数据产品前端/服务端的研发都做过，基本涵盖了数据的生命周期。对于 Hive 调优，老工自有一番理解。下面将从一个过度优化的案例说起。

2.2.1 从一个过度优化案例说起

某天，老工在对小白的代码进行代码评审，发现了一个去重计数的代码案例，下面具体介绍。

【案例 2.10】 去重计数案例。

```
select count(1) from(
   select s_age
   from student_tb_orc
   group by s_age
) b
```

这是简单统计年龄的枚举值个数，为什么不用 distinct？

【案例 2.11】 简化的去重计数。

```
select count(distinct s_age)
from student_tb_orc
```

小白认为：案例 2.10 的代码在数据量特别大的情况下能够有效避免 Reduce 端的数据倾斜，案例 2.10 可能会比案例 2.11 效率高。

我们先不管数据量特别大这个问题，就当前的业务和环境下，案例 2.11 一定会比案例 2.10 的效率高，原因有以下几点：

（1）进行去重的列是 s_age 列，它的业务含义表示年龄。既然是年龄，说明它的可枚举值非常有限，如果转化成 MapReduce 来解释的话，在 Map 阶段，每个 Map 会对 s_age 去重。由于 s_age 枚举值有限，因而每个 Map 得到的 s_age 也有限，最终得到 reduce 的数据量也就是 map 数量*s_age 枚举值的个数。

假如执行案例 2.10 的代码 Map 的数量有 100 个，s_age 的最大枚举值有 100 个，每个 Map 过滤后的数据都含有 s_age 的所有枚举值，且 s_age 是 int 型占 4 个字节，那么传输到 Reduce 的数据量就是 10 000 条记录，总数据量是 40KB，这么小的数据量，不需要避免数据倾斜。

（2）案例 2.11 中，distinct 的命令会在内存中构建一个 hashtable，查找去重的时间复杂度是 O(1)；案例 2.10 中，group by 在不同版本间变动比较大，有的版本会用构建 hashtable 的形式去重，有的版本会通过排序的方式，排序最优时间复杂度无法到 O(1)。另外，案例 2.10 会转化为两个任务，会消耗更多的磁盘网络 I/O 资源。

（3）最新的 Hive 3.0 中新增了 count（distinct）优化，通过配置 hive.optimize.countdistinct，即使真的出现数据倾斜也可以自动优化，自动改变 SQL 执行的逻辑。

（4）案例 2.11 比案例 2.10 代码简洁，表达的意思简单明了，如果没有特殊的问题，代码简洁就是优。

为了佐证这个想法，可以一起执行下这两段代码，比较一下代码的执行结果。老工执行完后，分别贴出了上面的两个案例，即案例 2.10 和案例 2.11 的执行结果。

案例 2.10 的执行结果如下。

```
INFO  : Query ID = hive_20181022145656_9bf4913b-006f-4211-9d73-5ac6f0161033
INFO  : Total jobs = 2
INFO  : Launching Job 1 out of 2
INFO  : Starting task [Stage-1:MAPRED] in serial mode
...此处省略非关键的打印信息
```

```
INFO  : MapReduce Total cumulative CPU time: 39 seconds 590 msec
INFO  : Ended Job = job_1537177728748_3164
INFO  : Launching Job 2 out of 2
INFO  : Starting task [Stage-2:MAPRED] in serial mode
....此处省略非关键的打印信息
INFO  : MapReduce Total cumulative CPU time: 7 seconds 710 msec
INFO  : Ended Job = job_1537177728748_3165
INFO  : MapReduce Jobs Launched:
INFO  : Stage-Stage-1: Map: 3  Reduce: 4   Cumulative CPU: 39.59 sec   HDFS
Read: 55151260 HDFS Write: 464 SUCCESS
INFO  : Stage-Stage-2: Map: 3  Reduce: 1   Cumulative CPU: 7.71 sec   HDFS
Read: 8683 HDFS Write: 6 SUCCESS
INFO  : Total MapReduce CPU Time Spent: 47 seconds 300 msec
```

案例 2.11 的执行结果如下：

```
INFO  : Query ID = hive_20181022145353_3973c188-bae1-40ea-a82a-980a61562e96
INFO  : Total jobs = 1
INFO  : Launching Job 1 out of 1
INFO  : Starting task [Stage-1:MAPRED] in serial mode
...此处省略非关键的打印信息
INFO  : MapReduce Total cumulative CPU time: 28 seconds 360 msec
INFO  : Ended Job = job_1537177728748_3162
INFO  : MapReduce Jobs Launched:
INFO  : Stage-Stage-1: Map: 3  Reduce: 1   Cumulative CPU: 28.36 sec   HDFS
Read: 55143184 HDFS Write: 6 SUCCESS
INFO  : Total MapReduce CPU Time Spent: 28 seconds 360 msec
```

案例 2.10 和 2.11 执行结果对比：

- 案例 2.10 总共耗时 47 秒；
- 案例 2.11 总共耗时 28 秒。

看到案例 2.10 和案例 2.11 的执行结果，通过执行计划可以查看两者执行过程中的逻辑差别。

如果读者之前对执行计划不熟悉，也没关系，只要能看懂下面执行计划中的几个关键字，理清 SQL 的执行逻辑就好。随后老工贴出了两个案例的执行计划，并逐一做了解释。案例 2.10 的执行计划如下：

```
STAGE DEPENDENCIES:
  Stage-1 is a root stage
  Stage-2 depends on stages: Stage-1
  Stage-0 depends on stages: Stage-2
STAGE PLANS:
  //第一个 Stage
  Stage: Stage-1
Map Reduce
  //Map 的操作
      Map Operator Tree:
          TableScan
            alias: student_tb_orc
            Select Operator
              expressions: s_age (type: bigint)
              outputColumnNames: s_age
              Group By Operator
```

```
            keys: s_age (type: bigint)
            mode: hash
            outputColumnNames: _col0
            Reduce Output Operator
              key expressions: _col0 (type: bigint)
              sort order: +
              Map-reduce partition columns: _col0 (type: bigint)
      //Reduce 的操作
      Reduce Operator Tree:
        Group By Operator
          keys: KEY._col0 (type: bigint)
          mode: mergepartial
          outputColumnNames: _col0
          Select Operator
            Group By Operator
              aggregations: count(1)
              mode: hash
              outputColumnNames: _col0
  //第二个 Stage
  Stage: Stage-2
    Map Reduce
      Map Operator Tree:
          TableScan
            Reduce Output Operator
              sort order:
              value expressions: _col0 (type: bigint)
      Reduce Operator Tree:
        Group By Operator
          aggregations: count(VALUE._col0)
          mode: mergepartial
          outputColumnNames: _col0
```

注意：原有的执行计划太长，为了突出重点，方便阅读，将执行计划中的部分信息省略了。

上面有两个 Stage，即 Stage-1 和 Stage-2（Stage-0 一般表示计算完后的操作，对程序集群中的运行没有影响），分别表示两个任务，说明这个 SQL 会转化成两个 MapReduce。我们先只关注上面执行结果中的黑体字，整个案例 2.10 的执行计划结构可以抽象成如图 2.6 所示的形式。

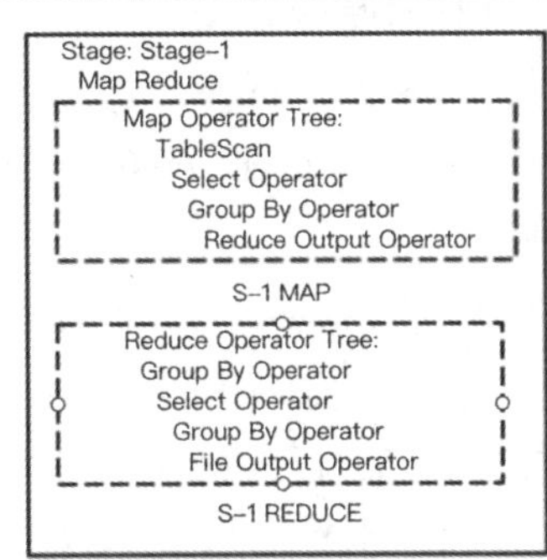

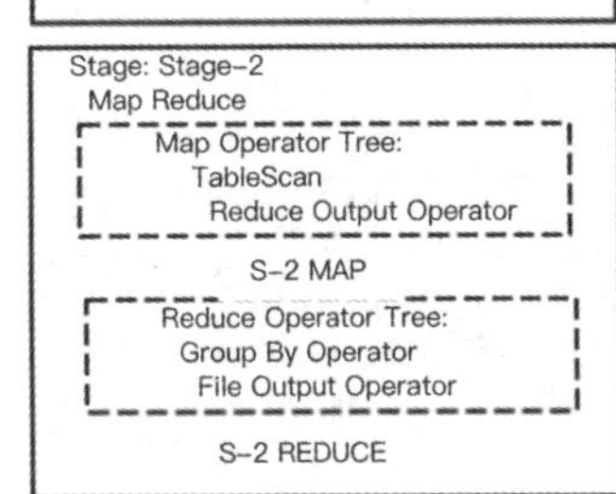

图 2.6　案例 2.10 执行计划简化图

在 Stage-1 框中，整个作业又被抽象成 Map 和 Reduce 两个操作，分别用 S-1 MAP 和 S-1 REDUCE 表示。我们循着 S-1 MAP/REDUCE 来解读案例 2.10 的执行计划。

按 S-1 Map 框的缩进解读案例 2.10 的执行计划如下：

（1）扫描操作。

（2）在步骤 1 的基础上执行列筛选（列投影）的操作。

（3）在步骤 2 的基础上按 s_age 列分组聚合（group by），

最后只输出 key 值，value 的值抛弃，不输出。

按 S-1 Reduce 框的缩进解读案例 2.10 的执行计划如下：

（1）按 KEY._col0(s_age)聚合。

（2）计算步骤（1）中每个 s_age 包含的学生个数，即 count(1)，最终输出 key(s_age)，抛弃无用的计算结果，即每个 s_age 包含的学生个数这个结果抛弃。

注意：这里只是算出每个年龄段的个数，而计算结果是要计算出不同年龄枚举值的个数。

经过上面的分析知道，Stage-1 其实表达的就是子查询 select s_age from student_tb_orc group by s_age 的实际逻辑。输出的结果只是去重后的 s_age。

为了计算去重后 s_age 的个数，Hive 启动了第二个 MapReduce 作业，在执行计划里面用 Stage-2 表示。Stage-2 被抽象成 Map 和 Reduce 两个操作。在图 2.6 中分别用 S-2 MAP 和 S-2 REDUCE 框表示，我们循着 S-2 MAP/REDUCE 来解读案例 2.11 的执行计划。

按 S-2 Map 框的缩进解读案例 2.11 的执行计划如下：

（1）读取 Stage-1 输出的结果。

（2）直接输出一列_col0，由于没有指定要去读的列，因而这里只是输出了每个 s_age 所在文件行的偏移量。

按 S-2 Reduce 框的缩进解读案例 2.11 的执行计划计算 vlaue._col0（map 输出的_col0）的个数，并输出。

整个 Stage-2 的逻辑就是 select count(1) from (…)a 这个 SQL 的逻辑。为了方便理解，可以对照图 2.7 的程序流程图来理解逻辑。

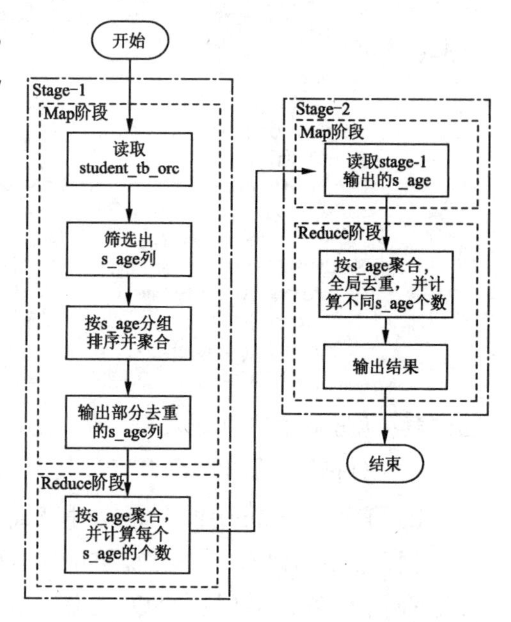

图 2.7　案例 2.10 的程序流程图

接着来看案例 2.11 对应的执行计划：

```
explain
select count(distinct s_age) from student_tb_orc;
STAGE DEPENDENCIES:
  Stage-1 is a root stage
  Stage-0 depends on stages: Stage-1
STAGE PLANS:
  //唯一的 Stage
  Stage: Stage-1
    Map Reduce
      Map Operator Tree:
          TableScan
```

```
          alias: student_tb_orc
          Select Operator
            expressions: s_age (type: bigint)
            outputColumnNames: s_age
            Group By Operator
              aggregations: count(DISTINCT s_age)
              keys: s_age (type: bigint)
              mode: hash
              outputColumnNames: _col0, _col1
              Reduce Output Operator
                key expressions: _col0 (type: bigint)
                sort order: +
      Reduce Operator Tree:
        Group By Operator
          aggregations: count(DISTINCT KEY._col0:0._col0)
          mode: mergepartial
          outputColumnNames: _col0
```

案例 2.11 的执行计划相对于案例 2.10 来说简单得多。同时，也可以看到只有一个 Stage-1，即只有一个 MapReduce 作业。将上述执行计划抽象成图 2.8 的结构来进行解读。

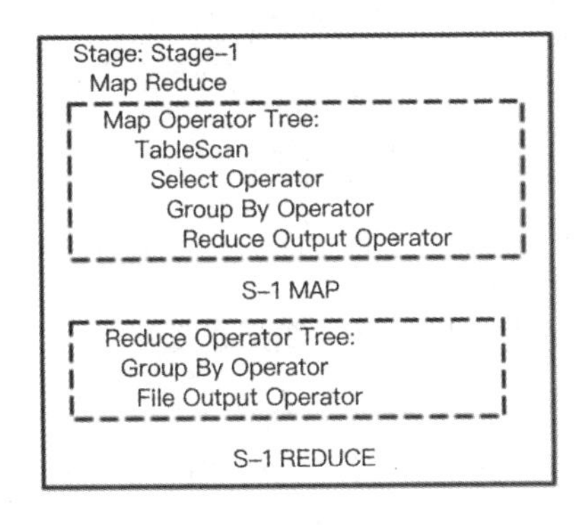

图 2.8　案例 2.11Stage-1 的执行计划

按 S-1 Map 框的缩进解读案例 2.11 的执行计划如下：

（1）获取表的数据。

（2）列的投影，筛选出 s_age 列。

（3）以 s_age 作为分组列，并计算 s_age 去重后的个数，最终输出的只有 s_age 列，计算 s_age 去重后个数的值会被抛弃。

注意：这里计算 s_age 去重后的个数，仅仅只是操作一个 Map 内处理的数据，即只是对部分数据去重。一个任务中有多个 Map，如果存在相同的值则是没有做去重，要做到全局去重，就只能在 Reduce 中做。

按 S-1 Reduce 框的缩进解读案例 2.11 的执行计划。可以看到，Reduce 阶段只是对 key._col0(s_age)进行全局去重，并输出该值。为了方便理解，可以对照图 2.9 来理解。

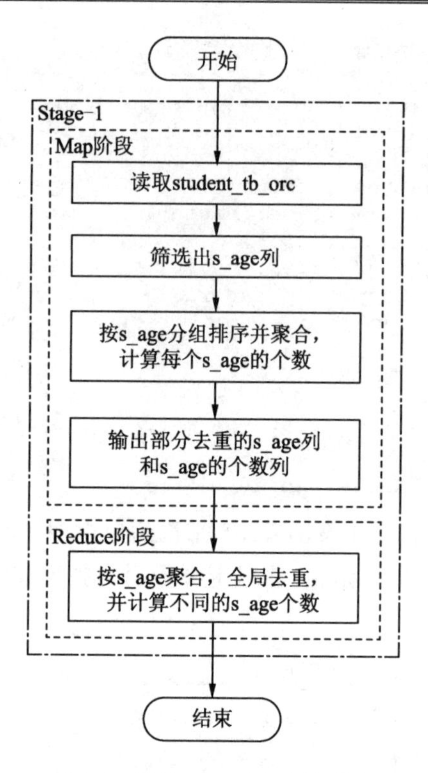

图 2.9　案例 2.11 的程序流程图

对比上面两个执行计划的逻辑我们可以知道，案例 2.10 是将去重（distinct）和计数放到两个 MapReduce 作业中分别处理；而案例 2.11 是将去重和计数放到一个 MapReduce 作业中完成。下面将两个案例流程放在一起对比，如图 2.10 所示。

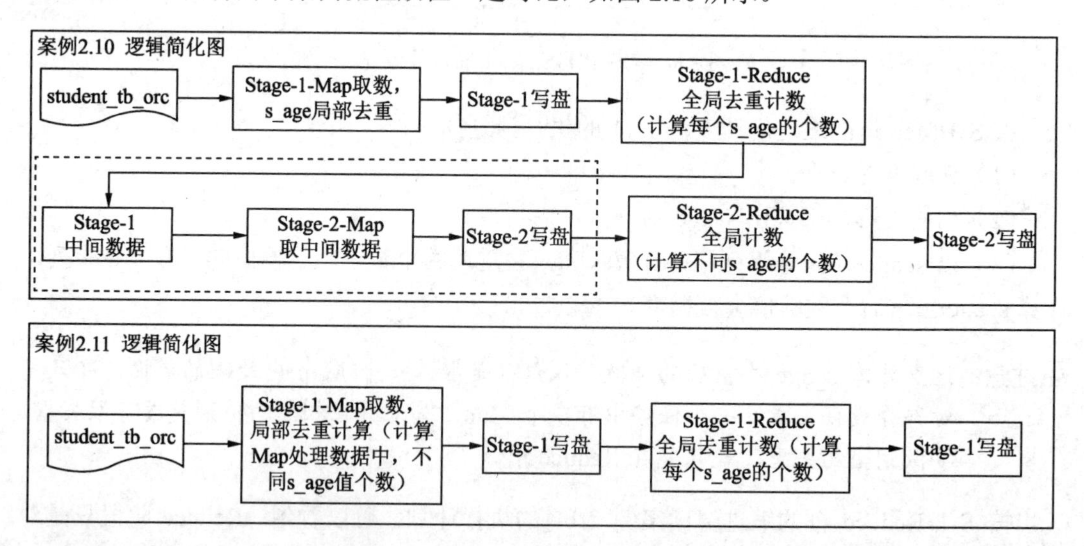

图 2.10　案例 2.10 和案例 2.11 的逻辑对比图

从图 2.10 中可以知道，案例 2.10 的数据处理逻辑集中在 Stage-1-Map、Stage-1-Reduce 和 Stage-2-Reduce 这 3 个部分；案例 2.11 的数据处理逻辑集中在 Stage-1-Map、Stage-1-Reduce 这两个部分。

从实际业务来讲，不同 s_age 的枚举个数相比于源表 student_tb_orc 的总数是非常有限的，且两个用到的算法相似，因此在这里可以认为案例 2.10 整体的数据处理逻辑的总体耗时和案例 2.11 的数据处理复杂度近似。这一点在 YARN 的日志中也会看到。这两个案例的时间差主要集中在数据传输和中间任务的创建下，就是图 2.10 中的虚线框部分，因此通过 distinct 关键字比子查询的方式效率更高。

采用案例 2.10 的写法，什么时候会比案例 2.11 高呢？在有数据倾斜的情况下，案例 2.10 的方式会比案例 2.11 更优。什么是数据倾斜？是指当所需处理的数据量级较大时，某个类型的节点所需要处理的数据量级，大于同类型的节点一个数量级（10 倍）以上。这里的某个类型的节点可以指代执行 Map 或者 Reduce 的节点。

当数据大到一定的量级时，案例 2.10 有两个作业，可以把处理逻辑分散到两个阶段中，即第一个阶段先处理一部分数据，缩小数据量，第二个阶段在已经缩小的数据集上继续处理。而案例 2.11，经过 Map 阶段处理的数据还非常多时，所有的数据却都需要交给一个 Reduce 节点去处理，就好比千军万马过独木桥一样，不仅无法利用到分布式集群的优势，还要浪费大量时间在等待，而这个等待的时间远比案例 2.10 多个 MapReduce 所延长的流程导致额外花费的时间还多。

如前面所说，在 Hive 3.0 中即使遇到数据倾斜，案例 2.11 将 hive.optimize.countdistinct 设置为 true，则整个写法也能达到案例 2.10 的效果。

调优讲究适时调优，过早进行调优有可能做的是无用功甚至产生负效应，在调优上投入的工作成本和回报不成正比。调优需要遵循一定的原则。

2.2.2　编码和调优的原则

对于调优，在有多年开发经验的老工看来要从需求和架构（代码、模块、系统）这俩大方面入手，例如，代码中看起来逻辑别扭，结构怪异的地方必然有其优化的空间。需要经常进行特殊调整的需求，可能是对某些方面没有理解到位的地方；可能是没有理解需求的意图；还有可能是需求有待商榷。在老工看来，能够在线上部署的工程化项目适用 2/8 原则，即 80%的需求都可以用简单做法去实现。让程序员脱离“懒”性的工作都是可以得到调整和优化的。

在上一节中，老工看到案例 2.10 的代码，结合对实际业务的理解，认为小白对代码有点过度优化，积极性太高。在老工看来，能用简单的代码就不要用复杂的代码去编写，至于调优，要讲求适时优化，在发现并定位到性能瓶颈点才开始启动调优。当然也不是说开始写代码时随便写，除了代码要尽量简单，也要遵循一些原则。例如，在面向对象编程中，我们强调日常开发要遵循 s（rp）o（cp）l（sp）i（sp）d（ip）五原则。同样，在编写 HiveSQL 代码时，也需要遵循一些简单的原则。这里分享一下笔者总结的代码优化原则：

- 理透需求原则，这是优化的根本；
- 把握数据全链路原则，这是优化的脉络；
- 坚持代码的简洁原则，这让优化更加简单；
- 没有瓶颈时谈论优化，是自寻烦恼。

1. 理透需求

小白能写出案例 2.10 的代码，说明在如何更好地使用 Hive 上下了功夫，但小白摒弃了案例 2.11 用 distinct 的写法，改用案例 2.10 使用子查询的方法，除了自身技术知识存在欠缺，还在于对需求的把握不够到位，没有遵循不同实际业务需求场景应选用不同的技术原则。

其实不只是小白没有理透需求，甚至连 HiveSQL 的执行计划也没有理透需求，最原始的需求是求年龄枚举值个数，只要每个年龄各取一个即可，统计这些个数根本用不到排序，但是在执行计划中明显看到了排序。下面是一个改进版本的 MapReduce 伪代码。

【案例 2.12】 改进版的 MapReduce。

```
Map 阶段:
    // context，mapreduce 上下文
    Mapper (key, value, context)
        //将 Map 数据添加到 set，对于存在相同的 s_age 会自动过滤
            //set 的过滤方式时间复杂度为 O(1)
            //请记住这里的去重只是局部去重，即在一个 Map 上做的
            //最终到 Reduce 节点可能存在重复
        set.put(s_age)
        //遍历 set 集合
        foreach(item in set):
            //用 null 作为 key 有两个作用，1.减少后面操作的数据量
                 //2.将所有年龄都打入到一个 Reduce，做全局去重
            context.write(null,item)
Reduce 阶段:
    //将 Map 相同的 key 汇集到一个 Reducer，不同 value 则保存在 values 数组中
        //由于 Map 输出的 key 为 null,因而所有的数据都跑到一个 Reduce 中,且可以也为 null
    Reducer (key, values, context):
        //对 values 进行去重
            foreach(item in values):
            set.put(item)
        //求 set 集合的长度，即 s_age 的去重个数
        count=set.length
        context.write(count,null)
```

上面的程序摒弃了无用的排序逻辑，去重的计算复杂度达到 O(1)级别，已经达到去重

的最优。建议读者可以亲自实现上面的代码，会发现速度至少提升了一个量级。

2. 理透数据全链路

当业务人员提出一个需求时，我们需要知道相关的信息，大体可以分为以下 3 个方面。

（1）业务数据准备

理清支持这个业务的基础数据有哪些，输出的数据要求是什么，这些业务的数据以什么样的方式存储，其占用空间及元数据等信息如何等。

要获取上述信息，除了日常要做好需求等相关文件的梳理工作以外，在技术层面，Hive 还提供了一些工具可以获取到一些业务信息。例如，通过 Hive 提供的交互命令来获取所要处理的数据信息；通过收集统计信息，查看 Hive 的 metadata 库对表的数据量和占用空间等信息。

在这里有两种方式可以做到快速了解 Hive 的元数据信息。

方式 1：通过 desc formatted。通过 desc formatted tablename 来查看表信息，可以获取到注释、字段的含义（comment）、创建者用户、数据存储地址、数据占用空间和数据量等信息，具体可看下面的案例。

【案例 2.13】 使用 desc formatted 来查看表的描述信息。

```
$desc formatted student_tb_txt;
OK
#这是表的描述信息
# col_name              data_type           comment
s_no                    string              学号
s_name                  string              姓名
s_birth                 string              生日
s_age                   bigint              年龄
s_sex                   string              性别
s_score                 bigint              综合能力分数
s_desc                  string              介绍信息
#表的详细描述信息
# Detailed Table Information
Database:               default
#表的创建用户
Owner:                  hue
CreateTime:             Thu Sep 27 17:53:05 CST 2018
LastAccessTime:         UNKNOWN
Protect Mode:           None
Retention:              0
#表在 HDFS 的位置
Location:
hdfs://bigdata-02:8020/mnt/data/bigdata/warehouse/student_tb_txt
#表的类型，MANAGED 表示内部表
Table Type:             MANAGED_TABLE
#表的参数
Table Parameters:
```

```
COLUMN_STATS_ACCURATE   true
numFiles                3
numRows                 20000000
rawDataSize             54581459872
totalSize               54601459872
transient_lastDdlTime   1538041986
#表的存储信息
# Storage Information
# 表序列化和反序列化用的类
SerDe Library:      org.apache.hadoop.hive.serde2.lazy.LazySimpleSerDe
# 输入的数据格式
InputFormat:            org.apache.hadoop.mapred.TextInputFormat
#输出的数据格式
OutputFormat:           org.apache.hadoop.hive.ql.io.HiveIgnoreKeyText
                        OutputFormat
#是否有压缩
Compressed:             No
#分桶个数，-1 表示非桶表
Num Buckets:            -1
# 分桶的列
Bucket Columns:         []
# 排序的列
Sort Columns:           []
Storage Desc Params:
serialization.format    1
Time taken: 0.129 seconds, Fetched: 37 row(s)
```

在上面的案例中，可以看到以下几部分的信息：

- 表的字段信息；
- 表所属的数据信息；
- 表的持有者；
- 表的创建时间、最近修改时间；
- 表所在 HDFS 的路径信息；
- 表的参数信息（Table Parameters），包括表的文件个数、数据量大小等；
- 表的存储信息（Storage Information），包括序列化/反序列化方式，输入/输出的文件格式，是否压缩、是否分桶等信息。

方式 2：查询 Hive 元数据。例如，查询 Hive 的元数据信息，快速获取一些数据库的相关信息。

【案例 2.14】 查询 Hive 元数据。

```
SELECT tbl_name,
      sum(case when param_key='numRows' then  param_value else 0 end)
'表的行数',
      sum(case when param_key='numRows' then  1 else 0 end) '表的分区数' ,
      sum(case when param_key='totalSize' then  param_value else 0 end)/
1024/1024/1024 '数据量GB',
      sum(case when param_key='numFiles' then  param_value else 0 end)
'文件数'
```

```
FROM hive_meta.PARTITIONS pt
     inner join PARTITION_PARAMS ptp on pt.PART_ID=ptp.PART_ID
inner join hive_meta.TBLS tbl on pt.TBL_ID= tbl.TBL_ID
---owner，表的拥有者
where tbl_name in ('表名')  and owner='虚拟用户'
group by tbl_name
```

注意： 如果查询不到对应的统计信息，可以通过如下命令手动收集表或者分区来统计信息：anaylze table 表名 partition(分区列)compute statistics。

除了上面的信息，Hive 元数据还包括库的相关信息、表所属的列相关信息、数据存储的相关信息等，这些信息在后面的章节中会提到。

（2）运行环境梳理

当开发出一个业务程序后，需要清楚从提交到运行之前所需要的流程和环境，对所需的基础环境和资源要有一个简单的预估，确保程序能够正确且有足够的资源运行。要把握这个准备工作，最关键的还是要了解整个大数据的资源管理和任务管理。

常见的资源管理组件有 YARN 和 Mesos，常见的任务管理调度工具有 oozie、azkaban 和 airflow 等。这些组件会以各种形式来反馈当前集群的情况，可以对作业提交之前的运行环境有精确的了解。例如，可以访问资源管理集群资源整体状况的数据接口。下面提供了两种方式去访问这些接口。

方式 1，使用 Python 代码来获取度量信息，如下：

```
#Python 代码
import requests
#YARN 资源管理，集群资源信息的接口
#8088 是默认获取 YARN 度量信息的端口
url="http://bigdata-03:8088/ws/v1/cluster/metrics"
response=requests.get(url)
print response.text
```

这种方式可以嵌入到我们的应用程序。怎么使用呢？在提交一个到集群时，可以先使用上述代码，来获取当前集群的信息以判断当前集群的状态是否可以提交任务，或者判断集群资源是否紧张，如果紧张是否需要做特别处理。

方式 2，使用 shell 命令获取度量信息，如下：

```
curl -i http://bigdata-03:8088/ws/v1/cluster/metrics
```

返回的结果如下：

```
#Response Head:
HTTP/1.1 200 OK
Cache-Control: no-cache
Expires: Thu, 25 Oct 2018 05:50:26 GMT
Date: Thu, 25 Oct 2018 05:50:26 GMT
Pragma: no-cache
Expires: Thu, 25 Oct 2018 05:50:26 GMT
Date: Thu, 25 Oct 2018 05:50:26 GMT
```

```
Pragma: no-cache
Content-Type: application/json
X-FRAME-OPTIONS: SAMEORIGIN
Transfer-Encoding: chunked
#Response Content:
{
    "clusterMetrics": {
        "appsSubmitted": 3386,                      //已提交作业数
        "appsCompleted": 3366,
        "appsPending": 0,
        "appsRunning": 0,
        "appsFailed": 15,
        "appsKilled": 5,
        "reservedMB": 0,
        "availableMB": 56350,                       //可用内存
        "allocatedMB": 0,
        "reservedVirtualCores": 0,
        "availableVirtualCores": 40,
        "allocatedVirtualCores": 0,
        "containersAllocated": 0,
        "containersReserved": 0,
        "containersPending": 0,
        "totalMB": 56350,                           //总共可用内存
        "totalVirtualCores": 40,                    //可用的虚拟核心数
        "totalNodes": 5,                            //总共的节点数
        "lostNodes": 0,
        "unhealthyNodes": 0,
        "decommissioningNodes": 0,
        "decommissionedNodes": 0,
        "rebootedNodes": 0,
        "activeNodes": 5
    }
}
```

通过这些接口可以看到即将要提交的作业所在集群的资源情况是否充足，此外这些接口还会反馈其他的内容，对于更好去使用集群、监控集群也提供了很大的帮助。对于这些数据接口内容及所表示的含义和应用场景，将在后面的章节做更多介绍。

（3）程序运行过程的数据流

我们需要知道 Hive 在运行 HiveSQL 时，数据在计算引擎各个阶段的变换形式和流转步骤。例如，HiveSQL 在处理数据时，数据可能只需要经过 Map 阶段，也可能需要经过 Map-Reduce-Map-Reduce 这 4 个阶段，还有可能只需要经过 Map- Reduce-Reduce 这 3 个阶段。要想理清这点，需要简单掌握以下几点：

- 理解 HiveSQL 的基本执行原理。把握这个执行逻辑，就需要去通读它的执行计划，理解执行脉络，以及如何转化映射成 MapReduce。
- 了解 HiveSQL 所用执行引擎的基本原理，以及在这个计算引擎内部各个节点的数据流。这里就需要去全面地读一读官网文档。例如，在查看 MapReduce 的文档信息时会发现，MapReduce 执行引擎不仅包括 Map 环节、Reduce 环节，还有

FileInputFormat、FileOutputFormat、Combiner 和 Partition 等环节，这些环节的调优其实也影响到了整个计算引擎的性能，同时也影响上层 Hive 的性能。

- 了解 Hive 在运行时除了计算引擎之外所依赖的其他组件及其运行的基本原理，还需要了解 Hive 和这些组件之间的关联关系。

3．坚持代码的简洁

不管是写 SQL，还是用其他的语言写工程化项目，都需要尽量保持代码的简洁。一份简洁的代码，是逻辑思维清晰的体现，也是对业务较好理解的一种体现。一份简洁的代码，在后期的维护及工作交接时都能给予自己和别人极大的帮助。相反，一份读起来逻辑别扭、冗长复杂的代码，有更高的几率潜藏 Bug，潜藏性能不友好的逻辑，甚至它是对真实需求的一种扭曲实现。这种案例，在实际开发中比比皆是。

4．没有瓶颈而讨论优化

从接触代码开始，笔者对编码这份工作就有了极大的好感，对自己写的代码要求也比较高，尤其是对性能十分敏感，有时可以说是“偏执”。只要凭借以往经验验证的某些技术细节是性能不好的，那么在新的代码遇到类似情况就会极力避免，即使代价大一些。

但技术在更新，业务要求在变化，线上环境也在变。技术在经过版本的更新后，某些有性能问题的用法可能变得没有问题；某些业务，之前为了避免引发性能问题而过早花大力气调优的地方，甚至可以直接舍弃；某些环境可能由于业务的调整发生巨变，则导致某些原本不耗费时间的处理环节其性能却急速下降，如线上环境数据激增。有优化意识是好的，但优化不区分对象而谈优化，容易一叶障目。

下面将优化所要关注的问题分为两类：

- 影响项目整体落地的问题、重大性能问题；
- 不影响项目整体落地，但是影响部分功能。

第一种情况，在实际项目中，有经验的老工一般能够预知且提早介入，一般在项目设计阶段就已经规避。第二种情况，在具体实现上，由于所处的环节较为靠后，且和实际的业务有较强的关联，会根据实际情况而反复地调整。这种情况就需要在具体环境下，依据具体的业务要求进行调优，将优化放到有瓶颈点的地方去考虑和讨论，否则只是做更多的投入和产出不成正比的工作。

2.2.3　Hive 程序相关规范

一份拥有良好代码风格的程序，有助于开发者发现性能问题，缩短调优的时间，降低维护成本，同时也能促进程序员的自我提高。规范分为 3 类：开发规范、设计规范和命名规范。

1. 开发规范

- 单条 SQL 长度不宜超过一屏。
- SQL 子查询嵌套不宜超过 3 层。
- 少用或者不用 Hint，特别是在 Hive 2.0 后，增强 HiveSQL 对于成本调优（CBO）的支持，在业务环境变化时可能会导致 Hive 无法选用最优的执行计划。
- 避免 SQL 代码的复制、粘贴。如果有多处逻辑一致的代码，可以将执行结果存储到临时表中。
- 尽可能使用 SQL 自带的高级命令做操作。例如，在多维统计分析中使用 cube、grouping set 和 rollup 等命令去替代多个 SQL 子句的 union all。
- 使用 set 命令，进行配置属性的更改，要有注释。
- 代码里面不允许包含对表/分区/列的 DDL 语句，除了新增和删除分区。
- Hive SQL 更加适合处理多条数据组合的数据集，不适合处理单条数据，且单条数据之间存在顺序依赖等逻辑关系。例如，有 A、B、C 3 行数据，当 A 符合某种条件才能处理 B 行时，只有 A、B 符合某种条件，才能处理 C 行。
- 保持一个查询语句所处理的表类型单一。例如，一个 SQL 语句中的表都是 ORC 类型的表，或者都是 Parquet 表。
- 关注 NULL 值的数据处理。
- SQL 表连接的条件列和查询的过滤列最好要有分区列和分桶列。
- 存在多层嵌套，内层嵌套表的过滤条件不要写到外层，例如：

```
select a.* from a
left join b
on a.id=b.id
where a.no=1
```

应当写为：

```
select a.* from (
select * from a where a.no=1
) a left join b
on a.id=b.id
```

2. 设计规范

- 表结构要有注释。
- 列等属性字段需要有注释。
- 尽量不要使用索引。在传统关系型数据库中，通过索引可以快速获取少部分数据，这个阈值一般是 10%以内。但在 Hive 的运用场景中，经常需要批量处理大量数据，且 Hive 索引在表和分区有数据更新时不会自动维护，需要手动触发，使用不便。如果查询的字段不在索引中，则会导致整个作业效率更加低下。索引在 Hive 3.0 后被废弃，使用物化视图或者数据存储采用 ORC 格式可以替代索引的功能。

- 创建内部表（托管表）不允许指定数据存储路径，一般由集群的管理人员统一规划一个目录并固化在配置中，使用人员只需要使用默认的路径即可。
- 创建非接口表，只允许使用 Orc 或者 Parquet，同一个库内只运行使用一种数据存储格式。接口表指代与其他系统进行交互的数据表，例如从其他系统导入 Hive 时暂时存储的表，或者数据计算完成后提供给其他系统使用的输出表。
- Hive 适合处理宽边（列数多的表），适当的冗余有助于 Hive 的处理性能。
- 表的文件块大小要与 HDFS 的数据块大小大致相等。
- 分区表分桶表的使用。

3. 命名规范

库/表/字段命名要自成一套体系：

- 表以 tb_开头。
- 临时表以 tmp_开头。
- 视图以 v_开头。
- 自定义函数以 udf_卡头。
- 原始数据所在的库以 db_org_开头，明细数据所在库以 db_detail_开头，数据仓库以 db_dw_开头。

2.3　总结调优的一般性过程

首先，要明白所有的优化是相对的，例如程序运行需要 2 个小时，看似很慢，但如果需求的目标是 3 个小时，即可正常作业，无特别情况，可以不进行优化。优化的基本流程如下：

第一，选择性能评估项及各自目标，常见的评估性能指标有程序的时延和吞吐量；第二，如果系统是由多个组件和服务构成，需要分组件和服务定义性能目标；第三，明确当前环境下各个组件的性能；第四，分析定位性能瓶颈；第五，优化产生性能瓶颈的程序或者系统；第六，性能监控和告警。

上面的流程是优化的基本流程，前面三点可以结合各自的实际应用场景，结合运维意见及业务的要求自行设定，本书焦点在后面三点。

- 分析定位性能瓶颈：在 Hive 中最常见的是磁盘和网络 I/O 的瓶颈，其次是内存会成为一个性能瓶颈。CPU 一般比 I/O 资源相对富余。为什么是前面三点最有可能出现瓶颈？要解释这个问题，需要了解 Hive 执行计划，以及计算引擎的基本原理，并借助作业监控工具优化产生性能瓶颈的程序或者系统。在 Hive 中，优化方式可以归结为 3 点，即优化存储、优化执行过程和优化作业的调度。

- 性能监控和告警：建立性能监控和告警，在操作系统和硬件层面可以借助 Linux 或 UNIX 系统提供的系统工具，也可以借助一些开源的工具，例如 Zabbix 和 Ganglia；可以记录服务器运行时的历史过程，也可以定制化监控很多细粒度指标。软件层面，大数据组件可以借助 cloudera 或者 Ambari 监控工具，或者借助开源工具 Prometheus 和 Grafana 定制监控大数据组件。作业层面借助 YARN Timeline 提供的查看作业信息的服务信息进行监控。

虽然本书的焦点在后面三点，但需要强调一点，对当前服务或者组件所在的环境有一个良好的认知，对业务有一定的理解是优化的前提。为了强调这一点，我们引入下面的说明。

有这样一个案例，在同步数据的讨论会议上，业务方说有些数据库表每日都有数据更新，怎么同步更新的数据？程序员 A 认为目前数据日志解析工具可以捕捉数据更新。程序员 B 认为还有一个比较简单的方法，可以用支持事务机制的表，只是这些表使用起来有特殊限制，需要升级系统环境。

资历较老的程序员会问到每日更新的数据有多少，表数据总共有多少，这些数据从开始同步到最后的数据使用，可以支持多久的等待时间。业务方说数据每日更新增量 1 万以内，最大的表数据量不超过 10 万，整体数据量不到 100MB，这些数据从同步到使用允许 24 小时的等待时间。程序员 C 认为简单数据量总量不多，可以全量同步，不会对现有的系统造成太大的压力，也不会对同步作业造成多大压力，如果不需要历史数据，可以每日覆盖对应的表，如果需要历史数据，就采用表分区的方式，按日分区，每个分区同步当日所有的数据。

比较 3 个程序员的方案，程序员 A 需要引入更多的同步组件，且解析工具的部署维护是一个问题，在数据库的日志格式变更后，同步又是一个问题，并且耗时长，后期维护难度较高。程序员 B 需要对生产环境的软件进行升级，需要评估软件是否对现有生产环境有影响，稳定情况如何。而程序员 C 解了业务的整体情况后，采用的就是一般的方式——全量同步。在业务要求范围内也能快速完成业务需求。很显然，程序员 C 的方案对程序员 A 和程序员 B 的方案来说都是一个极大的优化，而且从源头尽可能地掐断了因一个小需求引入众多操作所带来的性能问题。

第 3 章　环境搭建

本章会介绍多种快速部署大数据环境的方式。通过本章的学习，读者可以快速构建自己的大数据开发环境。

考虑到不同读者的机器资源不同，以及一些 Hive 开发者不喜欢“折腾”基础环境的搭建，本章将介绍多种方式来快速搭建自己的大数据环境。总结起来可以概括为以下 3 种方式：

- 机器资源不足且只有一台机器的情况下，使用单台机器构建伪分布式集群；
- 单台机器资源充足的情况下，使用 Docker 构建一个分布式集群；
- 服务器资源充足且有多台服务器的情况下，使用 Cloudera Manager 构建一个完全的分布式集群。

上面 3 种构建自己的大数据集群方式主要依赖于 Docker 和 Cloudera Manager。

Docker 可以快速构建大数据开发环境，只要构建一次，就可以在任何操作系统上运行，包括 Windows、Mac OS 和 Linux 等。这对于想要练习案例的初学者提供了一个较为方便的环境。与传统在 Linux 和 UNIX 物理机或虚拟机上搭建自己的大数据环境不用的是，Docker 更加轻量级，资源利用率更高，启动时间更短，能够快速迁移到各个主流操作系统上，且能够保证自身运行环境一致。

通过本章的学习，读者基本能够使用 Docker 的命令和语法构建一个简单的 Docker 镜像，并能够基本看到一些简单的 Docker 镜像的生成文件。大数据上云是一种趋势，这也是我们选择使用 Docker 来构建大数据环境的原因之一。

Cloudera 提供的 Cloudera Manager 和 Hortonworks 提供的 Ambari，是目前企业内部使用的较为普遍的两种方案。本章选用集成度更高、产品更为稳定的 Cloudera Manager 来构建大数据环境。Cloudera Manager 提供了两种快速部署的方式，一种是 Docker 化的单机版本，一种是借助 Cloudera Manager（CDM）来构建完全分布式集群。

3.1　Docker 基础

本节通过对 Docker 的基本介绍，让读者简单感受一下 Docker 镜像和容器制作流程的简易和方便之处，之后介绍 Docker 安装流程，最后介绍 Dockerfile 的编写，以及 Docker 管理和操作命令。通过对这些内容的学习，读者基本可以构建属于自己的开发环境镜像。

3.1.1 Docker 介绍

Docker 是 Docker Inc 公司开源的一项基于 LXC 技术之上的构建应用打包运行引擎，其源代码托管在 GitHub 上，基于 Go 语言开发并遵守 Apache 2.0 协议开源。Docker 吸引了 IBM、Google、RedHat 和 Microsoft 等业界知名公司的关注和技术支持，甚至国内多个主流的云计算厂商也相继推出容器服务紧追云计算发展趋势。目前支持 Docker 的操作系统有 CentOS、RedHat、Ubuntu、Debian、Fedora、Azure、AWS、Windows 和 Mac OS 等。

为什么选用 Docker 技术来构建开发环境？有以下几点原因：

- 轻量化的部署。相比使用虚拟机，Docker 构建部署包更小，启动更加快速，占用资源更少，一台机器可以启动的容器远比可以启用的虚拟机多得多。图 3.1 是虚拟机部署应用和在 Docker 上部署应用的结构对比图。

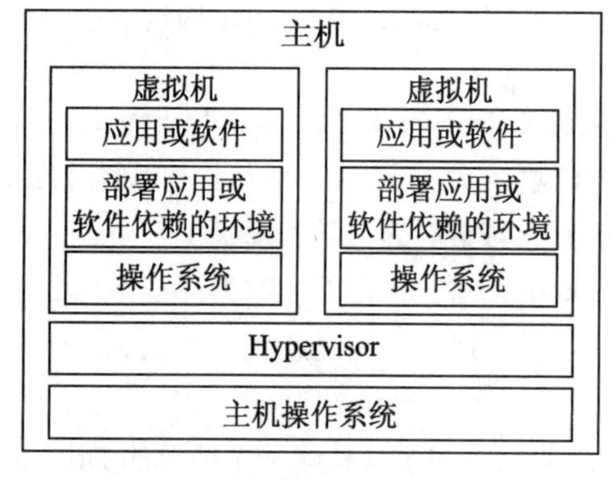

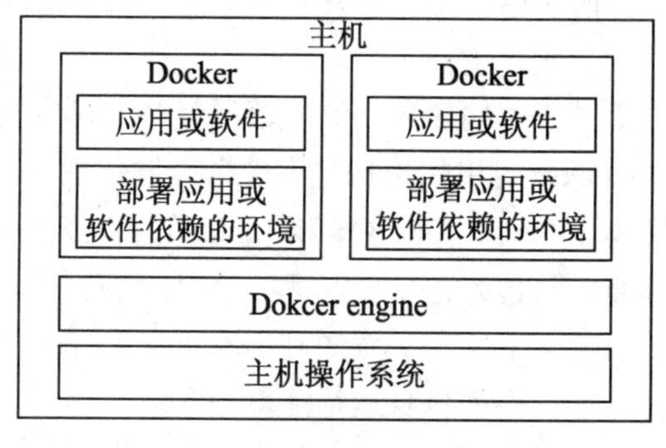

图 3.1　虚拟机和 Docker 部署应用

- 快速标准化部署，可以在本地将应用程序和其依赖的运行环境打包到一个镜像文件中，即可一键部署到能够安装 Docker 的操作系统环境中。相比于传统的应用部署，需要先整理部署环境，拉源码构建服务，再进行部署，使用 Docker 极大地简化了部署流程。
- 快速变更，简化管理。如果需要对容器的环境或者文件进行更改，只需要对构建镜像文件进行小小的变更。如果出现问题，可以快速重新构建，这相比重装系统，重新构建虚拟机环境要快速很多。

Docker 知识体系庞大，但入门却很简单，使用 Docker 必须知道 2 个部分、4 个概念。Docker 的 2 个主要部分是：

- Docker server：Docker 的服务端。在安装完 Docker 之后，需要启动 Docker server，以一个 daemon 的形式常驻内存。这时就可以使用 Docker 的客户端命令，例如 docker ps –ls。
- Docker client：用户使用 client 进行容器和镜像的管理。

Docker 的 4 个主要概念是：

- Docker 镜像（image）：镜像是只读的，镜像中打包了服务运行所需的所有环境相关的文件。镜像用来创建容器，一个镜像可以创建多个初始状态相同的容器。
- Docker 容器（container）：通过启动镜像来创建一个容器，容器是一个相对隔离的环境，自身包含 CPU、内存、磁盘资源和网络管理，多个容器之间不会相互影响，以保证容器中的程序运行在一个相对封闭且安全的环境中。如果在使用容器中做了一些不可逆的误操作，可以删除容器，重新从镜像中创建一个新的容器，这个是极短的过程。
- Docker hub/registry：共享和管理 Docker 镜像，用户可以上传或者下载上面的镜像，官方地址为 https://registry.hub.Docker.com/，也可以搭建自己私有的 Docker registry。相同的组件如果其他人员已经开发了一个相同的镜像，可以直接下载上面的镜像构建自己的运行环境。
- 层（Layers）：image 的基本组成单位，每个 image 是由多个文件系统（只读层）叠加而成。镜像和容器的实质区别就体现在层上，当启动一个容器时，Docker 会加载镜像层并在其上添加一个可写层。容器上所做的任何更改，如新建文件、更改文件和删除文件，都记录在可写层上。如果想创建一个新的镜像，并且新的镜像要包含过往某个时候所制作镜像的所有功能时，只需要在原有的镜像上添加新的 layers，然后重新编译，就可以生成一个新的镜像。

如图 3.2 是 Docker 各个组件的基本协作图。

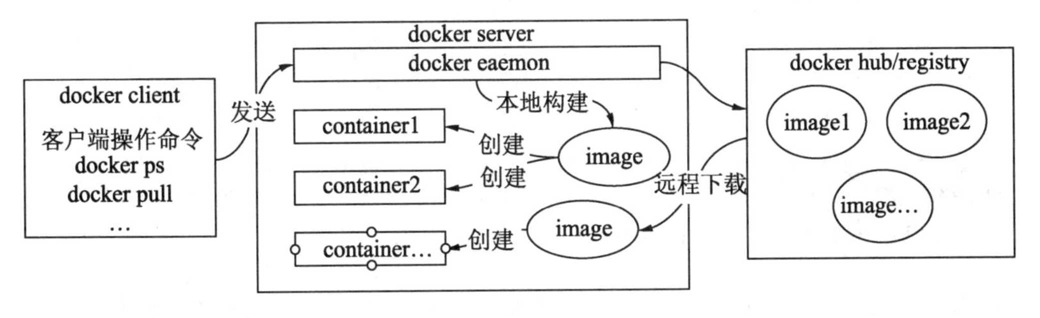

图 3.2　Docker 的基本结构图

备注： 上面的概念如果是第一次接触，可能有点陌生，后面的章节我们会边学习，边使用，边理解这些概念。

3.1.2 安装 Docker

本节将会介绍在 Ubuntu、CentOS、Mac OS 和 Windows 这 4 个操作系统上安装 Docker 的方式。

1. Ubuntu操作系统上的Docker安装

（1）先卸载可能存在的旧版本和目录：

```
apt-get remove Docker Docker-engine Docker.io
rm -rf /var/lib/Docker
```

（2）安装 HTTPS 相关组件，以便使用存储库（repository）：

```
apt-get install apt-transport-https ca-certificates \
curl  sudo software-properties-common
```

（3）添加 Docker 官方的 GPG 密钥并校验：

```
curl -fsSL https://download.Docker.com/linux/ubuntu/gpg | sudo apt-key add -
apt-key fingerprint 0EBFCD88
```

（4）设置 stable 存储库：

```
add-apt-repository \
   "deb [arch=amd64] https://download.Docker.com/linux/ubuntu \
   $(lsb_release -cs) \
   stable"
```

（5）更新 apt 源，并安装 Docker 的社区版本：

```
apt-get update
apt-get install Docker-ce
```

（6）启动 Docker 后台服务：

```
service Docker status
service Docker start
```

（7）测试 Docker 是否安装成功：

```
#如果本地没有hello-world镜像，会从Docker hub/repositroy自动下载并运行
Docker run hello-world
```

至此 Ubuntu 16.04 上的 Docker 已经安装完成。

注意：如果是在非 root 账户下安装，则需要具备 sudo 的权限，操作系统要求至少 Ubuntu 14 以上。

2. CentOS上的Docker安装

注意：Docker-ce 版本，要求 CentOS 7 及以上。

（1）卸载旧版本，删除老目录：

```
yum remove Docker Docker-client Docker-client-latest \
                  Docker-common Docker-latest Docker-latest-logrotate \
                  Docker-logrotate Docker-selinux \
                  Docker-engine-selinux Docker-engine
rm -rf /var/lib/Docker
```

（2）安装必要的组件：

```
yum install -y yum-utils \
  device-mapper-persistent-data \
  lvm2
```

（3）设置 stable 存储库，并启用 edge 的存储库：

```
yum-config-manager \
    --add-repo \
    https://download.Docker.com/linux/centos/Docker-ce.repo
yum-config-manager --disable Docker-ce-edge
```

（4）安装 Docker-ce：

```
yum install Docker-ce
```

（5）启用 Docker 后台服务：

```
systemctl start Docker
```

（6）测试同 Ubuntu 相同，不再说明。

至此，CentOS 上的 Docker 安装已经完成。

3．Mac OS和Windows的安装

Docker 商店提供了对应版本的软件安装包，如图 3.3 和图 3.4 分别为 Mac OS 和 Windows 的安装包。下载完后直接打开，按照提示一步步操作即可。Docker 商店地址为 https://store.docker.com/search?type=edition&offering=community。

图 3.3　Mac OS Docker-ce 安装包

图 3.4　Windows Docker-ce 安装包

3.1.3 常见的 Docker 使用与管理命令

首先演示一个从 Docker hub 上直接拉下一个 MySQL 的镜像，并进入到容器内对 MySQL 进行操作的例子，以便让读者对使用 Docker 先有一个直观的体验，然后讲解后续会经常使用到的命令。接下来一起看一下使用 Docker 构建 MySQL 服务的过程。

（1）使用 docker image pull 命令从 Docker hub 上下载 MySQL 镜像到本地。

```
$ docker image pull mysql
Using default tag: latest
latest: Pulling from library/mysql
743f2d6c1f65: Pull complete
3f0c413ee255: Pull complete
aef1ef8f1aac: Pull complete
f9ee573e34cb: Pull complete
3f237e01f153: Pull complete
f9da32e8682a: Pull complete
4b8da52fb357: Pull complete
3416ca8f6890: Pull complete
786698c2d5de: Pull complete
4ddf84d07bd1: Pull complete
cd3aa23461b6: Pull complete
9f287a2a95ad: Pull complete
Digest: sha256:711df5b93720801b3a727864aba18c2ae46c07f9fe33d5ce9c1f5cbc2
c035101
Status: Downloaded newer image for mysql:latest
```

（2）使用 docker image ls 命令查看本地镜像。在图 3.5 的 REPOSITORY 列中看到了 MySQL 镜像，说明镜像已被正确下载到了本地。

```
$ docker image ls
REPOSITORY          TAG           IMAGE ID        CREATED       SIZE
mysql               latest        2dd01afbe8df    2 days ago    485MB
```

图 3.5 查看本地镜像列表

扩展： 更多 docker image 的命令请查看 docker image [command] --help。例如，docker image --help，Docker image pull –help。

（3）使用 docker container run 命令运行容器，这里创建一个名为 mysql-container 的 MySQL 容器，并设置 root 用户的密码为 root。

```
$ docker run --name mysql-container -e MYSQL_ROOT_PASSWORD=root -d mysql
8e52184a227297d38e385fcf9652a52f058b0f28a1028e4397b7b4f51d6d66d2
```

上面命令中的参数说明如下：

- --name：表示启动后容器的名称，如果不指定会给予一个默认的名称。
- -e：设置容器内的环境变量，好比在 Linux 中的 export 命令，上面设置了一个环境变量，即 MySQL 的 root 用户的密码 MYSQL_ROOT_PASSWORD。

- -d：表示后台运行。
- mysql：表示步骤 1 从 docker hub 上下载的镜像名。

运行结束后会返回一个字符串，表示容器的 ID。

（4）使用 docker container ls 命令查看已经运行的容器列表。从图 3.6 的列表中我们已经看到启动了一个 mysql-container 的容器。

```
$ docker container ls
CONTAINER ID        IMAGE               COMMAND                  CREATED             STATUS
PORTS                 NAMES
6fd21bf1f5eb        mysql               "docker-entrypoint.s…"   58 seconds ago      Up 58 seconds
3306/tcp, 33060/tcp   mysql-container
```

图 3.6　查看本地启动的容器列表

（5）使用 docker container exec 与容器交互，进入 MySQL 容器，看 MySQL 数据库信息，如图 3.7 所示。

```
$ docker container exec -it mysql-container /bin/bash
root@6fd21bf1f5eb:/# mysql -uroot -proot
mysql: [Warning] Using a password on the command line interface can be insecure.
Welcome to the MySQL monitor.  Commands end with ; or \g.
Your MySQL connection id is 9
Server version: 8.0.13 MySQL Community Server - GPL

Copyright (c) 2000, 2018, Oracle and/or its affiliates. All rights reserved.

Oracle is a registered trademark of Oracle Corporation and/or its
affiliates. Other names may be trademarks of their respective
owners.

Type 'help;' or '\h' for help. Type '\c' to clear the current input statement.

mysql> show databases;
+--------------------+
| Database           |
+--------------------+
| information_schema |
| mysql              |
| performance_schema |
| sys                |
+--------------------+
4 rows in set (0.02 sec)
```

图 3.7　使用 exec 与容器交互

（6）使用 docker container start/stop/restart/kill，来启动、停止、重启、杀死容器，如图 3.8 所示。

扩展：更多 docker container 的命令，请查看 Docker container [command] --help，例如，Docker container run --help，Docker container –help。

通过上面的 6 个步骤，基本可以掌握从镜像创建容器，如何和容器进行交互，如何启动和停止容器，已经能够满足搭建环境的基本需求了。如果读者对 Docker 很感兴趣，可以继续查阅 Docker 相关的文档进行学习。

```
$ docker container start mysql-container
mysql-container

$ docker container stop mysql-container
mysql-container

$ docker container ls
CONTAINER ID        IMAGE               COMMAND             CREATED
STATUS              PORTS               NAMES

$ docker container start mysql-container
mysql-container

$ docker container ls
CONTAINER ID        IMAGE               COMMAND                  CREATED
STATUS              PORTS                NAMES
6fd21bf1f5eb        mysql               "docker-entrypoint.s…"   18 minutes ago      Up 12
seconds        3306/tcp, 33060/tcp   mysql-container

$ docker container kill  mysql-container
mysql-container

$ docker container ls
CONTAINER ID        IMAGE               COMMAND             CREATED
STATUS              PORTS               NAMES

$ docker container start mysql-container
mysql-container

$ docker container ls
CONTAINER ID        IMAGE               COMMAND                  CREATED
STATUS              PORTS                NAMES
6fd21bf1f5eb        mysql               "docker-entrypoint.s…"   24 minutes ago      Up 7
seconds        3306/tcp, 33060/tcp   mysql-container
```

图 3.8　管理容器

3.1.4　使用 Dockerfile 构建服务镜像

在 3.1.3 节时我们直接下载了 Docker hub 上其他开发者制作好的镜像，并运行容器。本节我们使用 Dockerfile 来编写自己的镜像，并启动容器，采用的案例是使用 Dockerfile 来构建 Apache 的服务。

【案例 3.1】 Apache Web 服务的 Dockerfile 文件。

```
#第一部分
FROM ubuntu:16.04
MAINTAINER linzhihuang XXX@qq.com
#第二部分
RUN apt-get update
RUN apt-get -y install apache2 supervisor
WORKDIR /var/www/html
RUN mkdir -p /var/log/apache2
COPY supervisord.conf /etc/supervisor/conf.d/supervisord.conf
#第三部分
CMD ["/usr/bin/supervisord", "-c", "/etc/supervisor/conf.d/supervisord.
conf"]
```

上面的代码分为三部分：

第一部分表示新构建镜像的初始镜像，以及镜像的创建者（MAINTANINER）。本例使用的是 Ubuntu 16.04 的初始镜像，这个镜像使用的是 Ubuntu 16.04 系统构建的镜像。

第二部分则是构建新镜像的所有逻辑，每一个命令在编译时会被当成一个层来处理，先记住它的格式，Docker 命令为所在操作系统的 Shell 命令。例如 RUN apt-get update，RUN 是 Docker 的命令，apt-get update 是可以直接运行在 Ubuntu 上操作的命令。这里先不用管其含义，在 3.1.5 节学过 Dockerfile 语法后再来看它的含义。

第三部分表示容器启动后运行的命令。除了 CMD 命令，3.1.5 节中的 ENTRYPOINT 命令所跟的命令也是容器启动后运行的命令。

我们将案例 3.1 的代码保存到名为 Dockerfile 的文件中，并在相同的目录下创建一个 supervisord.conf 文件，内容如下：

```
 [supervisord]
nodaemon=true
 [program:apache_server]
command=/etc/init.d/apache2 restart
redirect_stderr=true
stdout_logfile=/var/log/apache2/apache2.log
```

扩展： supervisord 是一个进程管理工具，Docker 可以用 supervisord 实现多任务运行及管理。

接着，在 Dockerfile 所在的目录下运行如下命令来编译生成的镜像 test-apache2，代码如下：

```
$ docker image build -t test-apache2 ./
Sending build context to Docker daemon  3.072kB
Step 1/8 : FROM ubuntu:16.04
 ---> 4a689991aa24
Step 2/8 : MAINTAINER linzhihuang "XXX@qq.com"
 ---> Using cache
 ---> a7d7b8855c73
Step 3/8 : RUN apt-get update
 ---> Running in 5b3af5e7b540
Get:1 http://archive.ubuntu.com/ubuntu xenial InRelease [247 kB]
...//省略非重要的信息
Get:18 http://archive.ubuntu.com/ubuntu xenial-backports/universe amd64
Packages [8532 B]
Fetched 15.5 MB in 7min 3s (36.5 kB/s)
Reading package lists...
Removing intermediate container 5b3af5e7b540
 ---> abfde8f0bba8
Step 4/8 : RUN apt-get -y install apache2 supervisor
 ---> Running in 77af568d1a64
Reading package lists...
Building dependency tree...
...//省略非重要的信息
 ---> ca574b615524
Step 5/8 : WORKDIR /var/www/html
Removing intermediate container d9b6e4061d73
```

```
 ---> 428f7603e9de
Step 6/8 : RUN mkdir -p /var/log/apache2
 ---> Running in a7ea2a8a8ce2
Removing intermediate container a7ea2a8a8ce2
 ---> dad0a9a8a6a7
Step 7/8 : COPY supervisord.conf /etc/supervisor/conf.d/supervisord.conf
 ---> 36a3007d643a
Step 8/8 : CMD ["/usr/bin/supervisord", "-c", "/etc/supervisor/conf.d/
supervisord.conf"]
 ---> Running in 583c88fa701f
Removing intermediate container 583c88fa701f
 ---> 2c13d40160c4
Successfully built 2c13d40160c4
Successfully tagged test-apache2:latest
```

备注： docker image build –t 中，-t 指定编译打包后的 Docker 镜像名。

看到 Successfully built，说明已经构建了一个完整的包含 Apache 服务的镜像，还可以通过 docker image ls 来确认这个结果。接下来使用 Docker container run 运行这个容器，命令如下：

```
$ Docker container run --name apache-server -p 80:80 -it test-apache2
2018-10-28 08:10:19,007 CRIT Supervisor running as root (no user in config
file)
2018-10-28 08:10:19,009 INFO supervisord started with pid 1
2018-10-28 08:10:20,014 INFO spawned: 'apache_server' with pid 7
2018-10-28 08:10:20,089 INFO exited: apache_server (exit status 0; not
expected)
2018-10-28 08:10:21,094 INFO spawned: 'apache_server' with pid 87
2018-10-28 08:10:21,190 INFO reaped unknown pid 28
2018-10-28 08:10:22,193 INFO success: apache_server entered RUNNING state,
process has stayed up for > than 1 seconds (startsecs)
2018-10-28 08:10:22,246 INFO exited: apache_server (exit status 0; expected)
```

备注： 在 Docker container run 的命令中，-i 以交互模式运行容器，通常与-t 同时使用；-t 为容器重新分配一个伪输入终端，通常与-i 同时使用；--name 表示指定启动后容器的名称；-p 表示容器端口映射到所在服务器的端口，让用户能够通过服务器的端口访问到对应的容器，上面表示将容器 80 端口映射到所在服务器 80 端口，用户可以通过访问服务器 IP 的 80 端口来访问容器。另外，Docker container run 后面还可以接受脚本命令，能够覆盖 CMD 命令中所声明的命令。

通过 Docker container ls 查看已经运行的容器，命令如下：

```
$ Docker container ls
CONTAINER ID  IMAGE        COMMAND        CREATED        STATUS  PORTS  NAMES
1fac755e92b0  test-apache2 "/usr/bin..." 5 minutes ago Up 5minutes      apache-
                                                                        server
```

访问 Apache 服务，在浏览器中输入 http://localhost:80，会看到图 3.9 所示的界面。

图 3.9　Apache Web 服务的首页

至此，我们已经用 Dockerfile 构建了一个可用的镜像。

3.1.5　Dockerfile 语法

上一节我们使用 Dockerfile 来构建应用后，本节来学习该语法。学习这些语法，将在后面章节中帮助我们搭建自己的大数据环境。Dockerfile 常见的命令有 FROM、MAINTAINER、ADD、COPYVOLUME、WORKDIR、ENV、EXPOSE、CMD、ENTRYPOINT 和 USER。

扩展： 更多语法命令，可查看 Dockerfile referenece 文档。

1. FROM命令

FROM 命令用法如下：

```
#支持如下 3 种格式
FROM <image> [AS <name>]
Or
FROM <image>[:<tag>] [AS <name>]
Or
FROM <image>[@<digest>] [AS <name>]
```

用法举例如下：

```
From ubuntu:16.04
```

FROM 指定构建镜像的基础源镜像。如果本地没有指定的镜像，则会自动从 Docker 的公共库 pull 镜像下载。FROM 语句没有指定镜像标签，默认使用 latest 标签。

2. MAINTAINER命令

用法如下：

```
MAINTAINER <name>
```

声明该镜像文件的拥有者。

3. RUN命令

用法如下：

```
#支持如下两种形式
RUN <command>                            #Linux 脚本的语法格式
Or
RUN ["executable", "param1", "param2"]
```

每条 RUN 指令将在当前镜像基础上执行指定命令，并提交为新的镜像，后续的 RUN 指令都以之前 RUN 指令执行后的镜像为基础。RUN 执行的就是所用镜像操作系统的 shell 脚本，例如，镜像如是构建在 centos 之上，则执行的语法格式要符合 centos 脚本的语法。用法举例：

```
#创建目录
RUN mkdir -p /var/log/apache2
```

4. ADD命令

用法如下：

```
#支持如下两种形式
ADD <src>... <dest>
Or
ADD ["<src>",... "<dest>"]
```

复制本地主机文件、目录到目标容器的文件系统中。如果源是一个 URL，该 URL 的内容将被下载并复制到目标容器中。

5. COPY命令

用法如下：

```
#支持如下两种形式
COPY <src>... <dest>
Or
COPY ["<src>",... "<dest>"]
```

复制新文件或者目录到目标容器指定的路径中。

6. VOLUME命令

用法如下：

```
VOLUME ["/data"]
```

将本地主机目录挂载到目标容器中，并将其他容器挂载的挂载点挂载到目标容器中。

7．WORKDIR命令

用法如下：

```
WORKDIR /path/to/workdir
```

切换目录，相当于 Linux 的 cd 命令。

8．ENV命令

用法如下：

```
#支持两种格式
ENV <key> <value>                              # 只能设置一个变量
Or
ENV <key>=<value> ...                          # 允许一次设置多个变量
```

指定一个环境变量，会被后续 RUN 指令使用，可以在容器内被脚本或者程序调用。

9．EXPOSE命令

用法如下：

```
EXPOSE <port> [<port>...]
```

告诉 Docker 服务端容器对外映射的本地端口，需要在 Docker run 时使用-p 或者-P 选项生效。这里要知道 Docker 是一个相对封闭的环境，如果不暴露和映射端口到本地，那么 Docker 外部的用户将无法访问 Docker 中的服务。

10．CMD命令

用法如下：

```
#支持 3 种格式
CMD ["executable","param1","param2"]
Or
CMD command param1 param2 (shell form)
Or
CMD ["param1","param2"]
```

CMD 有两种用途：一是在启动容器时提供了一个默认的命令执行选项，可被 Docker run 命令所配置的命令覆盖；二是作为 ENTRYPOINT 所运行命令的参数。

11．ENTRYPOINT命令

用法如下：

```
#支持如下两种形式
ENTRYPOINT ["executable", "param1", "param2"] (exec form, preferred)
Or
```

```
ENTRYPOINT command param1 param2 (shell form)
```

配置启动容器时所执行的命令，并且不可被 docker run 命令所配置的命令覆盖。

扩展：从镜像中创建容器时只有基础环境，很多服务和配置都需要根据当前环境在启动容器后运行脚本进行初始化，例如启动服务，Docker 提供了 3 种方式：

- 使用 docker run shell 命令，例如 docker run … /bin/bash；
- 在 dockerfile 中使用 CMD 关键字，例如 CMD ["/bin/bash"]；
- 在 dockerfile 中使用 entrypoint，例如 entrypoint /bin/bash。

12．USER命令

用法如下：

```
USER hdfs
```

指定运行容器时的用户名或 UID，在这之后的命令如 RUN、CMD 和 ENTRYPOINT 也会使用指定用户。

至此，我们已经学完了常见的 Dockerfile 语法，已经可以读懂案例 3.1 第二和第三部分的配置代码了，具体代码如下：

```
#更新 Ubuntu 的 apt 源，就像在 Ubuntu 系统下直接执行 apt-get update
RUN apt-get update
#下载安装 apche2 和 supervisor 两个组件
RUN apt-get -y install apache2 supervisor
#切换到/var/www/html 目录下，像 cd 命令一样
WORKDIR /var/www/html
#创建目录
RUN mkdir -p /var/log/apache2
#将本地文件 supervisord.conf 复制到镜像/etc/supervisor/conf.d 中
COPY supervisord.conf /etc/supervisor/conf.d/supervisord.conf
#上面的代码都发生在 Docker iamge build 阶段
#启动 supervisord 组件，这部分代码发生在 Docker container run 阶段
CMD ["/usr/bin/supervisord", "-c", "/etc/supervisor/conf.d/supervisord.conf"]
```

总结：我们学习了 Docker 的基础知识、安装及构建 Docker 镜像，以及运行 Docker 容器等常用命令，最后还学习了获取 Docker 镜像的两种方式：一种是通过下载其他开发者的镜像上传到 Docker Hub 镜像中，一种是通过 Dockerfile 自己手动构建整个环境。

3.2 Cloudera Docker 搭建伪分布式环境

Cloudera Docker image 是 Cloudera 开源发行版本的单机部署方式，包括 MapReduce、Spark、HDFS、YARN、Hive、Hbase 和 Oozie 等大数据组件，可以用来学习 Hadoop，尝

试新的想法，测试或者演示应用。使用 Cloudera Docker image 可以一键快速搭建对初学者来说比较烦琐的大数据环境，下面是操作步骤。

（1）下载 Docker 镜像，使用下面的命令 Docker 会自动从 docker hub 上下载相关的镜像。

```
docker pull cloudera/quickstart:latest
```

（2）启动镜像，命令如下：

```
docker run --hostname=quickstart.Cloudera \
   --privileged=true -it \
   -p 80:80 -p 8888:8888 -p 8088:8088 \
   Cloudera/quickstart  /usr/bin/Docker-quickstart
```

这个过程需要持续一至两分钟，启动成功后会得到如图 3.10 所示的输出。

```
Using CATALINA_BASE:   /var/lib/oozie/tomcat-deployment
Using CATALINA_HOME:   /usr/lib/bigtop-tomcat
Using CATALINA_TMPDIR: /var/lib/oozie
Using JRE_HOME:        /usr/java/jdk1.7.0_67-cloudera
Using CLASSPATH:       /usr/lib/bigtop-tomcat/bin/bootstrap.jar
Using CATALINA_PID:    /var/run/oozie/oozie.pid
Starting Solr server daemon:                               [  OK  ]
Using CATALINA_BASE:   /var/lib/solr/tomcat-deployment
Using CATALINA_HOME:   /usr/lib/solr/../bigtop-tomcat
Using CATALINA_TMPDIR: /var/lib/solr/
Using JRE_HOME:        /usr/java/jdk1.7.0_67-cloudera
Using CLASSPATH:       /usr/lib/solr/../bigtop-tomcat/bin/bootstrap.jar
Using CATALINA_PID:    /var/run/solr/solr.pid
Started Impala Catalog Server (catalogd) :                 [  OK  ]
Started Impala Server (impalad):                           [  OK  ]
[root@quickstart /]# jps
```

图 3.10　正常启动容器的输出

（3）检查组件是否正常启动，是否能正常提供服务。使用 jps 命令查看相关进程是否正常启动，输出如下：

```
[root@quickstart /]# jps
3403 Jps
859 NodeManager
584 SecondaryNameNode
2345 HistoryServer
1002 ResourceManager
771 JobHistoryServer
453 NameNode
366 JournalNode
268 DataNode
```

使用 hdfs dfsadmin –report 查看 HDFS 集群是否正常，输出如下：

```
[root@quickstart /]# hdfs dfsadmin -report
Configured Capacity: 62725623808 (58.42 GB)
Present Capacity: 37642008815 (35.06 GB)
DFS Remaining: 36793206150 (33.27 GB)
DFS Used: 848802665 (809.48 MB)
DFS Used%: 2.25%
Under replicated blocks: 0
Blocks with corrupt replicas: 0
```

```
Missing blocks: 0
Missing blocks (with replication factor 1): 0
-------------------------------------------------
Live datanodes (1):
Name: 172.17.0.2:50010 (quickstart.Cloudera)
Hostname: quickstart.Cloudera
Decommission Status : Normal
Configured Capacity: 62725623808 (58.42 GB)
DFS Used: 848802665 (809.48 MB)
Non DFS Used: 25083614993 (23.36 GB)
DFS Remaining: 36793206150 (33.27 GB)
DFS Used%: 1.35%
DFS Remaining%: 58.66%
Configured Cache Capacity: 0 (0 B)
Cache Used: 0 (0 B)
Cache Remaining: 0 (0 B)
Cache Used%: 100.00%
Cache Remaining%: 0.00%
Xceivers: 6
Last contact: Mon Oct 29 08:29:52 UTC 2018
```

测试 MapReduce 是否能够正常运行，输出如下：

```
hadoop jar /usr/lib/hadoop-mapreduce/hadoop-mapreduce-examples-2.6.0-cdh5.7.0.
jar wordcount /tmp/1.txt /tmp/output
```

测试 Hive 是否能够运行，输出如下：

```
hive> show tables;
OK
Time taken: 0.028 seconds
hive> show functions;
OK
```

至此，整个单机版本的环境已经搭建完成。

注意：Cloudera Docker Image 启动后的服务是比较占用内存的。如果内存不足，容器内的某些服务就启动不了。

3.3 Docker 搭建分布式集群

本节使用 Dockerfile 来构建自己的环境，整个环境总体结构如图 3.11 所示。

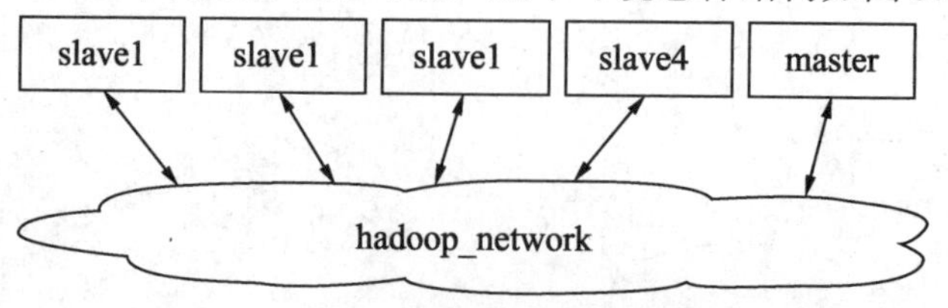

图 3.11　Docker 搭建分布式集群总体结构图

我们在单台机创建 5 个 Docker 容器，其中，1 个 master 节点的容器，4 个 slave 节点的容器，容器之间相互隔离，通过加入创建的 Docker 虚拟网络-hadoop_network 实现网络互联。构建完整的 Docker 集群分为 4 步：

（1）构建 JDK 的 Docker 镜像。

（2）构建 Hadoop 环境的镜像。

（3）构建 Hive 的镜像。

（4）启动集群。

3.3.1　构建 JDK 镜像

构建 JDK 镜像的步骤如下：

（1）创建如图 3.12 所示的目录和文件。

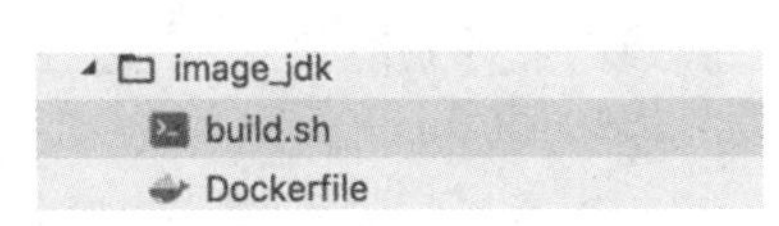

图 3.12　创建 JDK 镜像的原始目录

（2）从 Oracle 官网下载 jdk 文件--jdk-8u141-linux-x64.tar.gz，将该文件放到 image_jdk 目录之下。

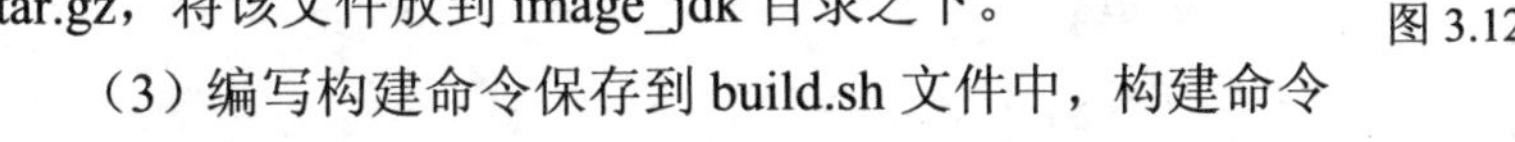

（3）编写构建命令保存到 build.sh 文件中，构建命令如下：

```
Docker image build -t ubuntu_jdk:1.0 .
```

（4）编写 Dockerfile，文件内容如下：

```
#初始镜像是从 Docker hub 上 pull 下来的 ubuntu:16.04
FROM ubuntu:16.04
MAINTAINER linzhihuang "XXX@qq.com"
#将 JDK 文件放到镜像/opt 目录下，add 命令会自动解压
ADD ./jdk-8u141-linux-x64.tar.gz /opt/
#重命名解压后的 JDK 文件目录
RUN mv /opt/jdk1.8.0_141 /opt/java
#创建环境变量，同 Linux 中的 export 命令
ENV JAVA_HOME /opt/java
ENV JRE_HOME ${JAVA_HOME}/jre
ENV CLASSPATH .:${JAVA_HOME}/lib:${JRE_HOME}/lib
ENV PATH $PATH:$JAVA_HOME/bin
```

执行 build.sh 构建 ubuntu_jdk1.0 如下：

```
$ Docker images
REPOSITORY      TAG        IMAGE ID            CREATED           SIZE
ubuntu_jdk      1.0        8081d7b4752d        18 hours ago      868MB
```

至此，JDK 镜像构建成功。

3.3.2 构建 Hadoop 镜像

构建 Hadoop 镜像的步骤如下：

（1）创建如图 3.13 所示的目录结构。

（2）从 Hadoop 官网下载 hadoop-2.X 版本，例如 hadoop-2.6.5.tar.gz，放到 image_hadoop 目录之下。

（3）编写构建命令，保存到 build.sh。构建命令如下：

```
Docker image build -t cluster_hadoop:1.0 .
```

```
image_hadoop
  hadoop
    etc
      core-site.xml
      hdfs-site.xml
      mapred-site.xml
      slaves
      yarn-site.xml
  build.sh
  Dockerfile
  hadoop-2.6.5.tar.gz
```

图 3.13　创建 Hadoop 镜像原始目录

（4）编辑 core-site.xml 文件如下：

```
<?xml version="1.0" encoding="UTF-8"?>
<?xml-stylesheet type="text/xsl" href="configuration.xsl"?>
<configuration>
        <property>
                <!--hadoop 临时目录 -->
                <name>hadoop.tmp.dir</name>
                <value>file:/data/hadoop/tmp</value>
        </property>
        <property>
                <!--HDFS NameNode 的地址 -->
                <name>fs.defaultFS</name>
                <value>hdfs://master:9000</value>
        </property>
</configuration>
```

（5）编辑 hdfs-site.xml 文件如下：

```
<?xml version="1.0" encoding="UTF-8"?>
<?xml-stylesheet type="text/xsl" href="configuration.xsl"?>
<configuration>
    <property>
        <!--HDFS 的副本数 -->
        <name>dfs.replication</name>
        <value>2</value>
    </property>
    <property>
        <name>dfs.namenode.name.dir</name>
        <value>file:/home/hadoop/hadoop/tmp/dfs/name</value>
    </property>
    <property>
        <name>dfs.datanode.data.dir</name>
        <value>file:/home/hadoop/hadoop/tmp/dfs/data</value>
    </property>
    <property>
        <name>dfs.namenode.secondary.http-address</name>
        <value>master:9001</value>
    </property>
</configuration>
```

（6）编写 mapred-site.xml 文件如下：

```
<?xml version="1.0"?>
<?xml-stylesheet type="text/xsl" href="configuration.xsl"?>
<configuration>
   <property>
      <name>mapreduce.framework.name</name>
      <value>yarn</value>
   </property>
</configuration>
```

（7）编写 yarn-site.xml 文件如下：

```
<?xml version="1.0"?>
<configuration>
   <property>
      <name>yarn.resourcemanager.hostname</name>
      <value>master</value>
   </property>
   <property>
      <name>yarn.nodemanager.aux-services</name>
      <value>mapreduce_shuffle</value>
   </property>
   <property>
      <name>yarn.log-aggregation-enable</name>
      <value>true</value>
   </property>
   <property>
      <name>yarn.log-aggregation.retain-seconds</name>
      <value>604800</value>
   </property>
</configuration>
```

（8）编写 slaves 文件，里面填写的是从属节点的主机名（hostname）。下面我们创建4个从属节点：

```
slave1
slave2
slave3
slave4
```

（9）编写 Dockerfile 文件如下：

```
#继承 3.2.1 构建的 JDK 镜像
FROM ubuntu_jdk:1.0
RUN apt-get update
#安装必要的软件包
RUN apt-get install -y openssh-server supervisor vim host
#生成 SSH 的密钥对
RUN ssh-keygen -t rsa -f ~/.ssh/id_rsa -P '' && \
   cat ~/.ssh/id_rsa.pub >> ~/.ssh/authorized_keys &&\
   chmod 0600 ~/.ssh/authorized_keys
#ssh_config 新增两条配置 StrictHostKeyChecking no 和 UserKnownHostsFile /dev/null
RUN echo "StrictHostKeyChecking no">>/etc/ssh/ssh_config && \
   echo "UserKnownHostsFile /dev/null" >>/etc/ssh/ssh_config
```

```
#将 hadoop 包复制到镜像中
ADD hadoop-2.6.5.tar.gz /opt/
RUN mv /opt/hadoop-2.6.5 /opt/hadoop
#将本地的 core-site.xml/hdfs-site.xml 文件复制到镜像并覆盖对应的文件
COPY hadoop/etc/core-site.xml /opt/hadoop/etc/hadoop
COPY hadoop/etc/hdfs-site.xml /opt/hadoop/etc/hadoop
#替换镜像 hadoop-env.sh 文件的 java_home 目录
RUN sed -i "s?JAVA_HOME=\${JAVA_HOME}?JAVA_HOME=/opt/java?g" \
/opt/hadoop/etc/hadoop/hadoop-env.sh
ENV HADOOP_HOME /opt/hadoop
ENV HADOOP_INSTALL=$HADOOP_HOME
ENV HADOOP_MAPRED_HOME=$HADOOP_HOME
ENV HADOOP_COMMON_HOME=$HADOOP_HOME
ENV HADOOP_HDFS_HOME=$HADOOP_HOME
ENV YARN_HOME=$HADOOP_HOME
ENV PATH ${HADOOP_HOME}/bin:${HADOOP_HOME}/sbin:$PATH
EXPOSE 22
ENV HADOOP_COMMON_LIB_NATIVE_DIR=$HADOOP_HOME/lib/native
```

执行 build.sh 构建 cluster_hadoop:1.0 如下：

```
$ Docker images
REPOSITORY        TAG     IMAGE ID        CREATED           SIZE
ubuntu_jdk        1.0     8081d7b4752d    18 hours ago      868MB
cluster_hadoop    1.0     56295af58b1c    4 hours ago       1.67GB
```

至此，Hadoop 镜像构建成功。

3.3.3 构建 Hive 镜像

构建 Hive 镜像的步骤如下：

（1）创建如图 3.14 所示的目录结构。

（2）从 Hive 官网下载 Hive 1.X 版本，例如 apache-hive-1.2.2-bin.tar.gz，放到 image_hive 目录之下。

（3）编写构建命令，保存到 build.sh。构建命令如下：

```
Docker image build -t cluster_hive:1.0 .
```


图 3.14 创建 Hive 镜像原始目录

（4）编写 Dockerfile 如下：

```
#继承 3.2.2 节构建镜像
FROM cluster_hadoop:1.0
#复制 hive 文件到镜像/opt 目录下
ADD apache-hive-1.2.2-bin.tar.gz /opt
#apache-hive-1.2.2-bin 重命名 hive，并创建/opt/data 及以下的目录
#授予/opt/data/hive，rw 权限
RUN mv /opt/apache-hive-1.2.2-bin/ /opt/hive/ && \
    mkdir -p /opt/data/hive_resources /opt/data/hive && \
    chmod 666 /opt/data/hive
#声明两个变量
ENV HIVE_HOME /opt/hive
```

```
ENV PATH ${HIVE_HOME}/bin:$PATH
#目录切换到/opt/hive/conf
WORKDIR /opt/hive/conf
RUN mv hive-default.xml.template hive-site.xml && \
   mv hive-log4j.properties.template hive-log4j.properties
#用 sed 替换 hive-site.xml 的配置项
RUN sed -i "s?\${system:java.io.tmpdir}?/opt/data?g" hive-site.xml && \
   sed -i "s?\${system:user.name}?hive?g" hive-site.xml
#由于 YARN 下 jline 版本太老，Hive 启动会报错，将 Hive 的 jline 替换 YARN 的 jline 包
RUN rm /opt/hadoop/share/hadoop/yarn/lib/jline-0.9.94.jar && \
   cp -r /opt/hive/lib/jline-2.12.jar /opt/hadoop/share/hadoop/yarn/lib
WORKDIR /opt
#运行容器，启动 SSH 服务
CMD [ "sh", "-c", "service ssh start; bash"]
```

执行 build.sh 构建 cluster_hadoop:1.0 如下：

```
$ Docker images
REPOSITORY        TAG     IMAGE ID         CREATED         SIZE
ubuntu_jdk        1.0     8081d7b4752d     18 hours ago    868MB
cluster_hadoop    1.0     56295af58b1c     4 hours ago     1.67GB
cluster_hive      1.0     e1a041cb313c     3 hours ago     1.89GB
```

至此，Hive 镜像构建完成。

3.3.4　启动集群

启动集群的步骤如下：

（1）编写启动集群的脚本 start.sh 如下：

```
#!/bin/bash
N=${1:-5}
#在本机上创建一个虚拟网络，master 及 slaves 通过这个网络实现互联
Docker network rm -f hadoop_network &> /dev/null
Docker network create --driver=bridge hadoop_network
#启动 4 个从属节点
#--network 指定所用的虚拟网络，master 和 slave 节点要指定相同的网络名
#--name 指定 Docker 的容器的名称
#--hostname 指定的容器的主机名
i=1
while [ $i -lt $N ]
do
    sudo Docker rm -f slave$i &> /dev/null
    echo "start slave$i container..."
    sudo Docker run -itd \
                --network=hadoop_network \
                --name slave$i \
                --hostname slave$i \
                cluster_hive:1.0  &> /dev/null
    i=$(( $i + 1 ))
done
# start hadoop master container
```

```
sudo Docker rm -f master &> /dev/null
echo "start master container..."
sudo Docker run -itd \
            --network=hadoop_network \
            -p 50070:50070 \
            -p 8088:8088 \
            --name master \
            --hostname master \
            cluster_hive:1.0 &> /dev/null
#进入master节点
sudo Docker exec -it master bash
```

（2）执行 start.sh，进入到 master 节点，如下：

```
$ sh start.sh
#这个如果存在hadoop_network
Error response from daemon: network with name hadoop_network already exists
start slave1 container...
start slave2 container...
start slave3 container...
start slave4 container...
start master container...
```

执行以下代码：

```
#格式化namenode
hdfs namenode -format
#启动hadoop集群
/bin/bash /opt/hadoop/sbin/start-dfs.sh
/bin/bash /opt/hadoop/sbin/start-yarn.sh
```

（3）测试集群是否正常，查看 HDFS 集群是否正常：

```
root@master:/opt# hdfs dfsadmin -report
Configured Capacity: 250902495232 (233.67 GB)
Present Capacity: 128044843008 (119.25 GB)
DFS Remaining: 128044744704 (119.25 GB)
DFS Used: 98304 (96 KB)
DFS Used%: 0.00%
Under replicated blocks: 0
Blocks with corrupt replicas: 0
Missing blocks: 0
-------------------------------------------------
#这边我们看到有4个活动的数据节点，表明我们的HDFS集群正常
Live datanodes (4):
...
```

登录 Hive，创建 Hive 表，查看写入数据是否正常：

```
#启动Hive，创建表，并尝试写入数据
root@master:/opt# hive
hive> create table te(a String, b String);
OK
Time taken: 1.125 seconds
hive> insert into table te values('aa','b');
Query ID = root_20181115124633_ae2e9ec5-31b1-4bc6-917e-46f319faad5d
Total jobs = 3
```

```
Launching Job 1 out of 3
...省略成功的打印信息
Table default.te stats: [numFiles=1, numRows=1, totalSize=5, rawDataSize=4]
MapReduce Jobs Launched:
Stage-Stage-1: Map: 1   Cumulative CPU: 1.17 sec   HDFS Read: 3334 HDFS
Write: 71 SUCCESS
#数据写入成功，集群运转正常
Total MapReduce CPU Time Spent: 1 seconds 170 msec
OK
Time taken: 24.081 seconds
```

至此，我们使用 Docker 创建的分布式集群已经搭建成功。

3.4 CDM 搭建分布式集群

CDH 发行版相比于 Apache 社区版，自身版本向下兼容性更好，代码经过更为严格的测试，修复了 Bug，鲁棒性和稳定性更好。在运维部署和升级方面也比社区版更为方便、快捷，在企业实际线上生产环境中经常被选为标准组件。在我们的环境中也将采用 CDH 版本。CDH 集群安装方式有多种，本节介绍的是使用 Cloudera Manager 来安装。

在正式介绍安装流程之前，会介绍什么是 Cloudera Manager，为了能够在短时间内搭建起整个包含 HDFS、YARN、Hive 等服务的完整大数据环境，还会介绍如何构建自己的内部软件安装源（Repository），进行离线安装。如图 3.15 是整个 Coudera Manager 安装升级整个 CDH 的组建示意图。

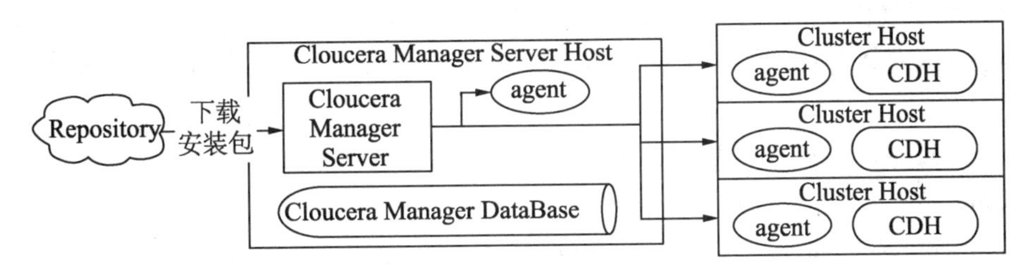

图 3.15　CDM 升级 CDH 示意图

Cloudera Manager Server 下载 Repository 包，并与 agent 进行交互，将安装包分发到 agent 所在的服务器并安装。在升级程序的时候也采用上面类似的流程。

3.4.1 Cloudera Manager 组件

Cloudera Manager 是 Cloudera.Inc 发行的一款管理 Cloudera Hadoop（CDH）集群端到端的应用程序。使用 Cloudera 管理器，可以方便部署和集中操作 CDH 技术栈及其他托管在 CDM 中的程序；使得安装过程自动化，可以将原先的部署时间从几周减少到几分钟；为集群的管理者提供运行中的主机和集群服务的实时视图；提供一个可以操作集群内服务配置文件的统一终端。Cloudera 包含服务异常信息收集诊断工具，能够帮助集群的使用者来优化性能。

Cloudera Manager 的核心是 Cloudera Manager Server。Server 托管 Admin Console Web Server 和应用程序逻辑，它负责安装软件，配置、启动和停止服务，以及管理运行服务的群集。如图 3.16 是整个 CDM 的架构图。

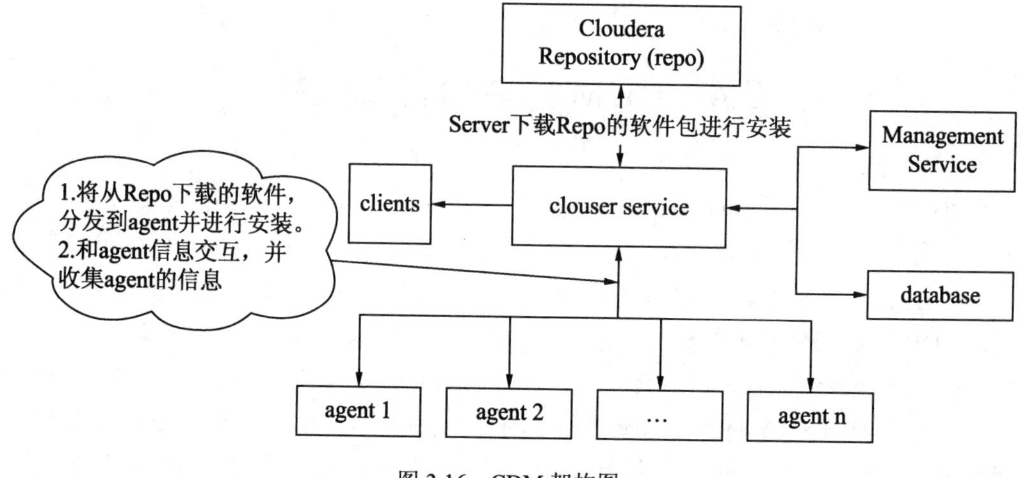

图 3.16　CDM 架构图

CDM 还包含以下几个组件：

- agent：安装在每台主机上，负责启动和停止进程、解压缩配置、触发安装和监控主机。
- Management Service：执行各种监控、报警和报告功能的一组角色服务。
- Database：存储配置和监控信息。
- Cloudera Repository：可供 Cloudera Manager 分配的软件的存储库。
- client：用于与服务器进行交互的接口。
- Admin Console：管理员控制台。

开发人员使用 API 可以创建自定义的 CDM 应用程序。CDM 还提供了很多使用集群的实用特性，例如心跳检测、状态管理、服务器和客户端配置、进程管理、主机管理、资源管理、用户管理和角色管理等。

3.4.2　Docker 构建软件安装内部源

安装 CDM 及相关的软件，可以通过在线安装的方式，但是 Cloudera 提供的软件源服务在国外，下载速度不高导致安装过程极其漫长。为了能快速搭建好环境，有必要构建自己的离线内部源。这个内部源的服务也采用 Docker 来做，以下是操作步骤。

（1）先按照图 3.17 所示创建对应的目录和文。

```
fino-cdm-repo
  clouderasources
  debfiles
  initfiles
  othersources
  build.sh
  Dockerfile
  README.md
  supervisord.conf
```

图 3.17　Docker-repo 的文件结构图

（2）下载 CDM 的安装包。从 Cloudera 提供的安装源选定一个 cdm 版本（5.14.0）下载对应的操作系统版本（Ubuntu 16）的安装包，安装包的下载地址为 http://archive.Cloudera.com/cdh5/parcels/5.14.0/，下载如下 3 个文件：

```
CDH-5.14.0-1.cdh5.14.0.p0.24-xenial.parcel
CDH-5.14.0-1.cdh5.14.0.p0.24-xenial.parcel.sha1
manifest.json
```

扩展：Ubuntu16 即 ubuntu-xenial。

将上面的 3 个文件放到 clouderasources 目录之下。

（3）下载 CDM 依赖服务的 Deb 包。要和对应操作系统的版本一致，Deb 包的下载地址为 https://archive.Cloudera.com/cm5/ubuntu/xenial/amd64/cm/pool/contrib/e/enterprise/，下载如下 5 个文件：

```
Cloudera-manager-agent_5.14.0-1.cm5140.p0.25~xenial-cm5_amd64.deb
Cloudera-manager-daemons_5.14.0-1.cm5140.p0.25~xenial-cm5_all.deb
Cloudera-manager-server-db-2_5.14.0-1.cm5140.p0.25~xenial-cm5_all.deb
Cloudera-manager-server-db_5.14.0-1.cm5140.p0.25~xenial-cm5_all.deb
Cloudera-manager-server_5.14.0-1.cm5140.p0.25~xenial-cm5_all.deb
```

将上面的 5 个文件放到 debfiles 目录下。

（4）编写进程控制的配置文件 supervisord.conf 如下：

```
 [supervisord]
nodaemon=true
 [program:apache_server]
#实际执行的命令
command=/etc/init.d/apache2 restart
redirect_stderr=true
#输入的日志文件
stdout_logfile=/var/log/apache2/apache2.log
```

扩展：supervisord 是一个 Linux/UNINX 操作系统的进程管理工具，允许用户监视和控制多个进程。在 Docker 中通常一个容器只运行一个服务。如果要运行多个任务，就可以使用 supervisord。

（5）编写内部源的 Dockerfile 如下：

```
FROM ubuntu:16.04
MAINTAINER username "username@XXX.com"
#更新 apt 安装包的源
```

```
RUN apt-get update
#安装 Web 服务-apache2
#安装进程管理工具-supervisor，用来启动/关闭/重启进程
#通过使用 superviosr，可以实现 Docker 服务的自动化运行
RUN apt-get -y install apache2 supervisor
#安装创建内部源相关的工具 dpkg-dev apt-utils apt-mirror
RUN apt-get install -y dpkg-dev apt-utils apt-mirror
RUN apt-get install -y sudo
# 在镜像内部创建两个目录
RUN mkdir -p /data/soft/pool /data/soft/dist
#将本地 debfiles 中的文件复制到镜像/data/soft/pool/contrib/目录下
COPY debfiles/* /data/soft/pool/contrib/
WORKDIR /data
#生成 deb 包的索引文件信息，并打包压缩到 Packages.gz
RUN dpkg-scanpackages soft/pool | gzip > soft/Packages.gz
#在景象中创建一个目录
RUN mkdir /data/soft/Cloudera
#将本地 Cloudera 的 parcel 安装包复制到镜像/data/soft/Cloudera/
COPY Clouderasources/* /data/soft/Cloudera/
WORKDIR /var/www/html
RUN ln -s /data && mkdir -p /var/log/apache2
#将本地 supervisord.conf 复制到镜像对应的目录下
COPY supervisord.conf /etc/supervisor/conf.d/supervisord.conf
#开放容器 80 端口
EXPOSE 80
#在容器启动后运行 supervisord
CMD ["/usr/bin/supervisord", "-c", "/etc/supervisor/conf.d/supervisord.conf"]
```

（6）编写镜像构建脚本 build.sh，构建内部源服务的镜像，取名为 hv-cdm-po:1.0。

```
Docker image build -t hv-cdm-repo:1.0 ./
```

（7）运行容器。

```
#将本地 24500 的端口映射到容器 80 端口
Docker run -p 24500:80 -it hv-cdm-repo:1.0
```

（8）访问本地浏览器的页面，如能看到图 3.18 和图 3.19 两个页面，说明整个服务构建成功。

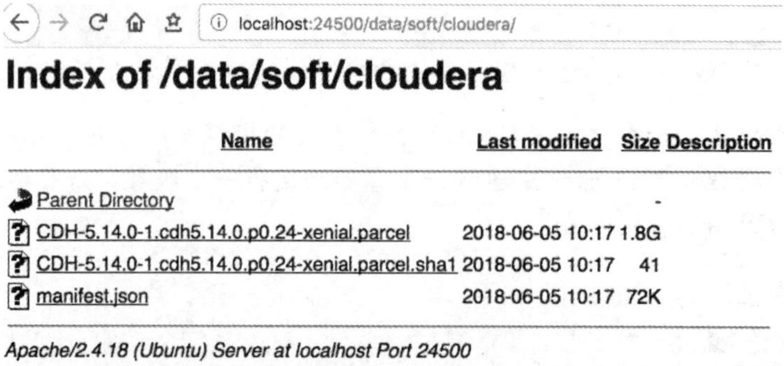

localhost:24500/data/soft/cloudera/

Index of /data/soft/cloudera

Name	Last modified	Size	Description
Parent Directory		-	
CDH-5.14.0-1.cdh5.14.0.p0.24-xenial.parcel	2018-06-05 10:17	1.8G	
CDH-5.14.0-1.cdh5.14.0.p0.24-xenial.parcel.sha1	2018-06-05 10:17	41	
manifest.json	2018-06-05 10:17	72K	

Apache/2.4.18 (Ubuntu) Server at localhost Port 24500

图 3.18　Cloudera parcel 安装包页面

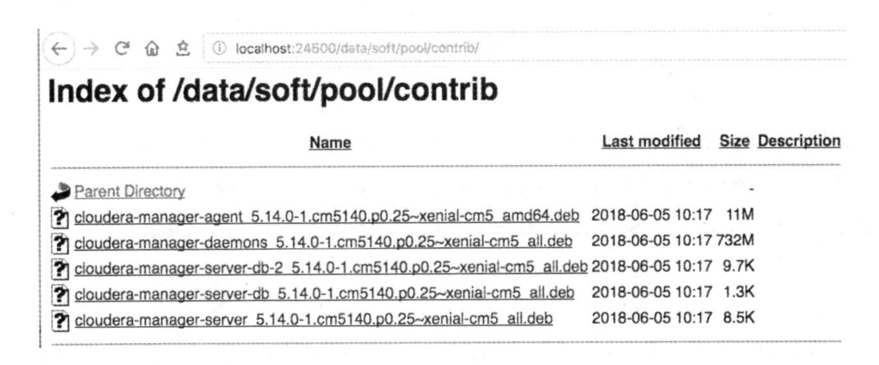

图 3.19　Cloudera deb 包页面

至此，搭建分布式集群所需要下载的相关软件的内部源服务已经搭建完成。

3.4.3　CDM 安装分布式集群

CDM 搭建集群可以直接构建在物理机或者虚拟机上，也可以构建在容器之上，采用如图 3.20 所示的架构。

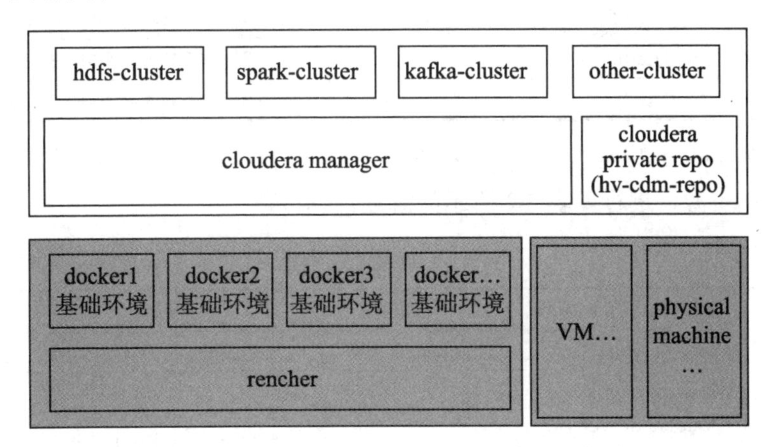

图 3.20　CDM 安装部署图

如果集群是构建在容器之上，则需要一个容器编排工具，例如 Rancher、Swarm 和 K8S。采用这种方式，可以利用 Docker 快速构建基础环境，如 SSH 免密登录验证、NTP 时钟同步。再结合 CDM 的快速部署，可以很快构建迁移能力非常强的大数据环境。有利也有弊，这种方式在资源存在压力的情况下，性能表现还有待验证，有兴趣的读者可以自己尝试一下。现有的企业大数据集群，更多的是构建物理机/虚拟机，本节主要的介绍也是这种方式。

扩展：容器编排工具提供了基于容器应用的集群管理能力，可以快速实现服务部署、服务伸缩、资源优化和资源分配等功能。

下面，我们就一起来用 CDM 来搭建整体环境，梳理部署整个大数据集群所有要部署的服务。

- HDFS：DataNode、NameNode、SecondaryNameNode、Gateway；
- YARN：ResourceManager、NodeManager、JobHistory Server、GateWay；
- Hive：Hive Metasore Server、HiveServer2、GateWay、MySQL；
- Cloudera Manager：Cloudera server、Cloudera agent、MySQL。

以上是部署环境所需要的基本服务。其中，Gateway 表示客户端访问接口，Cloudera server 包含一系列的服务，包括 Acivity Monitor、Alert Publish、Event Server、Host Monitor 和 Server Monitor 等。梳理现有的机器资源，如表 3.1 所示。

表 3.1　机器资源列表

服　务　器	资　　源
bigdata-01	2核4GB内存20GB磁盘
bigdata-02	8核16GB内存500GB磁盘
bigdata-03	8核16GB内存500GB磁盘
bigdata-04	8核16GB内存500GB磁盘
bigdata-05	8核16GB内存500GB磁盘
bigdata-06	8核16GB内存500GB磁盘
bigdata-07	8核16GB内存500GB磁盘

共有 7 台机器，其中有一台 2 核 4GB，6 台 8 核 16GB。现在开始规划服务部署，根据表 3.1 提供的资源，进行如表 3.2 所示的规划。

表 3.2　服务规划列表

服务器\组件名	Cloudera Manager	HDFS	Hive	YARN
bigdata-01	Cloudear agent	Gateway	Gateway	Gateway
bigdata-02	Cloudear agent Cloudera Server MySQL（存储CDM集群的元数据）		MySQL Hive元数据	— —
bigdata-03	Cloudear agent	NameNode DataNode DataNode	— —	ResourceNode NodeManager
bigdata-04	Cloudear agent	DataNode	Hive MetaStore Server	NodeManager
bigdata-05	Cloudear agent	DataNode	HiverServer2	NodeManager
bigdata-06	Cloudear agent	SecondaryNameNode DataNode	— —	NodeManager
bigdata-07	Cloudear agent	DataNode		NodeManager

其中，bigdata-01服务器用做所有服务的Gateway。由于整个Cloudera server包含的服务较多，且较占用内存，需要单独部署一台服务器。剩下的bigdata-02至bigdata-07用做部署整个集群基础环境准备。基础环境准备包括以下几个步骤：

（1）搭建SSH免密登录。

（2）设置NTP时钟同步服务。

（3）将3.3.2节制作的hv-cdm-rep:1.0上传到服务器bigdata-07上并运行容器。

（4）在每台服务器/etc/hosts下添加集群其他节点ip和host的映射管理。例如：

```
10.135.1.1  bigdata-01
10.135.1.2  bigdata-02
10.135.1.3  bigdata-03
10.135.1.4  bigdata-04
10.135.1.5  bigdata-05
10.135.1.6  bigdata-06
10.135.1.7  bigdata-07
```

在bigdata-02安装Cloudera-manager-server，并启动服务。操作如下：

（1）将bigata-07的私有源地址，注册到bigdata-02的apt更新源地址列表，并将源地址进行刷新。

```
echo  "deb http://bigdata-07:24500/data /soft/" >>/etc/apt/sources.list
apt-get -y update
```

（2）设置允许安装未经密钥验证的软件包。

```
echo “APT::Get::AllowUnauthenticated 1 ;” >> /etc/apt/apt.conf
```

构建自己的内部源，必须要要将这个权限打开，否则可能更新失败。

（3）安装MySQL如下：

```
apt install -y mysql-server=5.7.22-0ubuntu0.16.03.1
```

根据提示步骤设置好MySQL的root用户和密码，后面需要用到MySQL的地方，如Hive、Cloudera Manager。

（4）安装cloudera-manager-server如下：

```
apt-get -y install cloudera-manager-server
```

这个安装包有点大，耐心等待。

（5）创建整个集群需要用到的数据库如下：

```
mysql -uroot -prootpwd -e "create database cmf DEFAULT CHARACTER SET utf8;
grant all on cmf.* TO 'cmf'@'%' IDENTIFIED BY 'cmf';
create database metastore DEFAULT CHARACTER SET utf8;
grant all on metastore.* TO 'hive'@'%' IDENTIFIED BY 'hive';
create database hue DEFAULT CHARACTER SET utf8;
grant all on rman.* TO 'rman'@'%' IDENTIFIED BY 'rman';
```

```
create database sentry DEFAULT CHARACTER SET utf8;
grant all on sentry.* TO 'sentry'@'%' IDENTIFIED BY 'sentry';
create database nav DEFAULT CHARACTER SET utf8;
grant all on nav.* TO 'nav'@'%' IDENTIFIED BY 'nav';
create database navms DEFAULT CHARACTER SET utf8;
grant all on navms.* TO 'navms'@'%' IDENTIFIED BY 'navms';
"
```

其中，cmf、rman、sentry、nav、navms 用于存储 Cloudera Manager 一系列服务的元数据信息，metastore 用于存储 Hive 的元数据。

（6）初始化 cloudra-manager 数据库如下：

```
/usr/share/cmf/schema/scm_prepare_database.sh  mysql cmf cmf cmf
```

scm_prepare_database.sh 是 Cloudera Manager 提供的工具用法如下：

```
scm_prepare_database.sh [options] (postgresql|mysql|oracle) database
username [password]
OPTIONS
   -h|--host        数据库所在主机名，如为空则默认为本地
   -P|--port        数据库端口，如空则为默认端口
   -u|--user        数据库操作用户名
   -p|--password  数据库密码
…
```

（7）重启相关服务如下：

```
service mysql restart
service Cloudera-scm-server restart
```

至此，整个 Cloudera Manager server 服务已经安装完毕。下面通过 CDM 安装大数据组件。

（1）在上面已经搭建了 Cloudera Manager server 的服务。现在就可以访问该服务的 Web 操作页面了，地址为 http://bigdata-02:7180/cmf，默认的用户和密码都是 admin。登录后会看到如图 3.21 所示的页面。

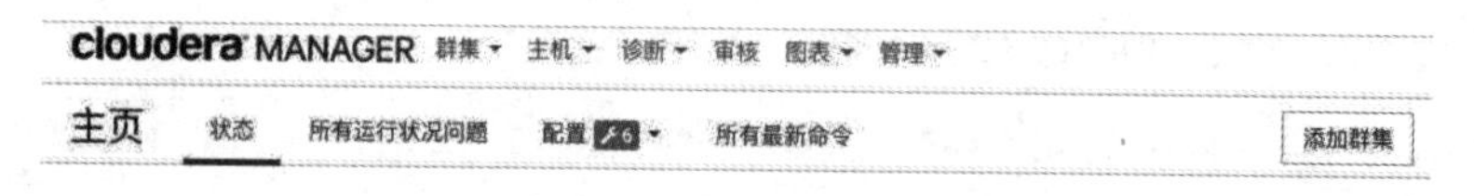

图 3.21　CDM 主页

（2）单击图 3.21 中的“添加集群”按钮，显示如图 3.22 所示页面。

（3）单击界面右下角的“继续”按钮，搜索需要给 CDM 托管的节点，如图 3.23 所示。在其中输入 bigdata-01 到 bigdata-07，中间以逗号分隔。SSH 端口要和服务器的 SSH 端口保持一致，默认是 22。然后单击“搜索”按钮，继续单击界面右下角的“继续”按钮。

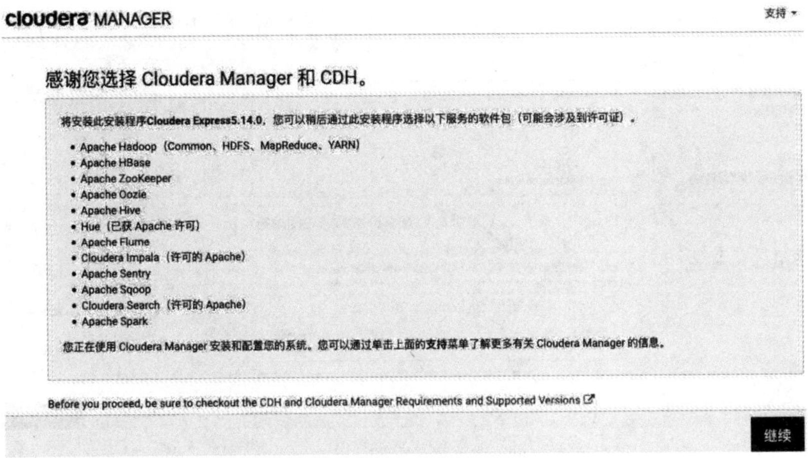

cloudera MANAGER
支持
感谢您选择 Cloudera Manager 和 CDH。
将安装此安装程序Cloudera Express5.14.0，您可以稍后通过此安装程序选择以下服务的软件包（可能会涉及到许可证）。
Apache Hadoop（Common、HDFS、MapReduce、YARN）
Apache HBase
Apache ZooKeeper
Apache Oozie
Apache Hive
Hue（已获 Apache 许可）
Apache Flume
Cloudera Impala（许可的 Apache）
Apache Sentry
Apache Sqoop
Cloudera Search（许可的 Apache）
Apache Spark
您正在使用 Cloudera Manager 安装和配置您的系统。您可以通过单击上面的支持菜单了解更多有关 Cloudera Manager 的信息。
Before you proceed, be sure to checkout the CDH and Cloudera Manager Requirements and Supported Versions
继续

图 3.22　CDM 可装软件包列表

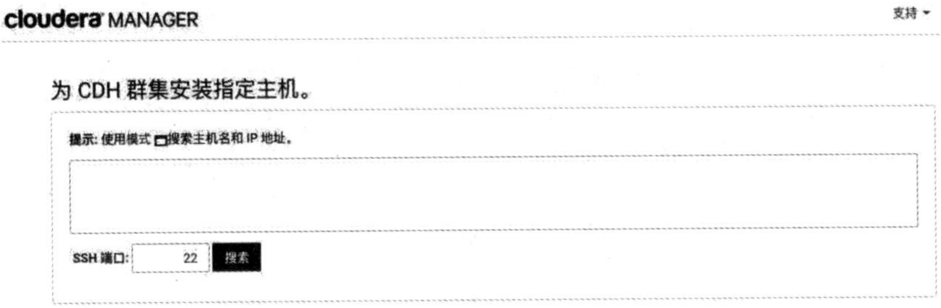

cloudera MANAGER
支持
为 CDH 群集安装指定主机。
提示：使用模式 搜索主机名和 IP 地址。
SSH 端口：
22
搜索

图 3.23　CDM 添加主机图

（4）在图 3.24 所示页面中配置安装存储库，选择使用 Parcel（建议）单选按钮。

选择方法
使用数据包
使用 Parcel (建议)
更多选项
代理设置

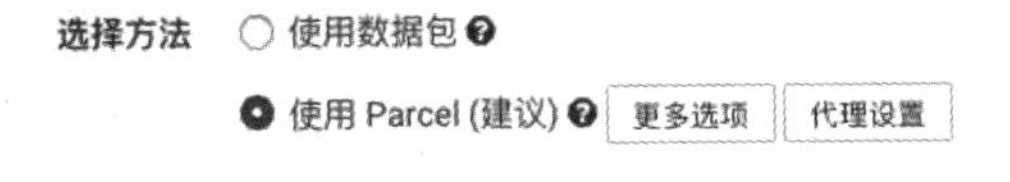

图 3.24　cdm Parcel 选择方法图

（5）然后单击“更多选项”按钮，配置 Parcel 存储库设置，只需要在远程 Parcel 存储库 URL 中填入如图 3.25 所示的私有源的软件包地址即可。

注意： 地址一定要填入内网网卡的地址，这样各个节点才会通过内外网卡来下载软件，否则下载会走外网网卡。如果外网带宽较少则各个节点的下载速度会比较慢。

（6）单击图 3.25 所示的“保存更改”按钮，回到上一级页面，配置 Cloudera Manager Agent 特定发行版，选择自定义存储库，填入图 3.26 所示的地址。

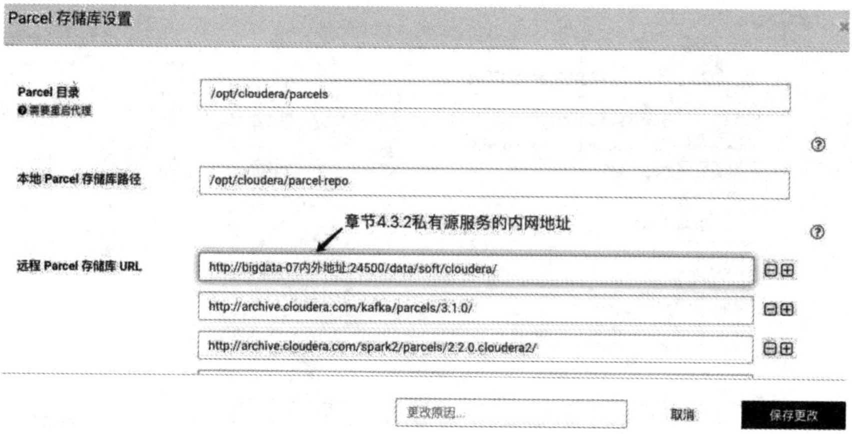

Parcel 存储库设置
Parcel 目录
需要重启代理
/opt/cloudera/parcels
本地 Parcel 存储库路径
/opt/cloudera/parcel-repo
章节4.3.2私有源服务的内网地址
远程 Parcel 存储库 URL
http://bigdata-07内外地址:24500/data/soft/cloudera/
http://archive.cloudera.com/kafka/parcels/3.1.0/
http://archive.cloudera.com/spark2/parcels/2.2.0.cloudera2/
更改原因...
取消
保存更改

图 3.25　CDM Parcel 存储库设置图

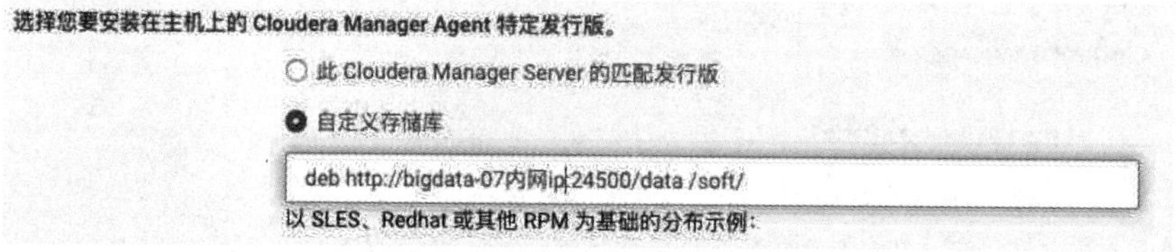

选择您要安装在主机上的 Cloudera Manager Agent 特定发行版。
此 Cloudera Manager Server 的匹配发行版
自定义存储库
deb http://bigdata-07内网ip:24500/data /soft/
以 SLES、Redhat 或其他 RPM 为基础的分布示例:

图 3.26　CDM agent 存储库设置

（7）单击页面右下的“继续”按钮，安装 JDK。如图 3.27 所示，Cloudera Manager 也内置的 JDK 安装功能，用户不需要自己额外安装。

安装 Oracle Java SE 开发工具包 (JDK)
选中此复选框以接受“Oracle 二进制代码许可协议”并安装 JDK。取消选中以使用当前安装的 JDK。
返回
123456
继续

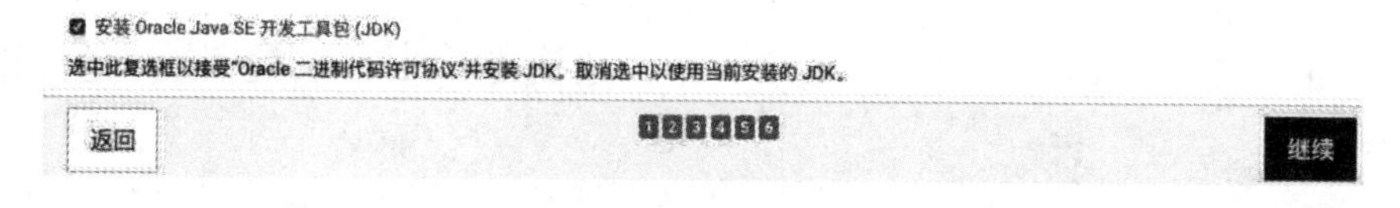

图 3.27　CDM 安装 JDK

（8）配置登录凭据，“登录到所有主机”选用 root 账户，“身份验证方法”选用所有主机接受相同私钥，并将 SSH 的私钥文件上传，如图 3.28 所示。

登录到所有主机，作为:
root
其他用户
对以上选定的用户，您可通过密码或公钥身份验证连接。
身份验证方法:
所有主机接受相同密码
所有主机接受相同私钥
私钥文件:
浏览...
publickey.txt
必须提供私钥文件。

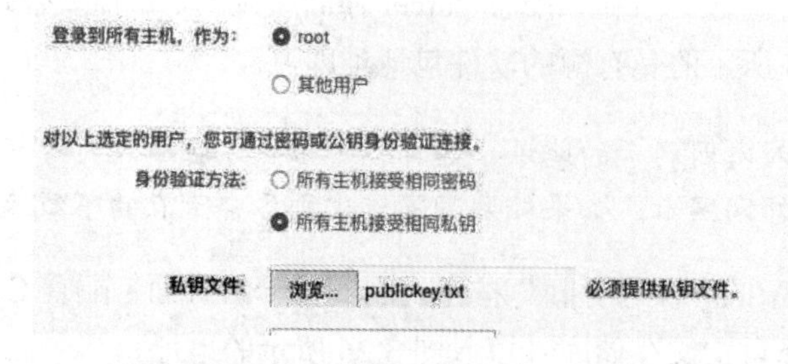

图 3.28　CDM 登录凭据图

（9）单击 Web 页面右下角的“继续”按钮，安装 Agent。在 install Agents 页面中无须进行任何配置，直接单击界面右下角的“继续”按钮。安装 Parcel 同上面一样，直接单击页面右下角的“继续”按钮。至此整个集群的 Cloudera Manager agent 已安装完成，并且将包含大数据组件的 parcel 包分发下载到了集群中的所有节点。

安装 HDFS 组件，添加服务，如图 3.29 所示。单击“添加服务”，可以查看到如图 3.30 所示的界面。

图 3.29　CDM 添加服务图存储库设置图

（10）在图 3.30 中选择 HDFS，并单击界面右下角的“继续”按钮。

图 3.30　CDM 勾选 HDFS 服务图

（11）按照之前的服务规划，进行角色实例的分配（服务安装），如图 3.31 所示，然后单击“继续”按钮。

图 3.31　CDM HDFS 服务配置图

（12）配置 DataNode 数据目录，如图 3.32 所示。

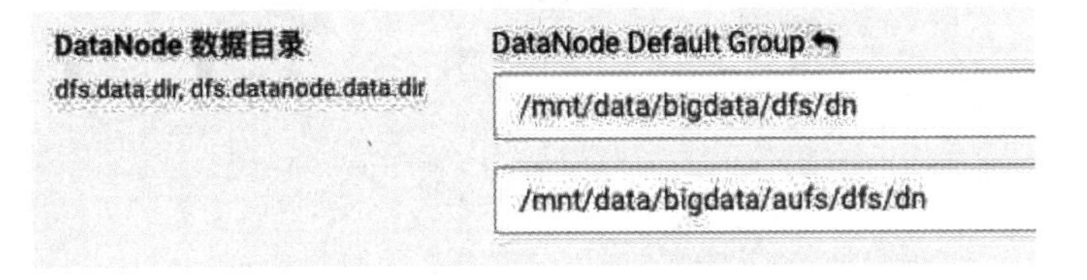

图 3.32　DataNode 数据目录配置

注意：确保所安装的目录对所操作的账户有读写权限。下面的步骤和组件如果涉及设置磁盘目录，都需要确保这一点。

（13）配置 NameNode 数据目录，如图 3.33 所示。

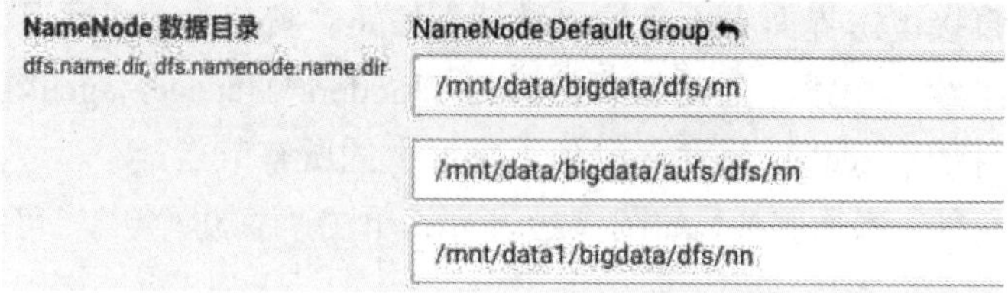

NameNode 数据目录
dfs.name.dir, dfs.namenode.name.dir
NameNode Default Group
/mnt/data/bigdata/dfs/nn
/mnt/data/bigdata/aufs/dfs/nn
/mnt/data1/bigdata/dfs/nn

图 3.33　DataNode 数据目录配置

（14）如图 3.34 所示配置 HDFS 检查点目录，单击“下一步”按钮完成。

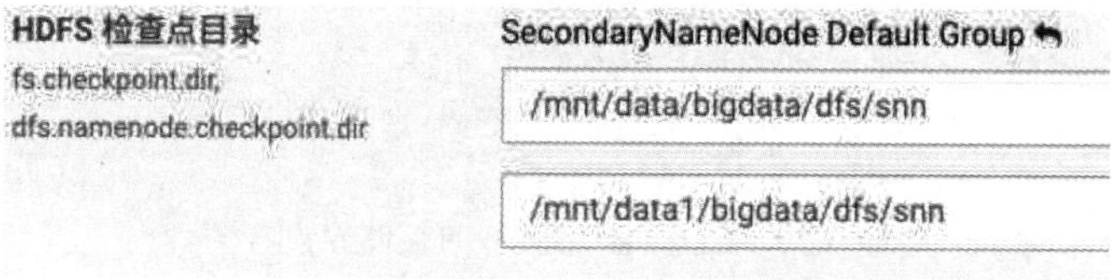

HDFS 检查点目录
fs.checkpoint.dir,
dfs.namenode.checkpoint.dir
SecondaryNameNode Default Group
/mnt/data/bigdata/dfs/snn
/mnt/data1/bigdata/dfs/snn

图 3.34　HDFS 检查点数据目录配置

（15）安装 YARN、Hive 组件同安装 HDFS 组件一样。

注意：在安装 Hive 的时候需要连接数据库，但 Hive 服务所在的主机缺少 JDBC 的 JAR 包，这时连接数据库会失败。解决方法是只需要将/usr/share/cmf/lib 目录下的 mysql-connector-java-8.0.11.jar 文件复制到/usr/share/java 下即可。

整个大数据环境安装完毕。Cloudera Manager 还内置了一些服务，有兴趣的读者也可以试一下。现在返回主页可以见到如图 3.35 所示的页面。

图 3.35　已安装组件列表图

3.5　使用 GitHub 开源项目构建集群

如果觉得 Cloudera Manager 需要的机器配置较高，找机器练手比较难，而手写 Docker 太过烦琐，可以尝试这种方法——使用 GitHub 上其他开发者编写好的 Hive 的 Docker 脚本，一键构建和启动自己的集群环境。下面就是一个使用 GitHub 开源项目构建环境的例子。该开源项目用到的主要开源产品清单如下：

- Hive 2.3.2；
- Hadoop 2.7.4；
- Docker。

构建环境的操作步骤如下：

（1）从 GitHub 上下载 big-data-europe/Docker-hive 项目，项目地址为 https://Github.com/big-data-europe/Docker-hive。下载方式有两种，使用 git 工具命令如下：

```
git clone https://Github.com/big-data-europe/Docker-hive.git
```

通过下载器下载源码包，下载地址如下：

```
https://codeload.Github.com/big-data-europe/Docker-hive/zip/master
```

（2）进入源码包的目录，见到如图 3.36 所示的目录或文件。

图 3.36　源码包目录

（3）编译并运行容器，执行下面的命令：

```
Docker-compose up -d
```

上面的命令会一次性编译并启动 dokcer-compose.yaml 中声明的一系列服务，如果在编译过程中遇到本地不存在的文件，会自动下载相关的文件，因此要确保自己的网络能够连接外部网络。当看到如图 3.37 所示的页面，说明编译完成并启动成功。

```
Creating dockerhive_namenode_1                       ... done
Creating dockerhive_hive-server_1                    ... done
Creating dockerhive_datanode_1                       ... done
Creating dockerhive_hive-metastore_1                 ... done
Creating dockerhive_hive-metastore-postgresql_1 ... done
Creating dockerhive_presto-coordinator_1             ... done
```

图 3.37　项目启动后

也可以采用 Docker container ls 查看 Docker-compose 中的服务是否都已经启动。至此集群环境已经搭建完成。

（4）操作 Hive，进入容器：

```
$ Docker-compose exec hive-server bash
```

使用 beeline 登录 Hive：

```
# /opt/hive/bin/beeline -u jdbc:hive2://localhost:10000
```

创建表如下：

```
CREATE TABLE test(col1 INT, col2 STRING);
```

加载数据如下：

```
LOAD DATA LOCAL INPATH '/opt/hive/examples/files/kv1.txt'  OVERWRITE INTO
TABLE test;
```

扩展： Hadoop 和 Spark 等软件集群安装方式也可以借鉴上面的方式从 GitHub 上面下载并构建。

第 4 章　Hive 及其相关大数据组件

本章将介绍 Hive 及其相关的大数据组件。之所以引入这个章节的内容，是因为 Hive 是构建在 Hadoop 大数据平台之上，Hive 数据存储依赖于 HDFS，HiveSQL 的执行引擎依赖于 MapReduce、Spark、Tez 等分布式计算引擎，Hive 作业的资源调度依赖于 YARN、Mesos 等大数据资源调度管理组件。如果脱离 Hadoop 生态单聊 Hive 优化，那无异于隔靴搔痒，解决不了根本的性能问题。

在日常工作中，开发者能够利用第三方组件去剖析系统的性能问题，即使系统不是他们实现的，也能够排查到问题的关键点。所以从优化定位问题的角度来看，我们不需要了解所有的实现细节，只需要了解每个组件运行的基本原理，以及具体应用运行时在组件内部运行的大致过程，并能够借助系统的一些监控工具和日志看懂执行过程，建立一个简单的整体数据链路和组件的全局观即可。

基于上面几点考虑，本章在介绍各个组件时着眼于各个组件的基本原理介绍。与 Hive 相关的组件有 4 个部分：Hive 元数据、资源管理和调度、分布式文件系统和计算引擎。

4.1　Hive 架构

Hive 依托于 Hadoop 大数据平台，其架构随着 Hadoop 版本的迭代和自身的发展也在不断地演变，但在 Hadoop 步入 2.x 版本、Hive 步入 1.x 版本后，整体架构稳定，后续的迭代版本就没有太多重大的调整，更多的只是功能增强了。例如，Hive 2.x 引入的 LLAP，Hive 3.x 在 2.x 的基础上加大了对 LLAP 和 Tez 的支持。

下面我们就来看 Hive 1.x 的基本结构。

4.1.1　Hive 1.x 版本基本结构

在 Hadoop 2.x 版本以后，Hive 所有运行的任务都是交由 YARN 来统一管理。如图 4.1 所示为 YARN 和 Hive 的协作关系。

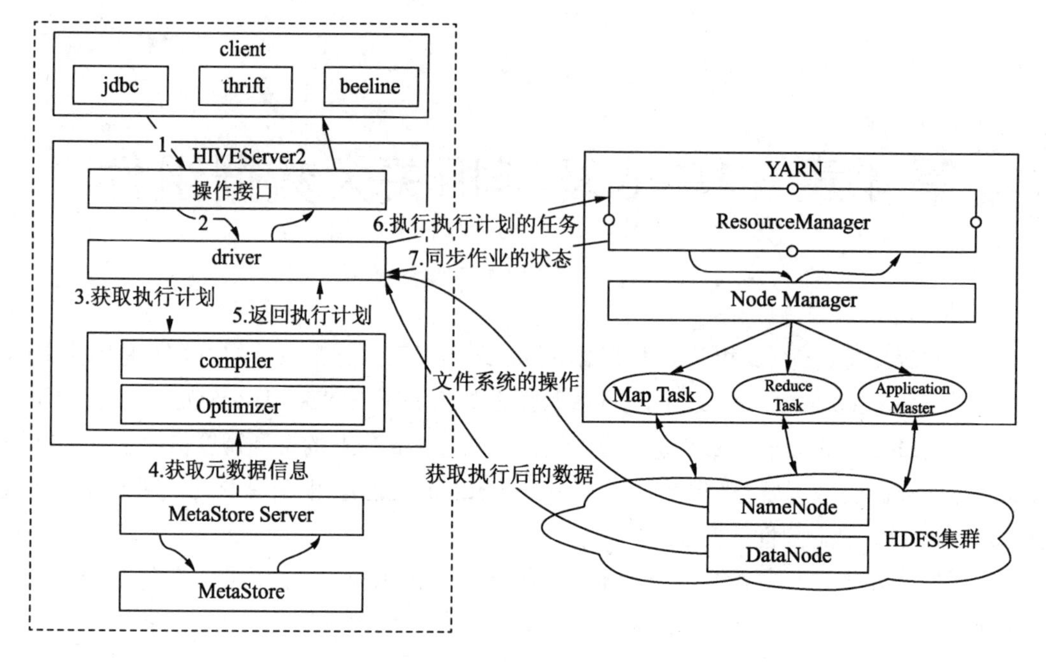

图 4.1 Hive 作业的工作流程

从图 4.1 可以知道，客户端提交 SQL 作业到 HiveServer2，HiveServer2 会根据用户提交的 SQL 作业及数据库中现有的元数据信息生成一份可供计算引擎执行的计划。每个执行计划对应若干 MapReduce 作业，Hive 会将所有的 MapReduce 作业都一一提交到 YARN 中，由 YARN 去负责创建 MapReduce 作业对应的子任务任务，并协调它们的运行。YARN 创建的子任务会与 HDFS 进行交互，获取计算所需的数据，计算完成后将最终的结果写入 HDFS 或者本地。

从整个 Hive 运行作业的过程，我们可以知道 Hive 自身主要包含如下 3 个部分：

第一部分是客户端（client）。Hive 支持多种客户端的连接，包括 beeline、jdbc、thrift 和 HCatalog。早期的 Hive Command Line（CLI）由于可以直接操作 HDFS 存储的数据，权限控制较为困难，支持的用户数有限，已经被废弃。

第二部分是 HiveServer2。替代早期的 HiveServer，提供了 HTTP 协议的 Web 服务接口和 RPC 协议的 thrift 服务接口，使得 Hive 能够接收多种类型客户端的并发访问，并将客户端提交的 SQL 进行编译转化可供计算引擎执行的作业。借助于 HiveServer2，Hive 可以做到更为严格的权限验证。在实际使用中需要注意 HiveServre2 服务 Java 堆大小的设置，默认情况下是 50MB，在查询任务增多的情况下，容器发生内存溢出，导致服务崩溃，用户访问不了 Hive。

第三部分是元数据及元数据服务。Hive 的元数据记录了 Hive 库内对象的信息，包括表的结构信息、分区结构信息、字段信息及相关的统计信息等。

4.1.2　Hive 元数据

Hive 的元数据保存在 Hive 的 metastore 数据中，里面记录着 Hive 数据库、表、分区和列的一些当前状态信息，通过收集这些状态信息，可以帮助我们更好地监控 Hive 数据库当前的状态，提前感知可能存在的问题；可以帮助基于成本代价的 SQL 查询优化，做更为正确的自动优化操作。

扩展：在 Hive 3.0 以后，可以在 Hive 的 sys 数据库中找到元数据表。

Hive 的元数据主要分为 5 个大部分：数据库相关的元数据、表相关的元数据、分区相关的元数据、文件存储相关的元数据及其他。

1．数据库的元数据

数据库的元数据及这些元数据之间的关系如图 4.2 所示。

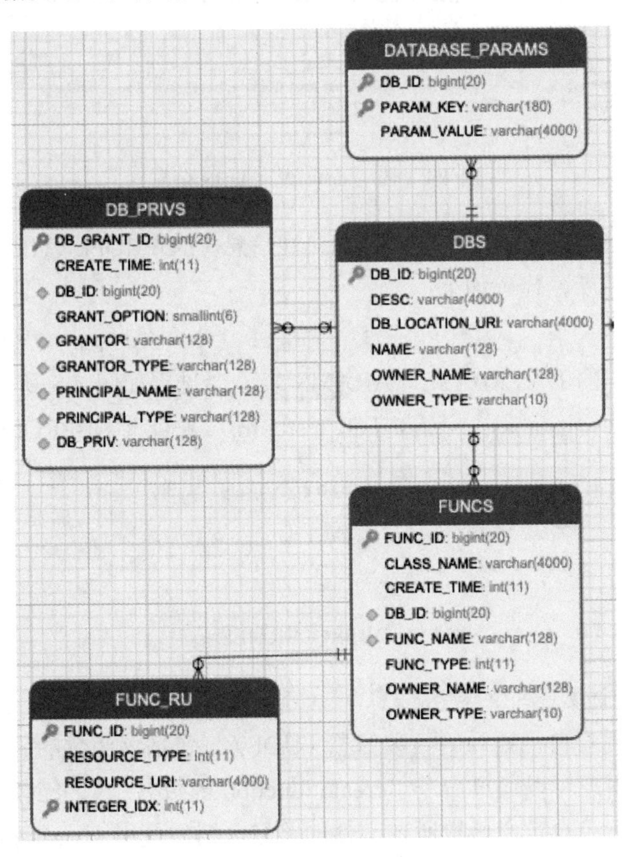

图 4.2　数据库相关的元数据

DBS：描述 Hive 中所有的数据库库名、存储地址（用字段 DB_LOCATION_URI 表示）、拥有者和拥有者类型。DBS 表的内容如图 4.3 所示。

DB_ID	DESC	DB_LOCATION_URI	NAME	OWNER_NAME	OWNER_TYPE
1	Default Hive database	hdfs://bigdata-03:8020/mnt/data/bigdata/hive/warehouse	default	public	ROLE
222	(NULL)	hdfs://bigdata-03:8020/mnt/data/bigdata/hive/warehouse/sqoop.db	sqoop	hdfs	USER
223	(NULL)	hdfs://bigdata-03:8020/mnt/data/bigdata/hive/warehouse/jinzheng_w.db	jinzheng_w	hdfs	USER
224	(NULL)	hdfs://bigdata-03:8020/mnt/data/bigdata/hive/warehouse/test.db	test	hdfs	USER

图 4.3　DBS 的 MySQL 查询结构

Hive 可以通过命令“desc database 库名”来查询 DBS 的信息，如图 4.4 所示。

```
0: jdbc:hive2://fino-bigdata-05:10000> desc database default;
INFO  : Compiling command(queryId=hive_20190126222222_32183e1a-1f0a-4a6a-aa28-dc31d1b79ffe): desc database default
INFO  : Semantic Analysis Completed
INFO  : Returning Hive schema: Schema(fieldSchemas:[FieldSchema(name:db_name, type:string, comment:from deserializer), FieldSchema(name:comme
nt, type:string, comment:from deserializer), FieldSchema(name:location, type:string, comment:from deserializer), FieldSchema(name:owner_name,
 type:string, comment:from deserializer), FieldSchema(name:owner_type, type:string, comment:from deserializer), FieldSchema(name:parameters,
type:string, comment:from deserializer)], properties:null)
INFO  : Completed compiling command(queryId=hive_20190126222222_32183e1a-1f0a-4a6a-aa28-dc31d1b79ffe); Time taken: 0.019 seconds
INFO  : Concurrency mode is disabled, not creating a lock manager
INFO  : Executing command(queryId=hive_20190126222222_32183e1a-1f0a-4a6a-aa28-dc31d1b79ffe): desc database default
INFO  : Starting task [Stage-0:DDL] in serial mode
INFO  : Completed executing command(queryId=hive_20190126222222_32183e1a-1f0a-4a6a-aa28-dc31d1b79ffe); Time taken: 0.128 seconds
INFO  : OK
+----------+------------------------+------------------------------------------------------+-------------+-------------+-------------+
| db_name  |        comment         |                       location                       | owner_name  | owner_type  | parameters  |
+----------+------------------------+------------------------------------------------------+-------------+-------------+-------------+
| default  | Default Hive database  | hdfs://bigdata-03:8020/mnt/data/bigdata/hive/warehouse | public    | ROLE        |             |
+----------+------------------------+------------------------------------------------------+-------------+-------------+-------------+
1 row selected (0.287 seconds)
```

图 4.4　使用 desc 查询 DBS 信息

DATABASE_PARAMS：描述数据库的属性信息（DBPROPERTIES）。例如，创建一个带有库属性信息的库，代码如下：

```
create database db_test_pro with dbproperties('key_a'='value_a');
```

查询 MySQL 中的 DATABASE_PARAMS 表，会见到如图 4.5 所示的信息。在 Hive 中可以使用命令“desc database extended db_test_pro;”来查询 DBPROPERTIES 的信息。

DB_ID	PARAM_KEY	PARAM_VALUE
20854	key_a	value_a

图 4.5　DBPROPERTIES 信息

DB_PRIVS：描述数据库的权限信息。

FUNCS：记录用户自己编写的函数信息（UDF），包括该函数的函数名、对应的类名和创建者等信息。用户可以通过命令“create function 函数名…”来创建自定义函数。

FUNCS_RU：记录自定义函数所在文件的路径，例如使用 Java 编写 Hive 的自定义函数，FUNCS_RU 表会记录该函数所在 JAR 包的 HDFS 存储位置，以及该 JAR 包引用的其他 JAR 包信息。

2. 表的元数据

表的元数据及这些元数据之间的关系如图 4.6 所示。

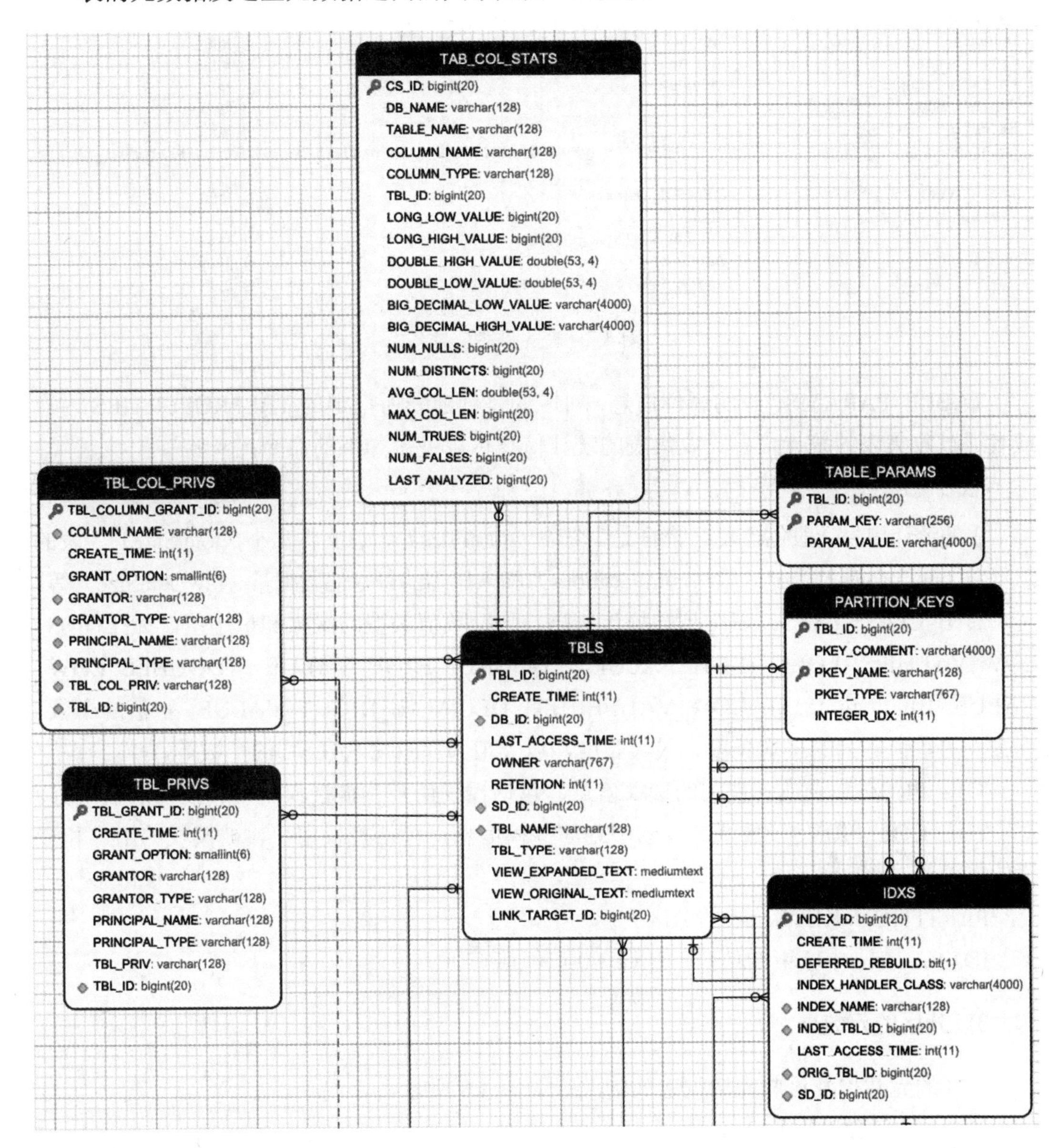

图 4.6　表相关的元数据

图 4.6 中包含以下几个表：

TBLS：记录 Hive 数据库创建的所有表，包含表所属的数据库、创建时间、创建者和表的类型（包括内部表、外部表、虚拟视图等）。在 Hive 中使用命令“desc formatted 表名”，查看 Detailed Table Information 一节的信息，如图 4.7 所示。

```
| # Detailed Table Information  | NULL                                    | NULL
| Database:                     | default                                 | NULL
| Owner:                        | hdfs                                    | NULL
| CreateTime:                   | Sun Nov 18 23:09:35 CST 2018            | NULL
| LastAccessTime:               | UNKNOWN                                 | NULL
| Protect Mode:                 | None                                    | NULL
| Retention:                    | 0                                       | NULL
| Location:                     |      hdfs://bigdata-03:8020/mnt/data/bigdata/hive/warehouse/student_tb_orc
|
| Table Type:                   | MANAGED_TABLE                           | NULL
| Table Parameters:             | NULL                                    | NULL
|                               | COLUMN_STATS_ACCURATE                   | true
|                               | numFiles                                | 1002
|                               | spark.sql.sources.schema.numParts       | 1
```

图 4.7　表的描述信息

TABLE_PARAMS：表的属性信息，对应的是创建表所指定的 TBLPROPERTIES 内容或者通过收集表的统计信息。收集表的统计信息可以使用如下的命令：

```
Analyze table 表名 compute statistics
```

表的统计信息一般包含表存储的文件个数（numFiles）、总文件大小（totalSize）、表的总行数（numRows）、分区数（numPartitions）和未压缩的每行的数据量（rawDataSize）等。

TAB_COL_STATS：表中列的统计信息，包括数值类型的最大和最小值，如 LONG_LOW_VALUE、LONG_HIGH_VALUE、DOUBLE_HIGH_VALUE、DOUBLE_LOW_VALUE、BIG_DECIMAL_LOW_VALUE、BIG_DECIMAL_HIGHT_VALUE、空值的个数、列去重的数值、列的平均长度、最大长度，以及值为 TRUE/FALSE 的个数等。

TBL_PRIVS：表或者视图的授权信息，包括授权用户、被授权用户和授权的权限等。

TBL_COL_PRIVS：表或者视图中列的授权信息，包括授权用户、被授权的用户和授权的权限等。

PARTITION_KEYS：表的分区列。

IDXS：Hive 中索引的信息，Hive 3.0 已经废弃。

3．分区的元数据

分区的元数据及这些元数据之间的关系如图 4.8 所示。

图 4.8 中包含以下几个表：

- PARTITIONS：存储分区信息，包括分区列，分区创建的时间。
- PARTITION_PARAMS：存储分区的统计信息，类似于表的统计信息一样。
- PART_COL_STATS：分区中列的统计信息，类似于表的列统计信息一致。

- PART_PRIVS：分区的授权信息，类似于表的授权信息。
- PART_COL_PRIVS：分区列的授权信息，类似于表的字段授权信息。
- PARTITION_KEY_VALS：分区列对应的值。

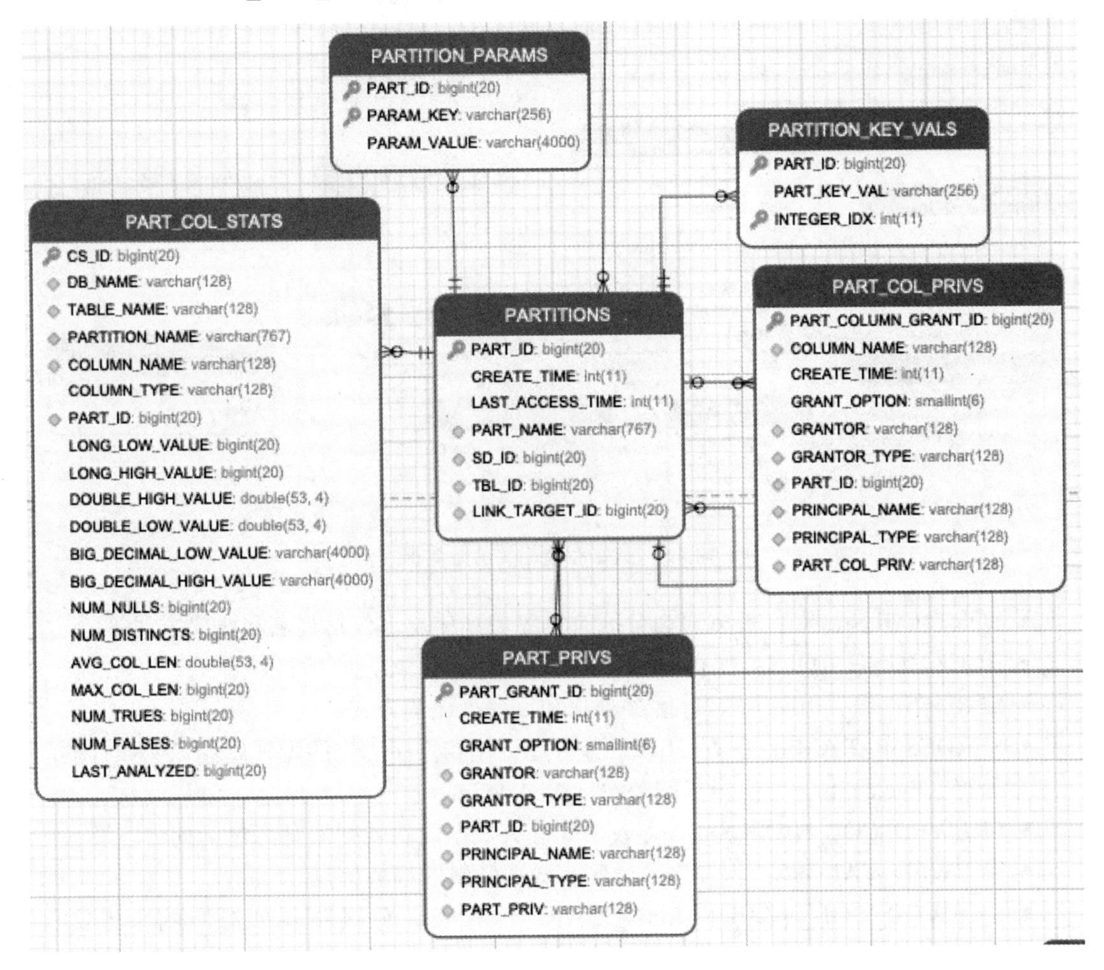

图 4.8　分区相关的元数据

4．数据存储的元数据

数据存储的元数据及这些元数据之间的关系如图 4.9 所示。

图 4.9 中主要包含以下几个表的内容：

- SDS：保存数据存储的信息，包含分区、表存储的 HDFS 路径地址、输入格式（INPUTFORMAT）、输出格式（OUTPUTFORMAT）、分桶的数量、是否有压缩、是否包含二级子目录。
- CDS、COLUMN_V2：表示该分区、表存储的字段信息，包含字段名称和类型等。

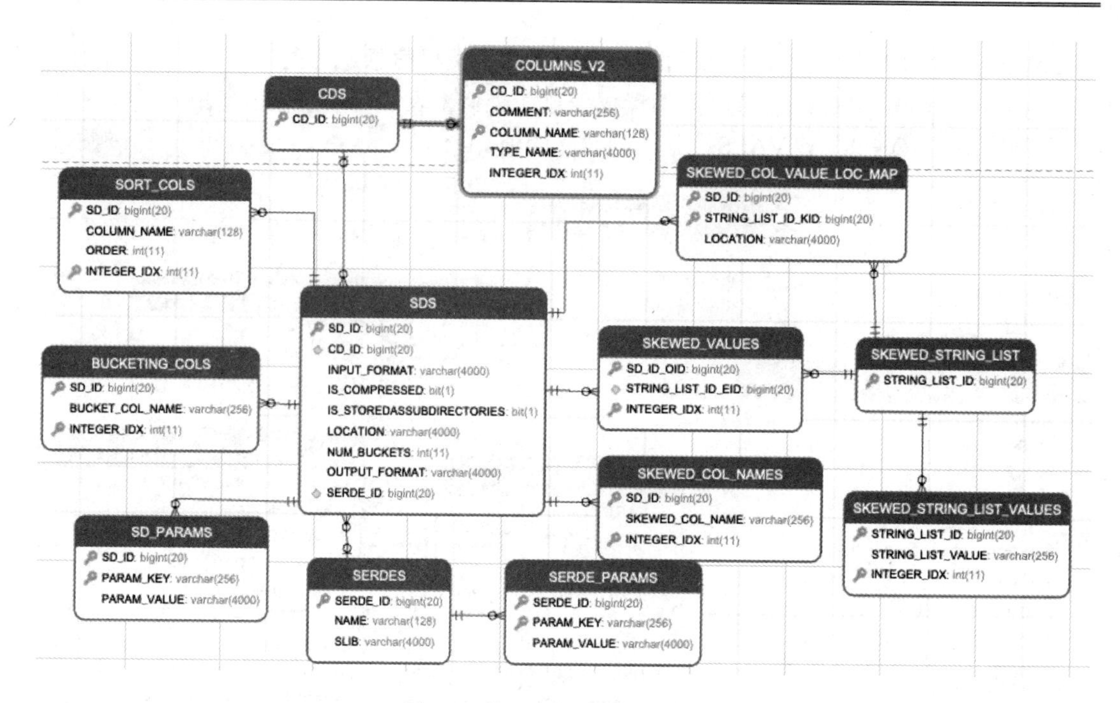

图 4.9　数据存储相关的元数据

- SORT_COLS：保存 Hive 表、分区有排序的列信息，包括列名和排序方式等。
- BUCKETING_COLS：保存 Hive 表，分区分桶列的信息、列名等。
- SERDES：保存 Hive 表、分区序列化和反序列化的方式。
- SERDES_PARAMS：保存 Hive，分区序列化和反序列化的配置属性，例如行的间隔符（line.delim）、字段的间隔符（filed.delim）。
- SKEWED_COL_NAMES：保存表、分区有数据倾斜的列信息，包括列名。
- SKEWED_VALUES：保存表、分区有数据倾斜的列值信息。
- SKEWED_COL_VALUE_LOC_MAP：保存表、分区倾斜列对应的本地文件路径。
- SKEWED_STRING_LIST、SKEWED_STRING_LIST_VALUES：保存表，分区有数据倾斜的字符串列表和值信息。

5. 其他

Hive 的元数据还包含很多内容，例如 Hive 的事务信息、锁信息及权限相关的信息等。在优化的时候比较少用到，这里不多提。

4.2　YARN 组件

在生产环境中的大数据集群，所有作业或系统运行所需的资源，都不是直接向操作系统申请，而是交由资源管理器和调度框架代为申请。每个作业或系统所需的资源都是由资源管理和调度框架统一分配、协调。在业界中扮演这一角色的组件有 YARN、Mesos 等。

4.2.1　YARN 的优点

由资源管理器统一资源的协调和分配，带来的优点有：

（1）提高系统的资源利用率。不同系统和不同业务在不同的时间点对硬件资源的需求是不一样的，例如一些离线业务通常在凌晨时间启动，除了这个阶段的离线业务对资源的占用比较高，其他时间段基本是空闲的，通过统一资源调度和协调，将这些时间段的资源分配给其他系统。不仅计算资源可以共享，由于允许多套系统部署在一个集群，也能增加系统存储资源的利用率。

（2）协调不同作业/不同系统的资源，减少不同作业和不同系统之间的资源争抢。例如通过资源管理和调度框架并通过一定的资源分配策略，能够保证在多作业情况下，各个作业都能够得到足够的资源得以运行，而不会出现一个作业占用所有资源，导致其他作业全部阻塞的情况。

（3）增强系统扩展性。资源管理和调度框架，允许硬件资源的动态伸缩，而不会影响作业的运行。

（4）资源调度与管理工具把控着资源的分配和任务的调度，直接影响程序的运行效率。如果任务得到资源少了，必将影响自身的程序运行效率，如果任务占用过多资源，在集群任务运行高峰期，必然导致挤占其他任务运行所需的资源。

那么如何利用资源与调度管理工具？作为大数据集群的使用者，基于 Hive 做业务的开发者要高效地利用资源与调度管理工具，需要知道两方面的内容：

- YARN 运行的基本组成和工作原理，能够基本理清程序运行的整体流程，知道哪些过程或者配置可能成为瓶颈，可以先不用了解，但一定要有意识。
- YARN 资源调度与分配算法。

4.2.2　YARN 基本组成

YARN 的基本结构由一个 ResourceManager 与多个 NodeManager 组成。ResourceManager

负责对 NodeManager 所持有的资源进行统一管理和调度。当在处理一个作业时 ResourceManager 会在 NodeManager 所在节点创建一全权负责单个作业运行和监控的程序 ApplicationMaster。如图 4.10 所示为 YARN 的基本工作流程。

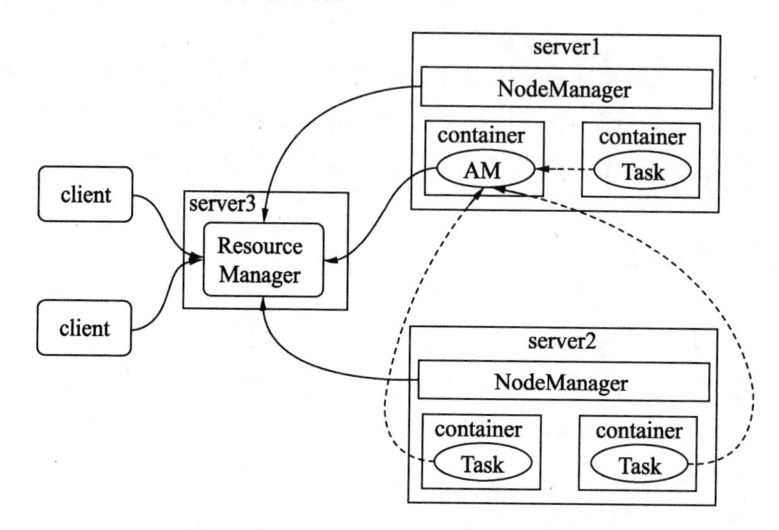

图 4.10　Hive 作业在 YARN 的工作流程

1．ResouceManager（简称RM）

资源管理器负责整个集群资源的调度，该组件由两部分构成：调度器（Scheduler）和 ApplicationsMaster（简称 ASM）。

调度器会根据特定调度器实现调度算法，结合作业所在的队列资源容量，将资源按调度算法分配给每个任务。分配的资源将用容器（container）形式提供，容器是一个相对封闭独立的环境，已经将 CPU、内存及任务运行所需环境条件封装在一起。通过容器可以很好地限定每个任务使用的资源量。YARN 调度器目前在生产环境中被用得较多的有两种：能力调度器（Capacity Scheduler）和公平调度器（Fair Scheduler）。

2．ApplicationMaster（简称AM）

每个提交到集群的作业（job）都会有一个与之对应的 AM 来管理。它负责进行数据切分，并为当前应用程序向 RM 去申请资源，当申请到资源时会和 NodeManager 通信，启动容器并运行相应的任务。此外，AM 还负责监控任务（task）的状态和执行的进度。

3．NodeManage（简称NM）

NodeManager 负责管理集群中单个节点的资源和任务，每个节点对应一个 NodeManager，NodeManager 负责接收 ApplicationMaster 的请求启动容器，监控容器的运行状态，并监控当前节点状态及当前节点的资源使用情况和容器的运行情况，并定时回报给 ResourceManager。

4.2.3　YARN 工作流程

YARN 在工作时主要会经历 3 个步骤：

（1）ResourceManager 收集 NodeManager 反馈的资源信息，将这些资源分割成若干组，在 YARN 中以队列表示。

（2）当 YARN 接收用户提交的作业后，会尝试为作业创建一个代理 ApplicationMaster。

（3）由 ApplicationMaster 将作业拆解成一个个任务（task），为每个任务申请运行所需的资源，并监控它们的运行。

如图 4.11 所示为提交到 YARN 的作业被拆解成一个个任务的示意图。

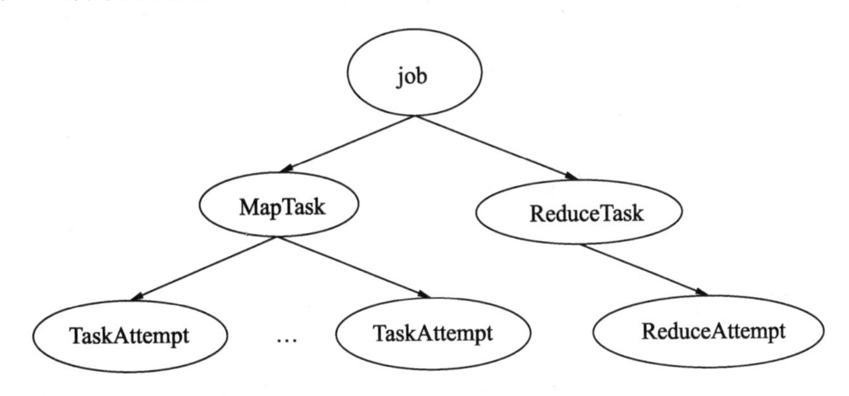

图 4.11　Hive 作业在 YARN 被分成的任务

YARN 在处理任务时的工作流程如图 4.12 所示。经历了以下几个步骤：

（1）客户端向 YARN 提交一个作业（Application）。

（2）作业提交后，RM 根据从 NM 收集的资源信息，在有足够资源的节点分配一个容器，并与对应的 NM 进行通信，要求它在该容器中启动 AM。

（3）AM 创建成功后向 RM 中的 ASM 注册自己，表示自己可以去管理一个作业（job）。

（4）AM 注册成功后，会对作业需要处理的数据进行切分，然后向 RM 申请资源，RM 会根据给定的调度策略提供给请求的资源 AM。

（5）AM 申请到资源成功后，会与集群中的 NM 通信，要求它启动任务。

（6）NM 接收到 AM 的要求后，根据作业提供的信息，启动对应的任务。

（7）启动后的每个任务会定时向 AM 提供自己的状态信息和执行的进度。

（8）作业运行完成后 AM 会向 ASM 注销和关闭自己。

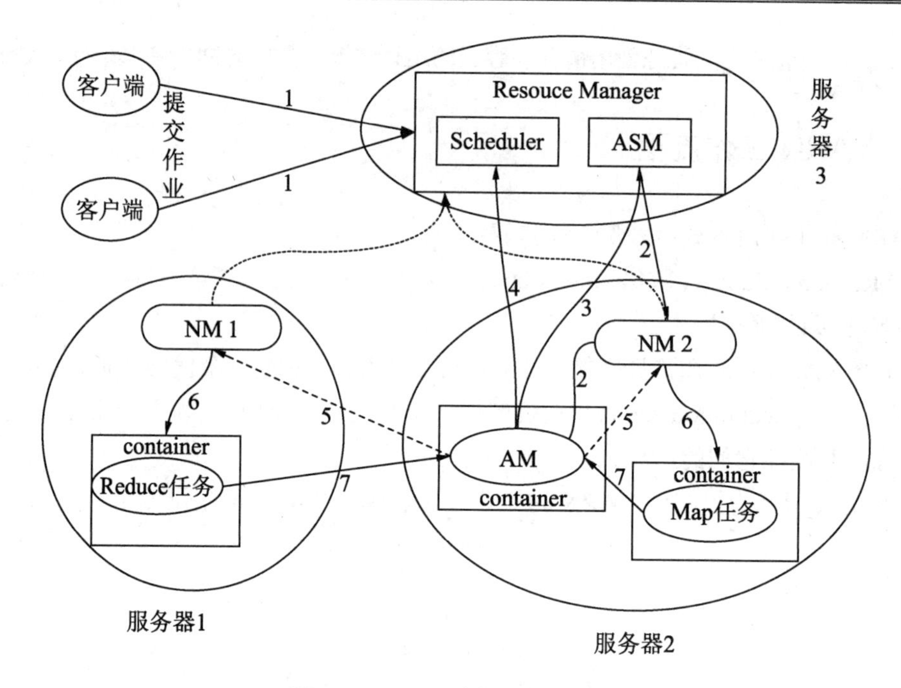

图 4.12 YARN 内部组件交互图

4.2.4 YARN 资源调度器

资源调度器负责整个集群资源的管理与分配，是 YARN 的核心组件。开发者提交的 Hive 任务，所需的资源都需要经过该组件进行分配。如果提交的任务资源始终被抢占，或者被分配的资源很少，都会影响 Hive 的执行效率。本节我们就来学习资源的原理和应用场景。

在 YARN 中，资源调度器以层次队列方式组织资源，如图 4.13 所示。

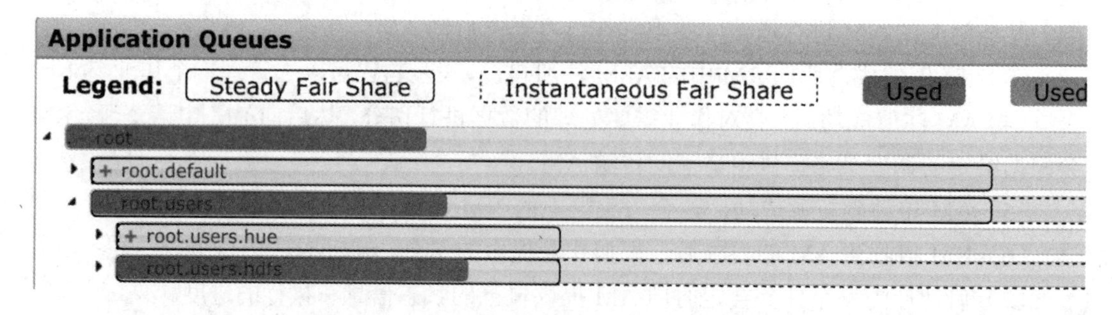

图 4.13 YARN 的 application queues

这种组织方式，通过对不同队列资源进行分配和调整，可以适应多种对资源需求不同的作业同时使用，从而提高集群资源利用率。例如有些作业耗 CPU 资源，有些耗内存，可以分别将这种资源提交至各自资源较为充裕的队列。

YARN 提供了 3 种调度器：先来先服务调度器（FIFO Scheduler）、能力调度器（Capacity Scheduler）和公平调度器（Fair Scheduler）。

FIFO 即先来先服务，是 Hadoop 在设计之初使用的调度方式。这种方式不能充分利用集群的硬件资源，在面对资源需求不同的作业而无法提供根据灵活的调度策略，导致作业某些空闲资源被某个正在运行的资源所占用，正在等待的资源的作业无法获取集群资源进行运行。

为了克服单队列的先来先服务的调度先天不足，YARN 提供了多用户的多队列的调度器。在生产环境中经常被使用到的是能力调度器和公平调度器。

在 YARN 中可供分配和管理的资源有内存和 CPU 资源，在 Hadoop 3.0 中将 GPU、FPGA 资源也纳入可管理的资源中。内存和 CPU 资源可以通过下面的配置选项进行调整：

- yarn.nodemanager.resource.cpu-vcores，默认值为-1。默认表示集群中每个节点可被分配的虚拟 CPU 个数为 8。为什么这里不是物理 CPU 个数？因为考虑一个集群中所有的机器配置不可能一样，即使同样是 16 核心的 CPU 性能也会有所差异，所以 YARN 在物理 CPU 和用户之间加了一层虚拟 CPU，一个物理 CPU 可以被划分成多个虚拟的 CPU。
- yarn.nodemanager.resource.detect-hardware-capabilities 为 true，且该配置还是默认值 -1，YARN 会进行自动给计算可用虚拟 CPU。
- yarn.nodemanager.resource.memory-mb，默认值为-1。当该值为-1 时，默认表示集群中每个节点可被分配的物理内存是 8GB。
- yarn.nodemanager.resource.detect-hardware-capabilities 为 true，且该配置还是默认值 -1，YARN 会自动计算可用物理内存。
- yarn.nodemanager.vmem-pmem-ratio，默认值为 2.1。该值为可使用的虚拟内存除以物理内存，即 YARN 中任务的单位物理内存相对应可使用的虚拟内存。例如，任务每分配 1MB 的物理内存，虚拟内存最大可使用 2.1MB。
- yarn.nodemanager.resource.system-reserved-memory-mb，YARN 保留的物理内存，给非 YARN 任务使用，该值一般不生效，只有当 yarn.nodemanager.resource.detect-hardware-capabilities 为 true 的状态才会启用，会根据系统的情况自动计算。

如果发现自身集群资源非常充裕，但是程序运行又较为缓慢，整个集群的资源利用率又很低，就需要关注上面的配置是否设置得过低。

用户提交给 YARN 的作业及所申请的资源，YARN 最终是以容器的形式调播给作业，每个作业分解到子任务运行容器中，YARN 分配给容器的相关配置可以通过如下配置项目调整：

- yarn.scheduler.minimum-allocation-mb：默认值 1024MB，是每个容器请求被分配的

最小内存。如果容器请求的内存资源小于该值，会以 1024MB 进行分配；如果 NodeManager 可被分配的内存小于该值，则该 NodeManager 将会被 ResouceManager 给关闭。

- yarn.scheduler.maximum-allocation-mb：默认值 8096MB，是每个容器请求被分配的最大内存。如果容器请求的资源超过该值，程序会抛出 InvalidResourceRequest Exception 的异常。
- yarn.scheduler.minimum-allocation-vcores：默认值 1，是每个容器请求被分配的最少虚拟 CPU 个数，低于此值的请求将被设置为此属性的值。此外，配置为虚拟内核少于此值的 NodeManager 将被 ResouceManager 关闭。
- yarn.scheduler.maximum-allocation-vcores：默认值 4，是每个容器请求被分配的最少虚拟 CPU 个数，高于此值的请求将抛出 InvalidResourceRequestException 的异常。

如果开发者所提交的作业需要处理的数据量较大，需要关注上面配置项的配置。

YARN 还能对容器使用的硬件资源进行控制，通过如下的配置：

- yarn.nodemanager.resource.percentage-physical-cpu-limit：默认值 100。一个节点内所有容器所能使用的物理 CPU 的占比，默认为 100%。即如果一台机器有 16 核，CPU 的使用率最大为 1600%，且该比值为 100%，则所有容器最多能使用的 CPU 资源为 1600%，如果该比值为 50%，则所有容器能使用的 CPU 资源为 800%。
- yarn.nodemanager.linux-container-executor.cgroups.strict-resource-usage：默认值为 false，表示开启 CPU 的共享模式。共享模式告诉系统容器除了能够使用被分配的 CPU 资源外，还能使用空闲的 CPU 资源。

4.3 HDFS 架构

Hadoop 分布式文件系统（HDFS）是 Hive 存储数据的地方，简单了解 HDFS 的基本机制和读写工作机制，对于排查 HiveSQL 程序是否由于数据存储引发的性能问题有较大的帮助。

4.3.1 常见 HDFS 优化

常见的关于 HDFS 的优化角度有：

- Hive 作业生成的小文件，过多的小文件会加重 NameNode 的负担，导致集群整体性能下降。
- 设置合理的 HDFS 文件块的大小，可以减轻 NameNode 的负担，增加数据本地化操作的概率，提升程序性能。

- 适当增大 NameNode 的 Java 堆，调整 JVM 的参数可以提升 NameNode 性能。
- 在集群进行扩容和缩容的情况时，需要调整 NameNode 服务处理程序计数和 NameNode 处理程序计数。
- 在 HDFS 写入大数据文件的时候，可以尝试启用写入后清理缓存，启用写入后立即对磁盘数据排队。
- 在 HDFS 有比较多的随机读，或者一次性需要读取大数据文件时，可以启用读取后清理缓存。
- 集群的单机性能较高，可以适当增大处理程序计数。
- HDFS 在读取数据时会开启 HDFS 快速读取。

看到上面列举的例子中提到的很多概念，对于只是接触过 HiveSQL 的读者来说可能不理解，甚至还会有一些疑问，例如：

- NameNode、DataNode 是什么？
- NameNode 服务处理程序计数和程序处理技术器又是什么？
- 配置读取后清理缓存为什么能增加程序性能？
- HDFS 快速读取是什么？

这里先不着急回答这些问题，在了解了 HDFS 架构后，上面的一些调优就会变得可以理解，疑问自然可以得到解开了。随着对 HDFS 了解的增多，还有更多的优化选项可以挖掘。

注意：虽然对于使用 HiveSQL 的开发者来说，不了解 Java 和 JVM 也能够写 SQL，也能进行日常的一些开发和调优。但想要自己的调优能力得到提升，学习 Java 和 JVM 是必要的。要求能够了解 Java 的语法并能使用其集合，简单了解 Java 面向对象语言的一些概念，例如封装、继承和多态，并简单了解 JVM 的模型和垃圾回收的算法。

4.3.2　HDFS 基本架构和读写流程

为了对 HDFS 有整体的了解，本节主要会介绍 HDFS 的基本架构和读写流程。

1. HDFS基本架构

HDFS 基本架构如图 4.14 所示。

整个 HDFS 主要有 3 个组件：NameNode、DataNode 和 Client。下面对这 3 个组件做个简要介绍。Client 主要有以下几个职能：

- 与 NameNode 进行交互，获取文件位置信息和文件块信息。
- 与 DataNode 进行交互，读写数据文件。
- 访问并管理 HDFS 集群。

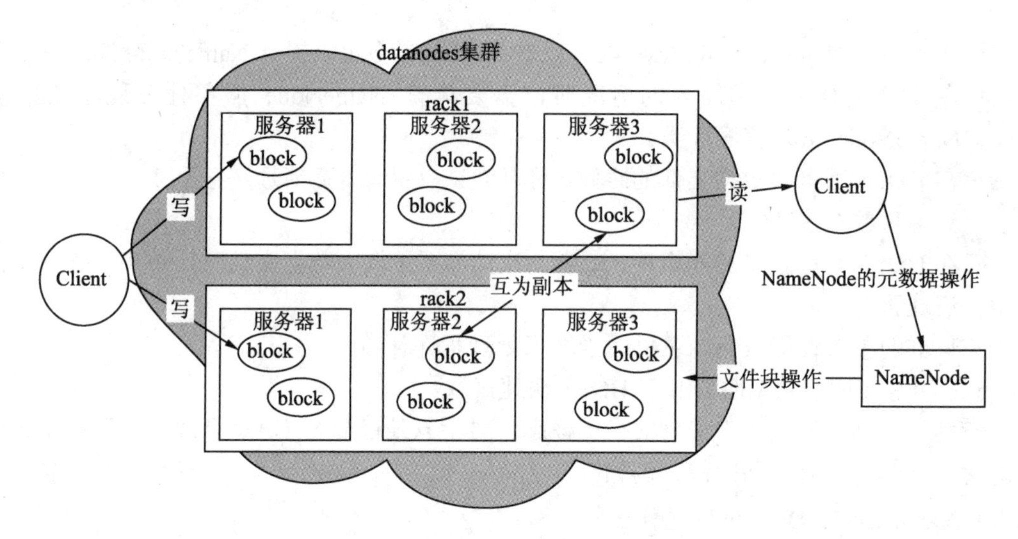

图 4.14　HDFS 基本架构

常见的访问 HDFS 客户端方式有：

- 命令行交互界面，在安装 HDFS 组件时自带。
- 使用 HttpFs 服务，HttpFs 提供 Rest 风格的操作接口，用于访问 HDFS。
- 访问 NameNode 提供的 Web 服务，默认端口是 50070。

扩展：在获取文件存储块的位置时，通常会配置超时时间，减少作业因集群组件异常导致的作业长时间等待（配置项：dfs.client.file-block-storage-locations.timeout, dfs.client.file-block-storage-locations.timeout.millis）。

NameNode（NN）维护整个 HDFS 文件系统的目录树，以及目录树里的所有文件和目录，这些信息以两种文件存储在本地文件中：一种是 NameSpace 镜像（FSImage），即 HDFS 元数据的完整快照，每次 NameNode 启动时，默认加载最新的命名空间镜像；另一种是命名空间镜像的编辑日志（EditLog），它主要有几个职能：

- 管理 HDFS 的 NameSpace，如打开、关闭重命名文件和目录。
- 管理数据块与 DataNode 的映射关系。
- 处理客户端的读写请求。
- 管理副本的配置策略。

在较早的 HDFS 版本中还有一个关键组件：SecondaryNameNode（简称 SNN）。SNN 被设计用来辅助并分担 NN 的运行压力，主要用于定期合并命名空间镜像和命名空间镜像的编辑日志。NN 在进行变更的时候会将变更操作到 EditLog 中，为了防止 EditLog 丢失及整个日志文件过大，在出现集群故障时，恢复成本大，需要定期将编辑日志进行归档，将编辑日志和整个 NameSpace 镜像文件进行合并。

NameNode 为了防止日志读写及合并可能需要占用太多资源的情况，将这部分工作交给 SNN。

DataNode 节点（DN）的功能如下：

- 处理客户端的读写请求。
- 存储实际的数据。
- 接收 NameNode 指令创建数据块。

查看当前 DataNode 整体信息，可以采用如下命令：

```
hdfs dfsadmin -report
```

通过上面的命令，可以快速查看当前 HDFS 存活节点的信息、磁盘使用情况信息及缓存使用情况信息等，通过这些信息，我们可以快速排除因节点不可用或磁盘空间不足引起的作业运行的异常。可以使用 HDFS 的 hdfs --help 命令来获取帮助。

2. HDFS的读流程

（1）Client 先与 NameNode 进行交互，获取数据所在 DataNode 的地址和文件块信息。

（2）Client 根据从 NameNode 得到的消息找到 DataNode 及对应的文件块，建立 socket 流。

（3）DataNode 读取磁盘中的文件中回传给 Client。

扩展： HDFS 快速读取模式，Client 会绕开 DataNode 自己去读取数据，实现方式是借助 Linux 操作系统中的 Unix Domain Socket 技术。在使用这个技术的时候要配置 UNIX 域套接字路径。当 DataNode 需要读取的数据非常大且读取后数据无法缓存到操作系统的缓存中时，通过配置属性——读取后清除缓冲区中的所有文件，可以提升其他作业的读取效率。

3. HDFS的写流程

（1）Client 先与 NameNode 通信，表示要写入数据，NameNode 会在 NameSpace 中添加一个新的空文件，并告知 Client 已经做好写的准备工作

（2）Client 接到通知，向 NameNode 申请 DataNode 的数据块，NameNode 会返回一个数据块，包含所有数据节点所在 DataNode 的位置信息。

（3）Client 得到目标数据块位置，建立 socket 流，并向目标数据块写入数据。

4.3.3　HDFS 高可用架构

在实际生产环境中，单个 NameNode 的 HDFS 集群基本不用，因为存在以下的情况：

- NameNode 服务器或者 NameNode 本身出现异常，会导致整个 HDFS 集群不可用，从而导致 Hive 的程序出现异常。
- 在运维人员维护 NameNode 服务器时，会导致整个 HDFS 集群不可用，从而导致所有 Hive 任务延期。

针对上面可能出现的问题，HDFS 引入了高可用（High Availability，HA）特性，在同一个集群引入多 NN 用来解决上述问题，允许如果出现故障启用备用的 NN 节点，快速进行故障转移（failover）。当需要对集群的 NN 进行例行运维时，可以启用备用的节点，而不影响正常的线上生产。

HDFS 提供了两种 HA 方案：NameNode HA With QJM 与 NameNode HA With NFS。第一种是业界较为主流的方案，如图 4.15 所示为第一种架构的架构图。

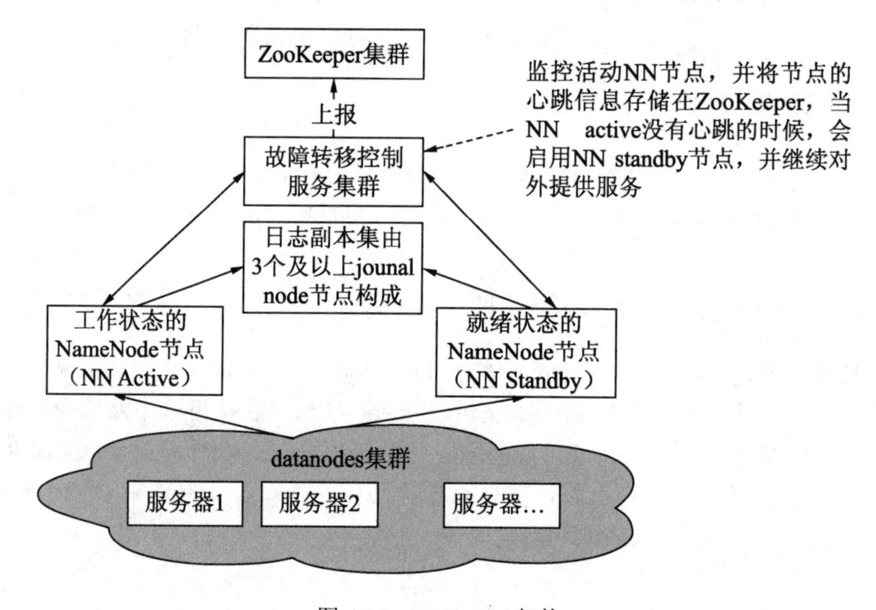

图 4.15 HDFS HA 架构

扩展： 心跳指一个程序给另外一个程序周期性定时发送一个简单命令，以告知该程序还在运行，是存活的状态。

整个架构包含如下高可用设计：

1. NameNode服务的高可用设计

新增 NN Standby 节点。在 HA 集群中，要有两个或更多独立的机器节点被配置为 NameNode。在任何时间点，恰好有一个 NameNode 处于活动状态，而其他的 NN 处于备用状态。活动 NN 负责集群中的所有客户端操作，而备用节点只是维护自己当前的状态和 NN 节点保持一致，以便在必要时提供快速故障转移。

2．JounalNode服务的高可用设计

新增一组 JounalNode 节点。为了让备用节点与活动节点保持同步状态，两个节点都与一组称为 Journal Nodes（简称 JNs）的独立守护进程通信。JNs 是一个副本集，一般为 3 个副本，当有 2 个副本可以对外提供服务时，整个系统还处于可用状态。当活动节点执行任何的 NameSpace 内容修改时，它会持续地将修改记录写到这些 JNs 中。

备用节点能够从 JNs 读取日志，并不断监视它们对编辑日志的更改。当备用节点看到编辑时，会将它们应用到自己的名称空间。这样可确保在发生故障并在故障转移发生之前的两个 NN 状态完全同步。

3．服务存储状态的高可用设计

新增 ZooKeeper（ZK）组件，使用多个副本用于存储 HDFS 集群服务状态信息。

4．故障转移控制服务的高可用设计

故障转移控制服务，发现监控的 NN 没有心跳，会尝试获取 NN standy 地址，并启动该服务，原先的 standy 状态变为 active。但只有一个故障转移控制服务，如果不做高可用设计，也会出现单点问题，所以故障转移控制服务也被设计成支持服务的高可用。当工作的控制服务发生故障时，会启用备用的控制服务继续对集群提供服务。

扩展： 上面的架构不管是在正常情况，还是异常发生在进行故障转移时，只允许一个 NN 处在工作状态，其他 NN 都处在备用（standy）状态。这是为避免两个 NN 同时工作时，两个 NN 的 NameSpace 状态将会出现差异，也就是“脑裂”现象，这可能导致数据丢失或其他错误结果。为了保证整个集群正常工作，JournalNodes 只允许一个 NameNode 与它通信。在故障转移期间，变为活动工作状态的 NameNode 将接管向 JournalNodes 写入数据的角色。

4.3.4　NameNode 联盟

在绝大多数的场景下，单个 NameNode 已经够用。我们来算一下：在 NameNode 创建一个数据块的元数据信息差不多占用 500byte，在 NameNode 节点给予 128GB 的服务器，实际长期驻留内存设置为 100GB，一个元数据对应的数据块大小给予设置 256MB，则整个集群能够容纳的数据量是(100×1024^3/500)×256MB=51.2PB。大部分公司的数据都难以达到这个数据量级。

HDFS 的 NameNode 高可用能够增强整个 HDFS 集群的可用性，保障系统即使在 NameNode 所在服务的服务器出现故障，也能通过启用其他服务器的 NameNode 继续对外提供服务。但是，当集群所管理的数据量逐渐增多时，单个 NameNode 服务所要占用的内存空间也会随着增多，这会带来几个问题：

- NameNode 服务垃圾回收（GC）运行时间变长，导致 NameNode 对外响应效率变低。Hive 提交任务大部分都需要访问 NameNode 服务，这会影响 Hive 的运行效率。
- NameNode 故障恢复时间变长或集群重启时间长。在进行故障恢复或重启时，单个 NameNode 需要将大量持久化在磁盘中的文件数据加载到内存中，并在内存构建出整个 NameSpace 目录树。
- 内存无法一直持续扩展，Hadoop 是运行在廉价的服务器集群上，内存资源有限。

针对上面的问题，HDFS 提出了 NameNode 联盟架构方案。原先一个 NameNode 管理一个 HDFS 集群中的所有数据，现在将一个 HDFS 集群的数据划分给几个 NameNode 同时进行管理，这几个 NameNode 可以分布在不同的机器上，在对外提供服务时这几个 NameNode 采用同一的接口提供服务。通过这种方式解决单个 NameNode 无法管理一个大集群的问题。

那么 NameNode 联盟架构是怎样的呢？在回答这个问题之前，先来看看一个简化后的 HDFS 基础架构，如图 4.16 所示。

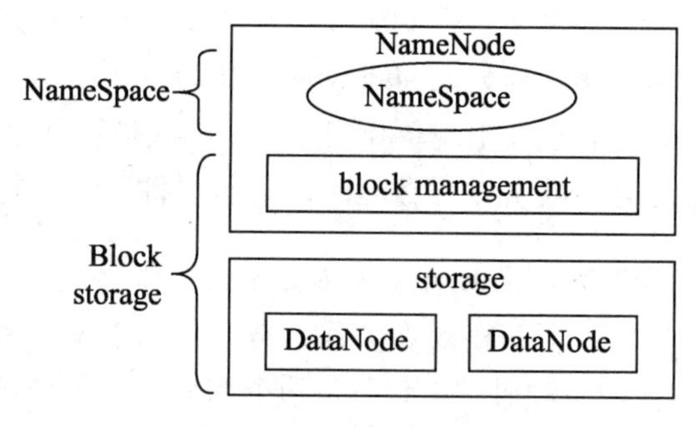

图 4.16　HDFS 基础架构简化图

整个 HDFS 由两部分组成：命名空间和块存储。

命名空间（NameSpace）由目录、文件和块组成。它支持所有与名称空间相关的文件系统操作，如创建、删除、修改和列出文件和目录。

块存储（Block storage）也由两部分组成：块管理和数据存储。DataNode 提供本地文件系统数据存储和读写功能。块管理功能如下：

- 管理 DataNode 集群，通过周期心跳信息，或者 DataNode 主动注册动作来判定能够对外提供服务的 DataNode 节点。
- 处理块信息并维护块的位置。
- 支持块相关操作，如创建、删除、修改和查询块位置。
- 管理块复制，并删除已过度复制的块。

对 HDFS 整体有个基本的了解后，我们再来看 NameNode 联盟。Hadoop 为了保证能够提供横向扩展的能力，在 NameSpace 这一层运行创建多个 NameSpace，这几个 NameSpace

通过块的管理，实现共用 DataNode 的集群。几个 NameNode 之间的操作不互相影响，只是共用数据存储空间。NameNode 架构如图 4.17 所示。

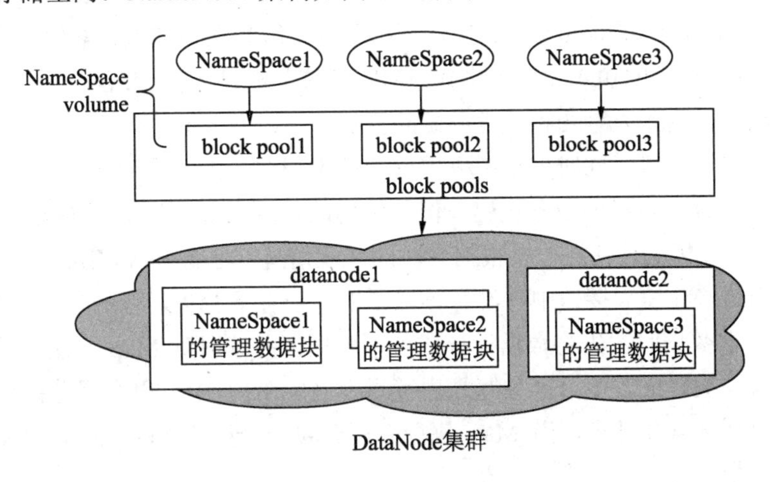

图 4.17　NameNode 联盟

图 4.17 中的每个块池（block pool）都是由单独的 NameSpace 进行管理，每个 Name Space 对块的操作包括删除、创建，都是独立于其他 NameSpace。当一个 Namespace 出现故障时不会影响其他 NameSpace 对外提供服务。每个 NameSpace 和其对应的块池被统称为一个 NameSpace volumn，如果删除了 DataNode 或者 NameSpace，则也会删除相应的块池。

NameNode 联盟在一定程度上可以缓解单个 NameNode 的压力，但是在使用之前要对业务数据量有一个合理的预估和拆分，确保 NameNode 联盟中的单个 NameNode 的有足够资源满足需求。

4.4　计算引擎

HiveSQL 最后都会转化成各个计算引擎所能执行的任务，目前 Hive 支持 MapReduce、Tez 和 Spark 3 种计算引擎。

4.4.1　MapReduce 计算引擎

MapReduce（简称 MR）很简单，也很重要。在 Hive 2.0 之后不推荐 MR 作为计算引擎，但从学习的角度来看，它是学习所有分布式计算的基础，理解了 MR 的基本工作原理，对于学习 Tez、Spark，甚至是学习实时流计算引擎 Spark Streaming、Flink 和 Strom 也能起到很好的助益。

通过第 2 章的 wordcount 案例即案例 2.3 可以知道，MR 计算主要提供两个编程接口给开发者，即 Mapper 和 Reducer。MR 计算引擎约定编程接口的输入和输出格式。不管是 Mapper 还是 Reducer 的输入和输出格式，MR 都统一成键-值对的形式，通过这业务无关的基础数据结构，达到兼容各种业务场景的目的。

这种简单的编程接口同时屏蔽了大部分的技术细节，能够让业务人员专注在 Mapper 或者 Reducer 上开发自己的业务代码。但从优化的角度来说，只知道 Mapper 和 Reducer 编程接口还不够。优化往往还需要根据当时的环境信息，对能影响 MR 运行的某些关键环节做调整。而这些在编程接口中并没有体现。下面来看下 MR 运行的完整过程：

Map 在读取数据时，先将数据拆分成若干数据，并读取到 Map 方法中被处理。数据在输出的时候，被分成若干分区并写入内存缓存（buffer）中，内存缓存被数据填充到一定程度会溢出到磁盘并排序，当 Map 执行完后会将一个机器上输出的临时文件进行归并存入到 HDFS 中。

当 Reduce 启动时，会启动一个线程去读取 Map 输出的数据，并写入到启动 Reduce 机器的内存中，在数据溢出到磁盘时会对数据进行再次排序。当读取数据完成后会将临时文件进行合并，作为 Reduce 函数的数据源。整个过程如图 4.18 所示。

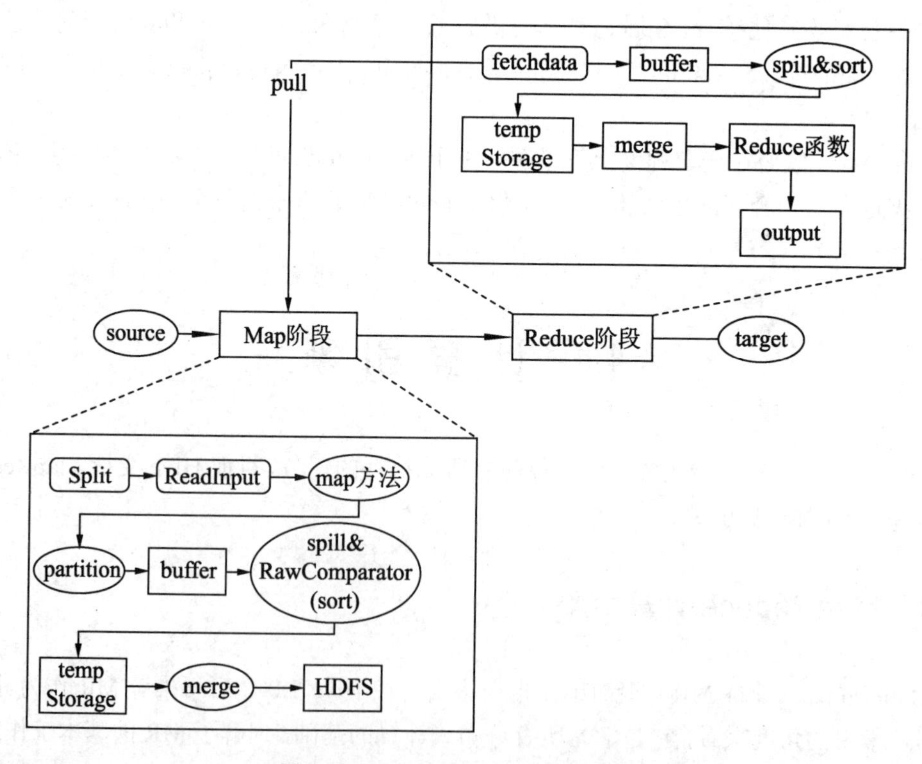

图 4.18　Map 和 Reduce 的工作流程

4.4.2　Tez 计算引擎

Apache Tez 是进行大规模数据处理且支持 DAG 作业的计算框架，它直接源于 MapReduce 框架，除了能够支持 MapReduce 特性，还支持新的作业形式，并允许不同类型的作业能够在一个集群中运行。MapReduce 为了面向批处理的数据处理作业通用性，强制要求每个作业必须要有特定的输入和输出结构。但这种和业务场景无太多关联的结构，合并了太多的细节，提供给用户可操作的空间较少，Tez 考虑到这点提供了比 MapReduce 更丰富的功能。

Tez 将原有的 Map 和 Reduce 两个操作简化为一个概念——Vertex，并将原有的计算处理节点拆分成多个组成部分：Vertex Input、Vertex Output、Sorting、Shuffling 和 Merging。计算节点之间的数据通信被统称为 Edge，这些分解后的元操作可以任意灵活组合，产生新的操作，这些操作经过一些控制程序组装后，可形成一个大的 DAG 作业。

通过允许 Apache Hive 运行复杂的 DAG 任务，Tez 可以用来处理数据，之前需要多个 MR jobs，现在一个 Tez 任务中。如图 4.19 所示为 MapReduce 作业和 Tez 作业运行时的对比图。

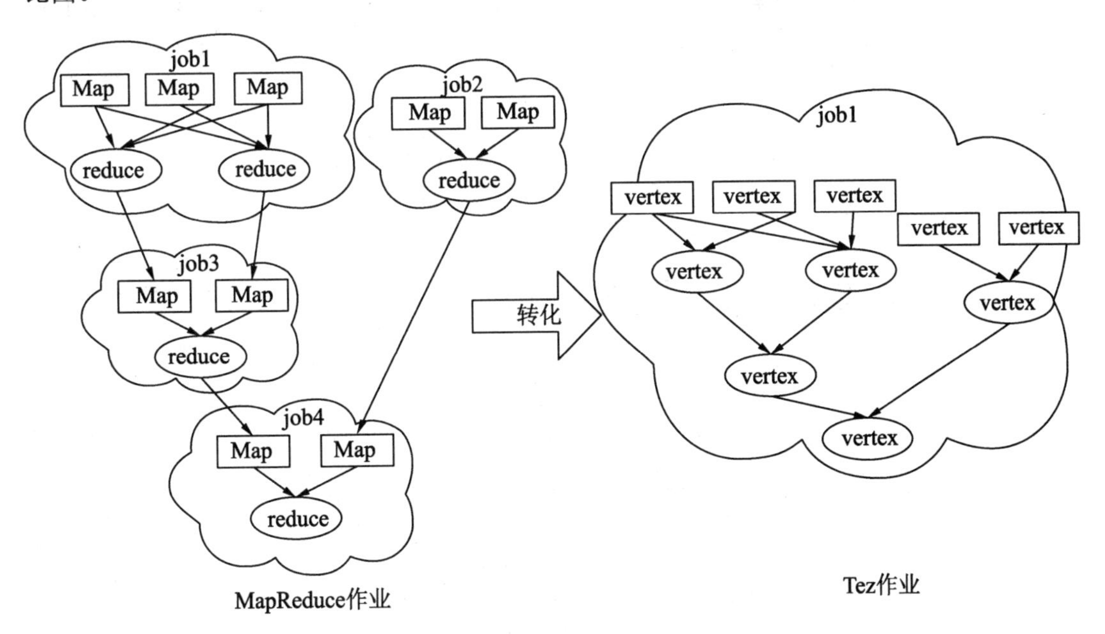

图 4.19　Tez 和 MapReduce 作业的比较

从图 4.19 中我们可以看到，Tez 绕过了 MapReduce 很多不必要的中间的数据存储和读取的过程，直接在一个作业中表达了 MapReduce 需要多个作业共同协作才能完成的事情。

Tez 和 MapReduce 一样都运行使用 YARN 作为资源调度和管理。但与 MapReduce on YARN 不同，Tez on YARN 并不是将作业提交到 ResourceManager，而是提交到 AMPoolServer 的服务上，AMPoolServer 存放着若干已经预先启动 ApplicationMaster 的服务。如图 4.20 所示为 AMPoolServer 预先创建 AM 的示意图。

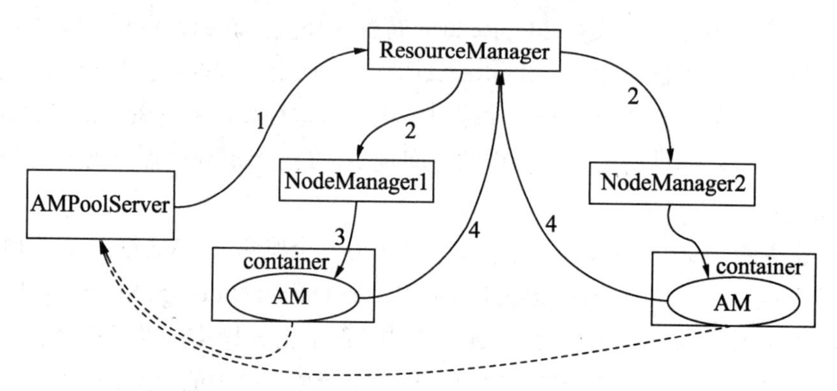

图 4.20　AMPoolServer 预先创建 AM 示意图

当用户提交一个作业上来后，AMPoolServer 从中选择一个 ApplicationMaster 用于管理用户提交上来的作业，这样既可以节省 ResourceManager 创建 ApplicationMaster 的时间，而又能够重用每个 ApplicationMaster 的资源，节省了资源释放和创建时间。如图 4.21 所示为 Tez 接收作业提交 YARN 的示意图。

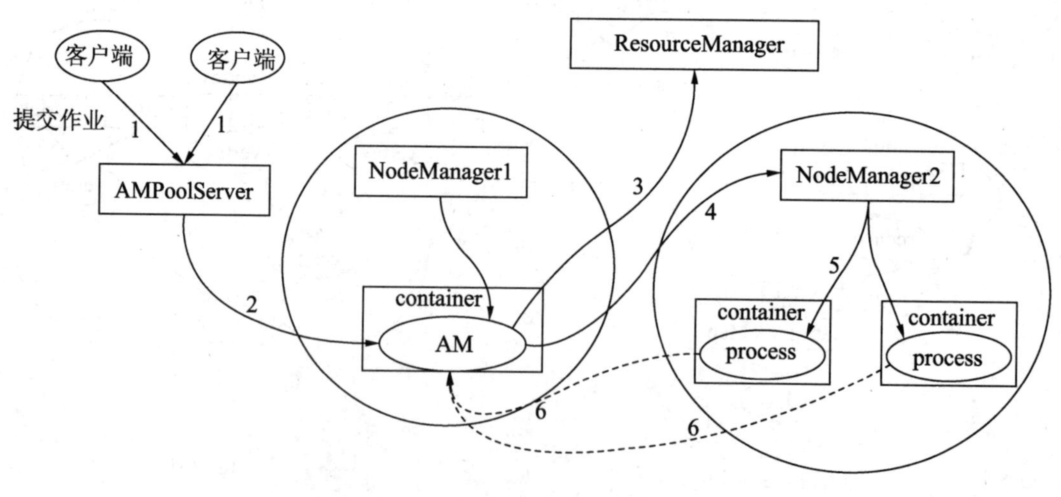

图 4.21　Tez 作业的提交

总结起来 Tez 相比于 MapReduce 有几点重大改进：

当查询需要有多个 reduce 逻辑时，Hive 的 MapReduce 引擎会将计划分解，每个 Redcue 提交一个 MR 作业。这个链中的所有 MR 作业都需要逐个调度，每个作业都必须从 HDFS

中重新读取上一个作业的输出并重新洗牌。而在 Tez 中，几个 reduce 接收器可以直接连接，数据可以流水线传输，而不需要临时 HDFS 文件，这种模式称为 MRR(Map-reduce-reduce*)。

Tez 还允许一次发送整个查询计划，实现应用程序动态规划，从而使框架能够更智能地分配资源，并通过各个阶段流水线传输数据。对于更复杂的查询来说，这是一个巨大的改进，因为它消除了 IO/sync 障碍和各个阶段之间的调度开销。例如下面场景可以得到一个较大的优化：

```
Select a.col1, Sum (a.col2) Count(b.col2)
from (Select … from b1) b
    inner join (Select … from a1) a
    on a.col1 = b.col2
group by a.col1
```

在 MapReduce 计算引擎中，无论数据大小，在洗牌阶段都以相同的方式执行，将数据序列化到磁盘，再由下游的程序去拉取，并反序列化。Tez 可以允许小数据集完全在内存中处理，而 MapReduce 中没有这样的优化。仓库查询经常需要在处理完大量的数据后对小型数据集进行排序或聚合，Tez 的优化也能极大地提升效率。

4.4.3　LLAP 长时在线与处理程序

长时在线与处理程序（Live Long And Process）在 Hive 2.0 中被新引入，目前可以跟 Tez 一起搭配使用降低数据的处理延迟，极大地增强了 Hive 的交互。如图 4.22 所示为 LLAP 的架构图。

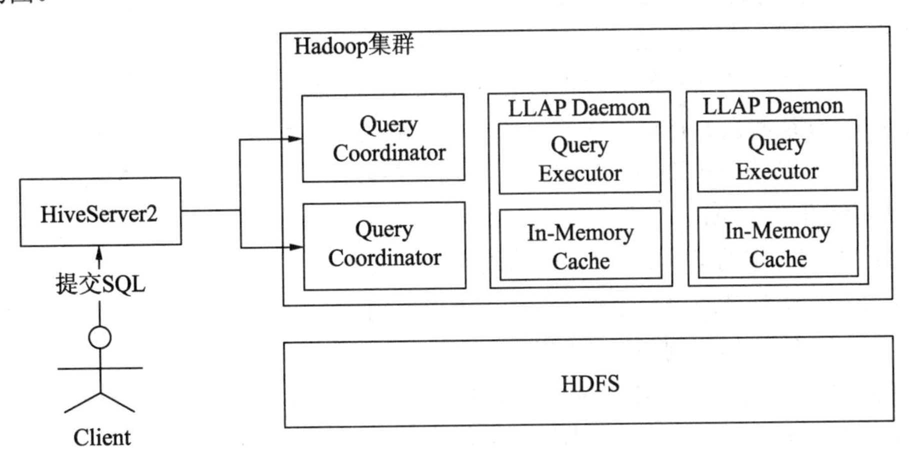

图 4.22　LLAP 的架构图

在 TPC-DS 的测试中，Tez 结合 LLAP 在某些场景的执行速度已经优于 Impala、Presto 等交互性较强的大数据组件。Tez 结合 LLAP 创造了一个混合的执行模型，一个由长时在线的守护进程和基于 DAG 的计算框架组成的执行模型。该守护进程替代原来和 HDFS DataNode 的直接交互，且 LLAP 将数据缓存、预取，一些简单的查询操作和访问控制也都放到该守护进程进行处理。如图 4.23 所示为作业在 Tez 上运行和 Tez+LLAP 运行的对比。

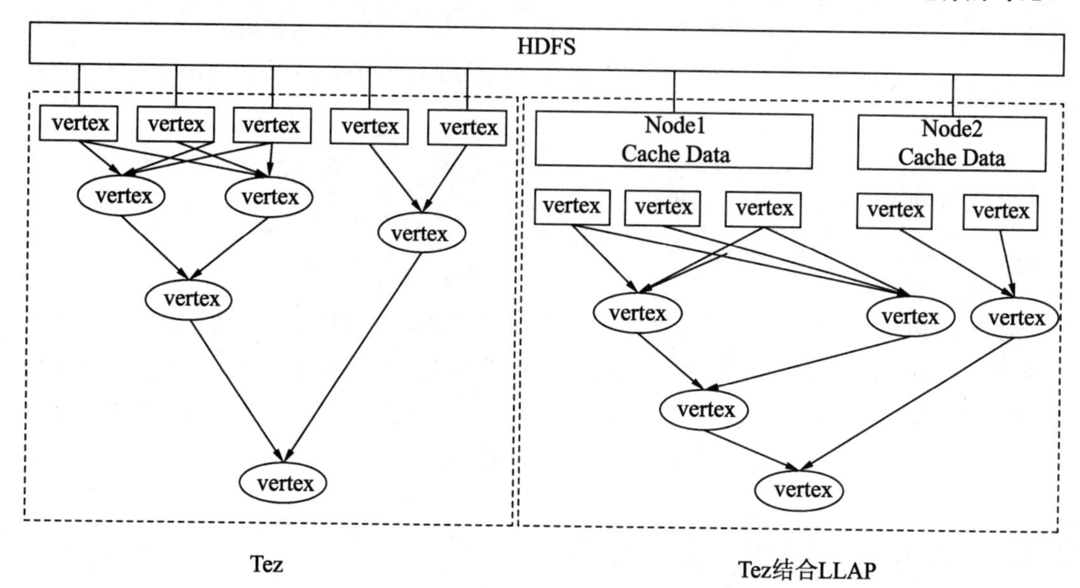

图 4.23　Tez 结合 LLAP

从图 4.23 中我们可以看到，在 Tez 结合 LLAP 的环境中，集群中运行的任务不需要每启动一个任务单独和 HDFS 进行交互，而是统一交给节点，节点取得数据后进行缓存，集群中运行的任务可以共享这些缓存数据。这种方式极大地减少了读取磁盘的操作次数。缓存在内存中的数据对于提升作业的运行速度也有一定的帮助。

LLAP 仅仅是增强了 Hive 的交互。对于超大数据集的操作，LLAP 的操作需要缓存大量数据，容易导致内存出现问题。Hive 允许将任务直接提交给 Tez，由 Yarn 进行调度和执行，从而绕开了 LLAP。

对 LLAP 有一定的了解后，我们就来仔细盘点下 LLAP 的特性。

（1）新增长久活跃的守护进程，该进程被部署到集群的各个工作节点中，这些节点处理 I/O、缓存和查询片段的执行。这些后台进程有以下特性：

- 无状态（stateless）。任何对 LLAP 节点的请求，自身都必须包含数据的位置和元数据信息。LLAP 可以处理本地和远程的数据。
- 任务的快速恢复。由于 LLAP 的后台守护进程是无状态，所以任何节点都可以处理输入的数据和逻辑。如果一个 LLAP 的后台守护进程停止工作，只需要在另外一个进程中重新执行作业即可。
- 弹性扩容。LLAP 的无状态，决定了 LLAP 扩容较为简单和方便，可以支持弹性扩容。

- 节点之间的客户可互相通信，LLAP 节点能够共享数据。

（2）增强了计算引擎。LLAP 是基于现有的 Hive，它不是新的计算引擎，只是对现有计算引擎的增强。

- 后台的守护进程是可选的，Hive 可以绕过它们或在没有它们的情况下正常运行。
- 搭配计算引擎，LLAP 不是一个计算引擎（如 Spark，Tez，MapReduce），整个作业的运行都是通过 Hive 的计算引擎放到 LLAP 节点和常规容器中。目前 LLAP 只支持 Tez。
- 部分执行。LLAP 可以将部分的查询放到外部容器中运行，自身只提供部分的计算结果。
- 资源管理，YARN 依然负责资源的管理和分配。原先 YARN 是将资源分配给容器，引入 LLAP，YARN 会将资源分配转移到 LLAP 中。整个 LLAP 的资源还是在 YARN 的控制之下。

（3）优化 I/O，减轻 I/O 的负载。LLAP 能够将已经压缩的数据传输到一个独立线程中，并且一旦数据准备好了就可以立马被处理，而不用像 MapReduce 需要等待 Map 阶段 OK 才会开始下个阶段的数据处理。LLAP 数据在处理时被处理成 RLE 编码的列式格式，这种格式能够方便 LLAP 向量化处理数据。在数据缓存时也采用这种方式最小化数据，减少在计算缓存以及数据传输过程中的 I/O 负载。LLAP 支持多种数据存储格式及 SQL 的谓词下推和布隆过滤。

（4）缓存数据，LLAP 的守护进程可以缓存输入的文件和数据的元数据信息，也可以缓存当前没在缓存数据中的元数据和索引信息。元数据信息被存储在 Java 堆中，而缓存数据则被存储到对外缓存中。

（5）提供事务支持。在 LLAP 中新增的后台守护进程，由于其代替了与 DataNode 的直接操作，开发者可以在这之上做更多的访问权限控制，例如列级别等更加细粒度的访问控制。

4.4.4　Spark 计算引擎

Apache Spark 是专为大规模数据处理而设计的快速、通用支持 DAG（有向无环图）作业的计算引擎，类似于 Hadoop MapReduce 的通用并行框架，可用来构建大型的、低延迟的数据分析应用程序。Spark 具有以下几个特性。

1．高效性

Spark 会将作业构成一个 DAG，优化了大型作业一些重复且浪费资源的操作，对查询进行了优化，重新编写了物理执行引擎，如可以实现 MRR 模式。

2. 易用性

Spark 不同于 MapReducer 只提供两种简单的编程接口，它提供了多种编程接口去操作数据，这些操作接口如果使用 MapReduce 去实现，需要更多的代码。Spark 的操作接口可以分为两类：transformation（转换）和 action（执行）。Transformation 包含 map、flatmap、distinct、reduceByKey 和 join 等转换操作；Action 包含 reduce、collect、count 和 first 等操作。

3. 通用性

Spark 针对实时计算、批处理、交互式查询，提供了统一的解决方案。但在批处理方面相比于 MapReduce 处理同样的数据，Spark 所要求的硬件设施更高，MapReduce 在相同的设备下所能处理的数据量会比 Spark 多。所以在实际工作中，Spark 在批处理方面只能算是 MapReduce 的一种补充。

4. 兼容性

Spark 和 MapReduce 一样有丰富的产品生态做支撑。例如 Spark 可以使用 YARN 作为资源管理器，Spark 也可以处理 Hbase 和 HDFS 上的数据。

在实际生产环境中 Spark 都会被纳入同集群的 YARN 等资源管理器中进行调度，我们称之为 Spark On YARN。Spark On YARN 的读写方式类似于 MapReduce On YARN。

扩展： Spark On YARN 提供了两种提交作业的模式：YARN Client 和 YARN Cluster。两个模式在运行计算节点，完成数据从读入、处理、输出的过程基本一样。不同的是，YARN Client 作业的监控管理放在提交作业所在的节点，YARN Cluster 则是交给 YARN 去决定，YARN 会根据集群各个节点资源的使用情况，选择最为合适的节点来存放作业监控和管理进程。YARN Client 一般用于测试，YARN Cluster 用于实际生产环境。

第 5 章　深入 MapReduce 计算引擎

在使用 Hive 处理数据时，我们需要避免成本较高的操作步骤，或者为了达到更好的性能，需要针对某些特定的数据处理场景对特定的操作做优化。如何识别这些操作，以及针对这些操作做什么样的调整，需要对 Hive 底层计算引擎处理数据的数据链有一个更为深入的理解。

本章我们选用 MapReduce 计算引擎做更为深入的介绍，选择它主要基于以下两点：

MapReduce 足够简单，没有过多高层接口的封装，它是早期 Hadoop 生态分布式计算框架的代表，将所有的业务计算都拆分成 Map 和 Reduce 两个步骤进行处理。它是学习分布计算框架的良好入门选择。

目前大部分的分布式计算框架，例如 Spark 和 Tez 处理数据的基本原理与 MapReduce 大同小异。学习 MapReduce 对于日后学 Spark 和 Tez 具有举一反三的效果。

基于以上两点，即使在 Hive 2.0 版本之后 Hive SQL 默认的执行引擎已经不是 MapReduce，我们还是将它作为学习 Hive 的首选。

本章除了详细介绍 MapReduce 的处理过程，还会介绍每个过程对应的 Hive 配置。通过这些 Hive 配置，能够影响 MapReduce 的运行，让读者能够在学习 MapReduce 的时候，也能从 Hive 的角度看待 Hive 是如何影响 MapReduce 运行的，从而帮助读者建立 Hive 配置和具体计算引擎之间的关系。最后，为了说明学习 MapReduce 对于学习其他计算引擎有极大的帮助作用，还会用一个具体的应用程序，对比在 Tez 和 MapReduce 上编写代码的差别，向读者证明学习 MapReduce 是一个极为正确的选择。

5.1　MapReduce 整体处理过程

MapReduce 是一种计算引擎，也是一种编程模型。MapReduce 提供了两个编程接口，即 Map 和 Reduce，让用户能够在此基础上编写自己的业务代码，而不用关心整个分布式计算框架的背后工作。这样的好处是能够让开发人员专注自己的业务领域，缺点是如果发生 Map/Reduce 业务代码以外的性能问题，开发人员通常束手无策。

如果要提高自己的调优能力，不能仅仅关注自己业务领域，还需要了解背后组件的基本运行原理。如图 5.1 所示为 MapReduce 运行所需要经过的环节。

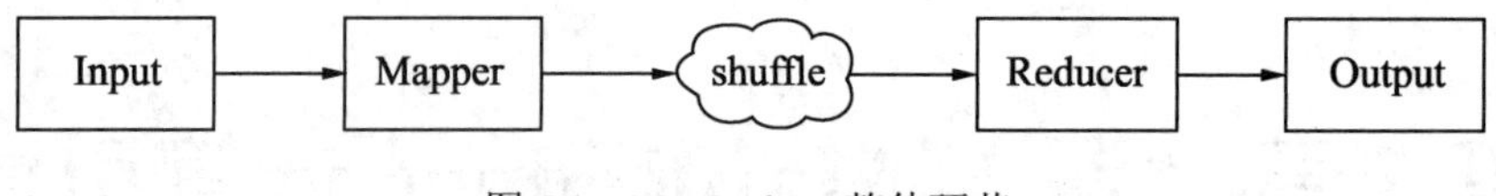

图 5.1　MapReduce 整体环节

从图 5.1 中我们知道，MapReduce 会经历作业输入（Input）、业务处理接口 Map、Map 到 Reduce 之间数据传输的环节 Shuffle、业务处理接口 Reduce 和作业输出（Output）五大环节。这 5 个环节还可以进一步分解成如图 5.2 所示的形式。

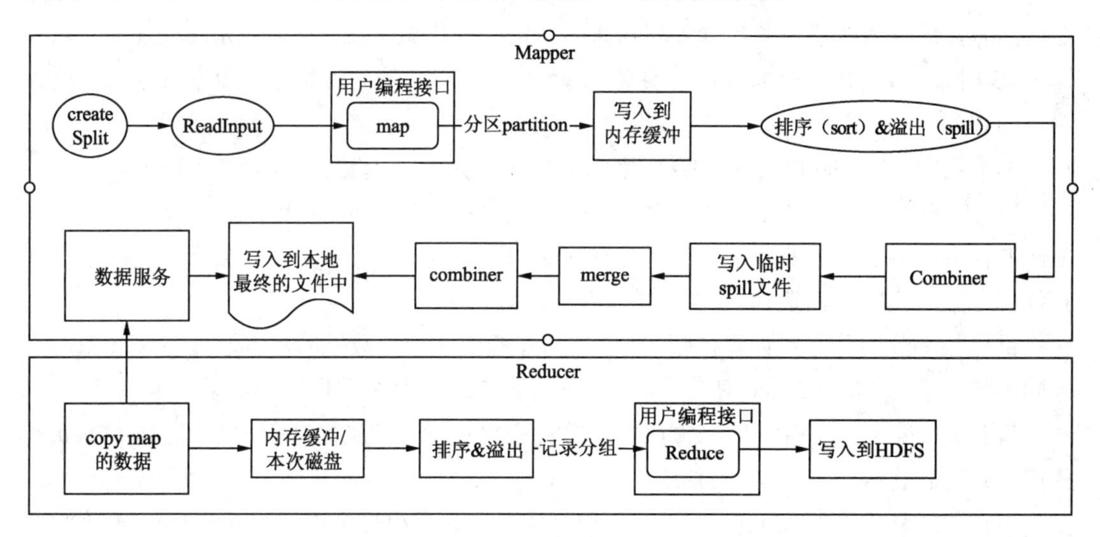

图 5.2　MapReduce 整体环节的拆解

5.2　MapReduce 作业输入

作业输入的核心是 InputFormat 类，用于 MapReduce 作业的输入规范，读取数据文件的规范。通过继承并实现 InputFormat 接口，可以读取任何想要读取的数据存储文件的格式。

5.2.1　输入格式类 InputFormat

InputFormat 涉及 3 个接口/类，即 InputFormat、InputSplit 和 RecordReader。

1. InputFormat接口

InputFormat 有两个方法，如图 5.3 所示。

Method Summary

All Methods | Instance Methods | Abstract Methods

Modifier and Type	Method and Description
RecordReader<K,V>	getRecordReader(InputSplit split, JobConf job, Reporter reporter) Get the RecordReader for the given InputSplit.
InputSplit[]	getSplits(JobConf job, int numSplits) Logically split the set of input files for the job.

图 5.3　InputFormat 涉及的方法

- getSplits()方法：获取逻辑输入分片（InputSplit），逻辑分片用于指定输入到每个Mapper 任务的文件大小。
- getRecordReader()方法：获取记录读取器，记录读取器根据逻辑分配读取文件相应位置的数据，转化为 k-v 的形式给 Mapper 处理。

2. InputSplit接口

InputSplit 有两个方法，如图 5.4 所示。

Method Summary

All Methods | Instance Methods | Abstract Methods

Modifier and Type	Method and Description
long	getLength() Get the total number of bytes in the data of the InputSplit.
String[]	getLocations() Get the list of hostnames where the input split is located.

图 5.4　InputSplit 涉及的方法

- getLength()方法：获取每个分片的大小。
- getLocations()方法：获取每个分片所在的位置。

在获取逻辑分片的时候需要验证文件是否可以分割，文件存储时分块的大小和文件大小。对于一些压缩文件无法计算分片，会直接读取整个压缩文件。

3. RecordReader接口

RecordReader 有 5 个方法，如图 5.5 所示。

Method Summary

All Methods | Instance Methods | Abstract Methods

Modifier and Type	Method and Description
abstract void	**close()** Close the record reader.
abstract KEYIN	**getCurrentKey()** Get the current key
abstract VALUEIN	**getCurrentValue()** Get the current value.
abstract float	**getProgress()** The current progress of the record reader through its data.
abstract void	**initialize(InputSplit split, TaskAttemptContext context)** Called once at initialization.
abstract boolean	**nextKeyValue()** Read the next key, value pair.

图 5.5　RecordReader 涉及的方法

- getCurrentKey()方法，用于获取当前的 key。
- getCurrentValue()方法，用于获取当前的 value。
- nextKeyValue()方法，读取下一个 key-value 对。
- getProgress()方法，读取当前逻辑分片的进度。

RecordReader 通过这几个方法的配合运用，将数据转化为 key-value 形式的数据，输送给 Mapper Task。

5.2.2　InputFormat 在 Hive 中的使用

在调优时我们不希望生成太多的 Map，而把计算任务的等待时间都耗费在 Map 的启动上；或者不希望生成太多的 Map 对某个文件进行操作，以免引起资源的争用。这时候就需要对 Map 进行控制。在 Hive 中配置“set mapred.map.tasks=task 数量”无法控制 Map 的任务数，调节 Map 任务数需要一套算法，该算法也和 InputFormat 有密切的关系，具体如下：

（1）在默认情况下 Map 的个数 defaultNum=目标文件或数据的总大小 totalSize/hdfs 集群文件块的大小 blockSize。

（2）当用户指定 mapred.map.tasks，即为用户期望的 Map 大小，用 expNum 表示，这个期望值计算引擎不会立即采纳，它会获取 mapred.map.tasks 与 defaultNum 的较大值，用

expMaxNum 表示，作为待定选项。

（3）获取文件分片的大小和分片个数，分片大小为参数 mapred.min.split.size 和 blockSize 间的较大值，用 splitMaxSize 表示，将目标文件或数据的总大小除以 splitMaxSize 即为真实的分片个数，用 realSplitNum 表示。

（4）获取 realSplitNum 与 expMaxNum 较小值则为实际的 Map 个数。

上述算法用代码表达如下：

```
defaultNum=totalSize/blockSize
expNum=mapred.map.tasks
expMaxNum=max(expNum,defaultNum)
splitMaxSize=totalSize/max(mapred.min.split.size,blockSize)
实际的 map 个数=min(realSplitNum, expMaxNum)
```

通过上面的逻辑知道：

- 减少 Map 个数，需要增大 mapred.min.split.size 的值，减少 mapred.map.tasks 的值；
- 增大 Map 个数，需要减少 mapred.min.split.size 的值，同时增大 mapred.map.tasks 的值。

5.3　MapReduce 的 Mapper

Mapper 类负责 MapReduce 计算引擎 Map 阶段业务逻辑的处理。本节将重点学习 Mapper 如何实现处理 Map 阶段的业务逻辑，对 Mapper 的处理过程有一个清楚的认识。

5.3.1　Mapper 类

Mapper 的核心 Map 方法是 MapReduce 提供给用户编写业务的主要接口之一，它的输入是一个键-值对的形式，输出也是一个键-值形式。如图 5.6 所示为 WordCount 的 Mapper 例子。

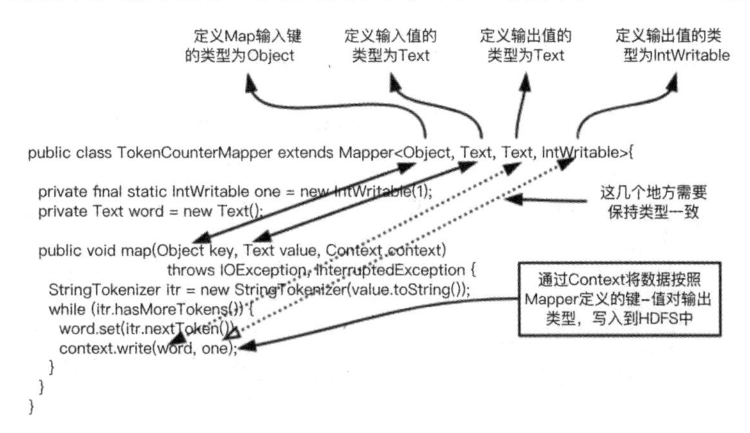

图 5.6　WordCount 的 Mapper

其中，Text 类型在 Hive 中以 String 类型表示，IntWritable 在 Hive 中以 int 类型表示。Context 是 MapReduce 提供获取程序所在上下文信息的工具对象，由计算引擎自主创建，业务程序开发者不需要关心其创建方法。

Mapper 类其实只是简单定义业务处理的输入和输出规范，具体的逻辑则交给开发者自己去开发。这样的方式给予了对代码掌控能力较强的开发者很大的发挥空间，但对于刚入门或者代码能力不强又想使用分布式计算引擎的开发者而言有点难度，相比于 Spark 提供的多种开发接口，MapReduce 显得太过简单，且不容易使用。

一个完整的 MapReduce 任务提交到 Hadoop 集群，Mapper 中的逻辑会被分发到集群中的各个节点，并读取该节点的本地数据进行处理，最后写入到本地。这种模式就是所谓的不移动数据，而只移动计算逻辑的模式。目前绝大部分的分布式计算引擎，相比于移动计算，移动数据需要消耗更多的网络 I/O 和磁盘 I/O 的资源。在进行调优时，我们借鉴这种设计方法，尽可能地减少数据在节点之间的传输。

扩展：在特殊情况下一个节点的 Mapper 方法可能读取其他节点的数据。

Mapper 除了提供 Map 方法外还提供了其他方法，如图 5.7 所示的 Mapper 的 Java API。

Method Summary

All Methods | Instance Methods | Concrete Methods

Modifier and Type	Method and Description
protected void	cleanup(org.apache.hadoop.mapreduce.Mapper.Context context) Called once at the end of the task.
protected void	map(KEYIN key, VALUEIN value, org.apache.hadoop.mapreduce.Mapper.Context context) Called once for each key/value pair in the input split.
void	run(org.apache.hadoop.mapreduce.Mapper.Context context) Expert users can override this method for more complete control over the execution of the Mapper.
protected void	setup(org.apache.hadoop.mapreduce.Mapper.Context context) Called once at the beginning of the task.

图 5.7　Mapper 涉及的方法

在了解上面的方法之前，我们先了解下 cleanup()、map()、run()和 setup()方法之间的关系，看下面 MapReduce 框架的源代码：

```
public class Mapper<KEYIN, VALUEIN, KEYOUT, VALUEOUT> {
  ....
  public void run(Context context) throws IOException, InterruptedException {
    setup(context);
    try {
      while (context.nextKeyValue()) {
        map(context.getCurrentKey(), context.getCurrentValue(), context);
      }
    } finally {
      cleanup(context);
```

```
        }
    }
}
```

Mapper 通过调用 run()方法，在通过 run()调用 setup()方法，紧接着通过一个 while 循环调用 map 方法，将一行行数据循环发送给 map()方法进行处理，跳出循环后再调用 cleanup()方法，整个 run()方法结束。

setup()方法主要用于初始化一些信息，以供 map()中使用，如初始化数据库连接。

cleanup 方法主要是清理释放 setup()、map()方法中用到的资源，例如，释放数据库连接、关闭打开的文件句柄等资源。

5.3.2 Hive 中与 Mapper 相关的配置

Hive 可以通过一些配置来影响 Mapper 的运行，本节会介绍与 Mapper 相关的一些配置。

（1）hive.vectorized.execution.enabled：表示是否开启向量模式，默认值为 false。在 run()方法中，我们看到 map()方法是逐行处理数据，这样的操作容易产生更多的 CPU 指令和 CPU 上下文切换，导致系统的处理性能不高。

有没有好的方式来优化这个操作？在关系型数据库里可以采用批量的操作方式避免单行处理数据导致系统处理性能的降低，Hive 也提供了类似的功能使用向量的模式，将一次处理一条数据变为一次处理 1 万条数据，来提高程序的性能。开启向量模式的方法如下：

```
set hive.vectorized.execution.enabled = true;
```

下面我们来感受下开启向量模式与不开启向量模式的区别。开启向量模式的案例如下：

```
set hive.vectorized.execution.enabled = true;
select count(1) from student_tb_orc;
```

执行结果为：

```
Query ID = hdfs_20181127152626_9af6eae9-4394-4c28-be10-7cc9a8b7e1ef
Total jobs = 1
Launching Job 1 out of 1
...
MapReduce Jobs Launched:
Stage-Stage-1: Map: 2  Reduce: 1   Cumulative CPU: 18.5 sec   HDFS Read:
16755149 HDFS Write: 9 SUCCESS
Total MapReduce CPU Time Spent: 18 seconds 500 msec
```

不开启向量模式的案例如下：

```
set hive.vectorized.execution.enabled = false;
select count(1) from student_tb_orc;
```

执行结果为：

```
Query ID = hdfs_20181127152929_67b6c353-620e-4e8b-a904-ea439b2c04d6
Total jobs = 1
```

```
Launching Job 1 out of 1
...
MapReduce Jobs Launched:
Stage-Stage-1: Map: 2  Reduce: 1   Cumulative CPU: 24.38 sec   HDFS Read:
16742928 HDFS Write: 9 SUCCESS
Total MapReduce CPU Time Spent: 24 seconds 380 msec
```

由执行结果可知，开启向量模式比不开启向量模式节省了25%的时间。

扩展： 事实上，在Hive中提供的向量模式，并不是重写了Mapper中的函数，而是通过实现Inputformat接口，创建VertorizedOrcInputFormat类，来构造一个批量的输入数组。更多关于向量模式的内容，见下面两个文档链接。

Hive 向量模式介绍文档链接为 https://issues.apache.org/jira/browse/Hive-4160;

Hive 向量模式设计文档链接为 https://issues.apache.org/jira/secure/attachment/12594231/Hive-Vectorized-Query-Execution-Design-rev10.pdf。

注意： 目前MapReduce计算引擎只支持Map端的向量化执行模式，Tez和Spark计算引擎可以支持Map和Reduce端的向量化执行模式。

（2）hive.ignore.mapjoin.Hint：是否忽略SQL中MapJoin的Hint关键，在Hive 0.11版本之后默认值为true，即开启忽略Hint的关键字。如果要使用MapJoin的Hint关键字，一定要在使用前开启支持Hint语法，否则达不到预期的效果。

扩展： 带Hint关键字，类似于/*+ MAPJOIN(smalltable)*/这种写法，MapJoin表示表连接的两表数据在Mapper中的map()方法中进行连接操作。如果没有特别指定为MapJoin，一般的连接操作都是在Reducer的Redcue中进行连接操作。Reduce阶段的表连接在后面的章节会介绍。

下面是一个使用MapJoin的Hint关键字示范例子：

```
set hive.ignore.mapjoin.Hint=true;
SELECT /*+ MAPJOIN(smalltable)*/
FROM smalltable  a JOIN bigtable  b ON a.key = b.key
```

事实上，一般情况不建议使用Hint关键字，因为在开发时容易把大数据量表指定为小表。在程序所运行的环境发生改变时，例如，原来小表的数据量暴增为一个大数据量时，如果还按照原来的执行方式，则容易产生高昂的代价。因此在真实的环境，特指Hive 0.11版本以前，更加倾向于使用下面的配置参数来控制是否开启MapJoin。

（3）hive.auto.convert.join：是否开启MapJoin自动优化，hive 0.11版本以前默认关闭，0.11及以后的版本默认开启。

（4）hive.smalltable.filesize or hive.mapjoin.smalltable.filesize：默认值2500000（25MB）如果大小表在进行表连接时的小表数据量小于这个默认值，则自动开启MapJoin优化。在Hive 0.8.1以前使用hive.smalltable.filesize，之后的版本使用hive.mapjoin.smalltable.filesize

参数。Hive 0.11 版本及以后的版本，可以使用 hive.auto.convert.join.noconditionaltask.size 和 hive.auto.convert.join. noconditionaltask 两个配置参数。hive.auto.convert.join.noconditionaltask. size 的默认值为 10000000（10MB）。hive.auto.convert.join.noconditionaltask 的默认值是 true，表示 Hive 会把输入文件的大小小于 hive.auto.convert.join.noconditionaltask.size 指定值的普通表连接操作自动转化为 MapJoin 的形式。

hive.auto.convert.join.use.nonstaged：是否省略小表加载的作业，默认值为 false。对于一些 MapJoin 的连接操作，如果小表没有必要做数据过滤或者列投影操作，则会直接省略小表加载时额外需要新增的 MapReduce 作业（一般一个 MapReduc 作业对应一个 Stage）。

声明： 一般情况，一个 MapReduce 作业指代经历过一次 Map 和 Reduce 处理的作业。

（5）hive.map.aggr：是否开启 Map 任务的聚合，默认值是 true。

（6）hive.map.aggr.hash.percentmemory：默认值是 0.5，表示开启 Map 任务的聚合，聚合所用的哈希表，所能占用到整个 Map 被分配的内存 50%。例如，Map 任务被分配 2GB 内存，那么哈希表最多只能用 1GB。

（7）hive.mapjoin.optimized.hashtable：默认值是 true，Hive 0.14 新增，表示使用一种内存优化的哈希表去做 MapJoin。由于该类型的哈希表无法被序列化到磁盘，因此该配置只能用于 Tez 或者 Spark。

（8）hive.mapjoin.optimized.hashtable.wbsize：默认值是 10485760（10MB），优化的哈希表使用的是一种链块的内存缓存，该值表示一个块的内存缓存大小。这种结构对于数据相对较大的表能够加快数据加载，但是对于数据量较小的表，将会分配多余的内存。

（9）hive.map.groupby.sorted：在 Hive 2.0 以前的默认值是 False，2.0 及 2.0 以后的版本默认值为 true。对于分桶或者排序表，如果分组聚合的键（列）和分桶或者排序的列一致，将会使用 BucketizedHiveInputFormat。

（10）hive.vectorized.execution.mapjoin.native.enabled：是否使用原生的向量化执行模式执行 MapJoin，它会比普通 MapJoin 速度快。默认值为 False。

（11）hive.vectorized.execution.mapjoin.minmax.enabled：默认值为 False，是否使用 vector map join 哈希表，用于整型连接的最大值和最小值过滤。

更多关于 Mapper 的配置，见 Hive wiki 的 Configuration Properties 这一节。

5.4　MapReduce 的 Reducer

Reducer 类是 MapReduce 处理 Reduce 阶段业务逻辑的地方。本节将重点学习 Reducer 如何处理 Redcue 阶段的业务逻辑，使读者对其处理过程有一个清楚的认识。

5.4.1 Reducer 类

Reducer 的核心 Reduce 方法是 MapReduce 提供给用户编写业务的另一个主要接口，它的输入是一个键-数组的形式，和 Mapper 的输入不太一样。Reducer 任务启动时会去拉取 Map 写入 HDFS 的数据，并按相同的键划分到各个 Reducer 任务中，相同键的值则会存入到一个集合容器中，因此 Reducer 的输入键所对应的值是一个数组，Reducer 输出则是同 Mapper 一样的键-值对形式。如图 5.8 所示为 WordCount 的 Reducer 例子。

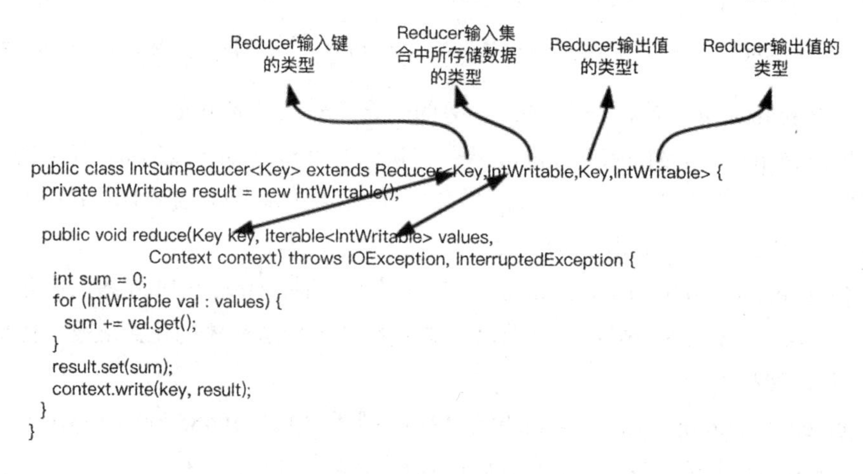

图 5.8　WordCount 的 Reducer

从上面的代码可以知道，Reducer 提供的 Reduce 方法与 Mapper 中的 Map 方法一样，都只是约定了输入和输出的数据格式。和 Map 方法一样，Reducer 在提供方便的同时，也有相似的弊端。

Reducer 还提供了 Reduce 之外的其他方法，如图 5.9 所示。

Method Summary

All Methods　Instance Methods　Concrete Methods

Modifier and Type	Method and Description
protected void	cleanup(org.apache.hadoop.mapreduce.Reducer.Context context) Called once at the end of the task.
protected void	reduce(KEYIN key, Iterable<VALUEIN> values, org.apache.hadoop.mapreduce.Reducer.Context context) This method is called once for each key.
void	run(org.apache.hadoop.mapreduce.Reducer.Context context) Advanced application writers can use the run(org.apache.hadoop.mapreduce. how the reduce task works.
protected void	setup(org.apache.hadoop.mapreduce.Reducer.Context context) Called once at the start of the task.

图 5.9　Reducer 涉及的方法

可以看到，Reducer 类如 Mapper 类一样，也提供了 cleanup()、reduce()、run()和 setup()方法，它们之间的关系同 Mapper 中的方法一致，这里就不再赘言。

一个完整的 MapReduce 任务提交到 Hadoop 集群，Reducer 中的逻辑会被分发到集群中的各个节点。但是不同于 Mapper 读取本地文件，Reducer 会去拉取远程 Map 节点产生的数据，这里必然也会涉及网络 I/O 和磁盘 I/O。从这里我们可以看到，如非需要对数据进行全局处理，例如全局排序，就关掉 Reduce 阶段的操作，可以提升程序性能。

5.4.2　Hive 中与 Reducer 相关的配置

Hive 可以通过一些配置来影响 Reducer 的运行，本节将会介绍与 Reducer 相关的一些配置。

- mapred.reduce.tasks：设置 Reducer 的数量，默认值是-1，代表有系统根据需要自行决定 Reducer 的数量。
- hive.exec.reducers.bytes.per.reducer：设置每个 Reducer 所能处理的数据量，在 Hive 0.14 版本以前默认是 1000000000（1GB），Hive 0.14 及之后的版本默认是 256MB。输入到 Reduce 的数据量有 1GB，那么将会拆分成 4 个 Reducer 任务。
- hive.exec.reducers.max：设置一个作业运行的最大 Reduce 个数，默认值是 999。
- hive.multigroupby.singlereducer：表示如果一个 SQL 语句中有多个分组聚合操作，且分组是使用相同的字段，那么这些分组聚合操作可以用一个作业的 Reduce 完成，而不是分解成多个作业、多个 Reduce 完成。这可以减少作业重复读取和 Shuffle 的操作。
- hive.mapred.reduce.tasks.speculative.execution：表示是否开启 Reduce 任务的推测执行。即系统在一个 Reduce 任务中执行进度远低于其他任务的执行进度，会尝试在另外的机器上启动一个相同的 Reduce 任务。
- hive.optimize.reducededuplication：表示当数据需要按相同的键再次聚合时，则开启这个配置，可以减少重复的聚合操作。
- hive.vectorized.execution.reduce.enabled：表示是否启用 Reduce 任务的向量化执行模式，默认是 true。MapReduce 计算引擎并不支持对 Reduce 阶段的向量化处理。
- hive.vectorized.execution.reduce.groupby.enabled：表示是否移动 Reduce 任务分组聚合查询的向量化模式，默认值为 true。MapReduce 计算引擎并不支持对 Reduce 阶段的向量化处理。

更多关于 Mapper 的配置，见 Hive wiki 的 Configuration Properties 这一节。

5.5 MapReduce 的 Shuffle

Shuffle 过程按官方文档的解释是指代从 Mapper 的输出到 Reduer 输入的整个过程。但个人认为 Shuffle 的过程应该是从 Mapper 的 Map 方法输出到 Reducer 的 Reduce 方法输入的过程。它是制约 MapReducer 引擎性能的一个关键环节，但同时也保证了 Hadoop 即使能在一些廉价配置较低的服务器上可靠运行的一个环节。

在 Mapper 的 Map 方法中，context.write()方法会将数据计算所在分区后写入到内存缓冲区，缓冲区的大小为 mapreduce.task.io.sort.mb=100MB。当缓冲区缓存的数据达到一定的阀值 mapreduce.map.sort.spill.percent=0.8，即总缓冲区的 80%时，将会启动新的线程将数据写入到 HDFS 临时目录中。这样设计的目的在于避免单行数据频繁写，以减轻磁盘的负载。这与关系型数据库提倡批量提交（commit）有相同的作用。

在写入到 HDFS 的过程中，为了下游 Reducer 任务顺序快速拉取数据，会将数据进行排序后再写入临时文件中，当整个 Map 执行结束后会将临时文件归并成一个文件。如果不进行文件的排序归并，意味着下游 Reducer 任务拉取数据会频繁地搜索磁盘，即将顺序读变为随机读，这会对磁盘 I/O 产生极大的负载。

扩展： 在早期的 Spark 计算引擎中，Shuffle 过程的排序会影响程序的性能，默认采用的是 Hash Based Shuffle，会产生大量的临时文件，下游在拉取数据时不仅需要频繁读取大量的临时文件，还需保持大量的文件句柄。这种方式在面对海量数据时不仅性能低下，而且也容易内存溢出。在 Spark 1.1 版本开始引入 Sort Based Shuffle 后，Spark 在处理大数据量时性能得以改善，并且在 Spark 2.0 版本时正式废弃 Hash Based Shuffle。事实上，Sort Based Shuffle 也是借鉴了 Hadoop Shuffle 的实现思想。

Reducer 任务启动后，会启动拉取数据的线程，从 HDFS 拉取所需要的数据。为什么不选用 Mapper 任务结束后直接推送到 Reducer 节点，这样可以节省写入到磁盘的操作，效率更高？因为采用缓存到 HDFS，让 Reducer 主动来拉，当一个 Reducer 任务因为一些其他原因导致异常结束时，再启动一个新的 Reducer 依然能够读取到正确的数据。

从 HDFS 拉取的数据，会先缓存到内存缓冲区，当数据达到一定的阈值后会将内存中的数据写入内存或者磁盘中的文件里。当从 HDFS 拉取的数据能被预先分配的内存所容纳，数据会将内存缓存溢出的数据写入该内存中，当拉取的数据足够大时则会将数据写入文件，文件数量达到一定量级进行归并。

扩展：Hive 里面经常使用到表连接，如果非特别处理，例如不特别声明使用 MapJoin，则一般就是发生在这个阶段，因此普通的表连接又被称之为 Repartition Join。

5.6 MapReduce 的 Map 端聚合

MapReduce 的 Map 端聚合通常指代实现 Combiner 类。Combiner 也是处理数据聚合，但不同于 Reduce 是聚合集群的全局数据。Combiner 聚合是 Map 阶段处理后的数据，因此也被称之为 Map 的聚合。

5.6.1 Combiner 类

Combiner 是 MapReduce 计算引擎提供的另外一个可以供用户编程的接口。Combiner 所做的事情如果不额外进行编写，则可以直接使用 Reducer 的逻辑，但是 Combiner 发生的地方是在 Mapper 任务所在的服务器，因此它只对本地的 Mapper 任务做 Reducer 程序逻辑里面的事情，无法对全局的 Mapper 任务做，所以一般也被称为 Map 端的 Reducer 任务。如图 5.10 所示为 Combiner 的使用方法示例图。

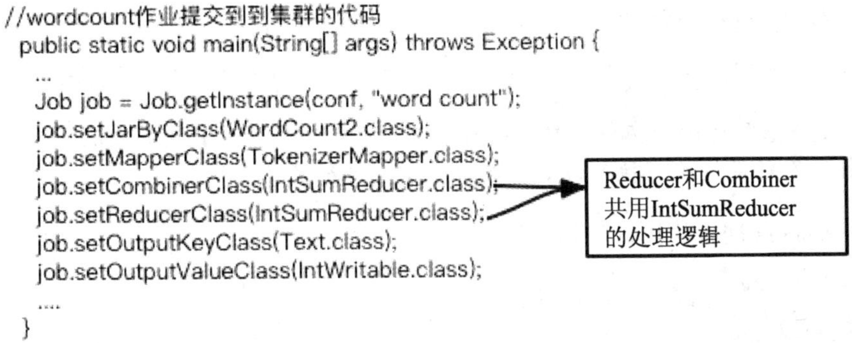

```
//wordcount作业提交到到集群的代码
public static void main(String[] args) throws Exception {
  ...
  Job job = Job.getInstance(conf, "word count");
  job.setJarByClass(WordCount2.class);
  job.setMapperClass(TokenizerMapper.class);
  job.setCombinerClass(IntSumReducer.class);
  job.setReducerClass(IntSumReducer.class);
  job.setOutputKeyClass(Text.class);
  job.setOutputValueClass(IntWritable.class);
  ....
}
```

Reducer和Combiner
共用IntSumReducer
的处理逻辑

图 5.10 Combiner 使用的代码片段

使用 Combiner 的初衷是减少 Shuffle 过程的数据量，减轻系统的磁盘和网络的压力。如图 5.11 所示为使用 Combiner 缩小数据的表示图。

扩展：在 Hive 中，Hive 提供了另外一种聚合方式——使用散列表，即在每个 Mapper 中直接使用散列表进行聚合，而不是另起 Combiner 聚合任务，这样避免另外起一个任务和额外的数据读写所带来的开销。散列表，可以类比 Java 中的 HashMap。

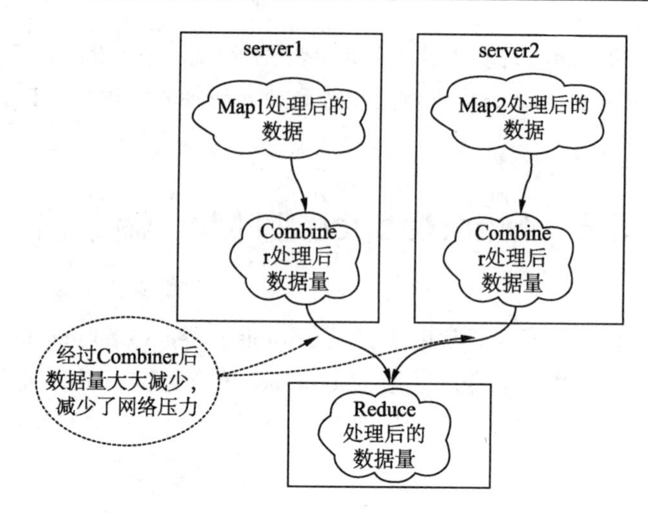

图 5.11　Combiner 减少数据量

5.6.2　Map 端的聚合与 Hive 配置

在 Hive 中也可以启用 Map 端的聚合，但有别于使用 Combiner，Hive 端的聚合更多的是使用哈希表。即在 Map 执行时启用 hash 表用来缓存数据，并聚合数据，而不是单独启用 Combiner 任务来完成聚合。下面是关于 Map 端聚合的一些配置。

（1）hive.map.aggr：默认值为 true，表示开启 Map 端的聚合。开启和不开启 Map 端聚合的差别可以在执行计划中看到，详见下面两个案例执行计划的精简结构。

备注：为了方便对比两个执行计划，将所有执行计划中大部分相同的信息进行省略，形成一个精简结构。执行计划将在第 6 章中进行讲解。

未启用 Map 端聚合的执行计划的精简结构如下：

```
explain
select s_age,count(1) from student_tb_orc
group by s_age;
STAGE PLANS:
  Stage: Stage-1
    Map Reduce
      //以下描述的是 Map 阶段的主要操作
      Map Operator Tree:
          //读表操作
          TableScan
            //字段过滤
            Select Operator
              Reduce Output Operator
      //以下描述的是 Reduce 阶段的主要操作
      Reduce Operator Tree:
```

```
        //分组聚合
        Group By Operator
          File Output Operator
```

启用 Map 端聚合的执行计划的精简结构如下：

```
set hive.map.aggr=true;
explain
select s_age,count(1) from student_tb_orc
group by s_age;
STAGE PLANS:
  Stage: Stage-1
    Map Reduce
      Map Operator Tree:
          TableScan
            Select Operator
              //Map 端的分组聚合，该操作是区分是否开启 Map 的聚合的区别
              Group By Operator
                Reduce Output Operator
      Reduce Operator Tree:
        Group By Operator
          File Output Operator
```

从上面的案例可以看到，启用 Combiner，会在 Map 阶段多出一个 GroupBy 操作。

通常使用 Map 聚合往往是为了减少 Map 任务的输出，减少传输到下游任务的 Shuffle 数据量，但如果数据经过聚合后不能明显减少，那无疑就是浪费机器的 I/O 资源。

因此 Hive 在默认开启 hive.map.aggr 的同时，引入了两个参数，hive.map.aggr.hash.min.reduction 和 hive.groupby.mapaggr.checkinterval，用于控制何时启用聚合。

（2）hive.map.aggr.hash.min.reduction：是一个阈值，默认值是 0.5。

（3）hive.groupby.mapaggr.checkinterval：默认值是 100000。Hive 在启用 Combiner 时会尝试取这个配置对应的数据量进行聚合，将聚合后的数据除以聚合前的数据，如果小于 hive.map.aggr.hash.min.reduction 会自动关闭。

（4）hive.map.aggr.hash.percentmemory：默认值是 0.5。该值表示在进行 Mapper 端的聚合运行占用的最大内存。例如，分配给该节点的最大堆（xmx）为 1024MB，那么聚合所能使用的最大 Hash 表内存是 512MB，如果资源较为宽裕，可以适当调节这个参数。

（5）hive.map.aggr.hash.force.flush.memory.threshold：默认值是 0.9。该值表示当在聚合时，所占用的 Hash 表内存超过 0.9，将触发 Hash 表刷写磁盘的操作。例如 Hash 表内存是 512MB，当 Hash 表的数据内存超过 461MB 时将触发 Hash 表写入到磁盘的操作。

5.7　MapReduce 作业输出

MapReduce 作业输出包含两部分，一部分是 Map 阶段的输出，另一部分是 Reduce 阶

段的输出，主要用于检查作业的输出规范，并将数据写入存储文件中。

5.7.1 OutputFormat 作业输出

作业输出（OutputFormat）是用于 MapReduce 作业的输出规范。通过继承并实现 OutputFormat 接口，可以将数据输出到任何想要存储的数据存储文件中。OutputFormat 主要设计两个接口/类：OutputFormat 和 OutputCommitter。

1. OutputFormat类

OutputFormat 类提供了 3 个方法，如图 5.12 所示。

Methods

Modifier and Type	Method and Description
abstract void	checkOutputSpecs(JobContext context) Check for validity of the output-specification for the job.
abstract OutputCommitter	getOutputCommitter(TaskAttemptContext context) Get the output committer for this output format.
abstract RecordWriter<K,V>	getRecordWriter(TaskAttemptContext context) Get the RecordWriter for the given task.

图 5.12 OutputFormat 类

- checkOutputSpecs()方法：校验作业的输出规范。
- getOutputCommitter()方法：获取 OutputCommitter 对象，OutputCommitter 用于管理配置，并提交作业的输出任务。
- getRecordWriter()方法：获取 RecordWriter 对象，通过 RecordWriter 将数据写入 HDFS 中。

2. OutputCommitter类

OuputCommitter 类在这个输出任务组中要承担的任务如下：

- 在初始化期间，做些作业运行时的准备工作。例如，在作业初始化期间为作业创建临时输出目录。
- 在作业完成后，清理作业遗留的文件目录。例如，在作业完成后删除临时输出目录。设置任务临时输出。这个输出有特殊的用处，下面将会结合 Task side-effect 文件处理做说明。
- 检查任务是否需要提交。这是为了在任务不需要提交时避免提交过程。
- 提交输出任务。一旦任务完成，整个作业要提交一个输出任务。
- 丢弃任务提交。如果任务失败/终止，输出将被清理。如果任务无法清除（在异常块中），将启动一个单独的任务，使用相同的 attempt-id 执行清除。

OutputCommitter 提供的方法如图 5.13 所示。

Methods

Modifier and Type	Method and Description
void	abortJob(JobContext jobContext, org.apache.hadoop.mapreduce.JobStatus.State state) For aborting an unsuccessful job's output.
abstract void	abortTask(TaskAttemptContext taskContext) Discard the task output.
void	cleanupJob(JobContext jobContext) **Deprecated.** *Use commitJob(JobContext) and abortJob(JobContext, JobStatus.State) instead.*
void	commitJob(JobContext jobContext) For committing job's output after successful job completion.
abstract void	commitTask(TaskAttemptContext taskContext) To promote the task's temporary output to final output location.
boolean	isCommitJobRepeatable(JobContext jobContext) Returns true if an in-progress job commit can be retried.
boolean	isRecoverySupported() **Deprecated.** *Use isRecoverySupported(JobContext) instead.*
boolean	isRecoverySupported(JobContext jobContext) Is task output recovery supported for restarting jobs? If task output recovery is supported, job restart can be done more efficiently.
abstract boolean	needsTaskCommit(TaskAttemptContext taskContext) Check whether task needs a commit.
void	recoverTask(TaskAttemptContext taskContext) Recover the task output.
abstract void	setupJob(JobContext jobContext) For the framework to setup the job output during initialization.
abstract void	setupTask(TaskAttemptContext taskContext) Sets up output for the task.

图 5.13　OutputCommitter 类的方法

扩展： Task side-effect 文件并不是任务的最终输出文件，而是具有特殊用途的任务专属文件，它的典型应用是执行推测式任务。在 Hadoop 中，同一个作业的某些任务执行速度可能明显慢于其他任务，进而拖慢整个作业的执行速度。

为此，Hadoop 会在另外一个节点上启动一个相同的任务，该任务便被称为推测式任务。为防止这两个任务同时往一个输出文件中写入数据时发生写冲突，FileOutputFormat 会为每个 Task 的数据创建一个 side-effect file，并将产生的数据临时写入该文件，待 Task 完成后，再移动到最终输出目录中。

5.7.2　Hive 配置与作业输出

Hive 提供了作业输出文件的压缩，可以减少在 Shuffle 过程的数据量，减轻磁盘和网络的负载。但是有压缩就会有解压缩，免不了性能损耗，一般在大型作业中才会开启文件作业的压缩。开启文件作业的压缩只要将 hive.exec.compress.intermediate 参数设置为 true。当然 Hive 提供写入到最终 Hive 表或者 HDFS 文件的压缩参数-- hive.exec.compress.output。

上述的压缩如果要是 MapReduce 中起作用的前提是需要配置 mapred.output.compression.codec 和 mapred.output.compression 两个属性。

Hive 提供多种方式去合并执行过程中产生的小文件，例如：

- 启用 hive.merge.mapfile 参数，默认启用，合并只有 Map 任务作业的输出文件；
- 启用 hive.merge.mapredfiles 参数，默认启用，合并 MapReduce 作业最终的输出文件；
- 设置 hive.merge.smallfiles.avgsize 参数，默认 16MB，当输出的文件小于该值时，启用一个 MapReduce 任务合并小文件；
- 设置 hive.merge.size.per.task 参数，默认 256MB，是每个任务合并后文件的大小。一般设置为和 HDFS 集群的文件块大小一致。

5.8 MapReduce 作业与 Hive 配置

Hive 的配置除了能控制作业在 MapReduce 中每个阶段的运行外，也能用于控制整个作业的运行模式。下面是一些较为常见的通过 Hive 配置操作 MapReduce 作业运行的配置。

- hive.optimize.countdistinct：默认值为 true，Hive 3.0 新增的配置项。当开启该配置项时，去重并计数的作业会分成两个作业来处理这类 SQL，以达到减缓 SQL 的数据倾斜作用。
- hive.exec.parallel：默认值是 False，是否开启作业的并行。默认情况下，如果一个 SQL 被拆分成两个阶段，如 stage1、stage2，假设这两个 stage 没有直接的依赖关系，还是会采用窜行的方式依次执行两个阶段。如果开启该配置，则会同时执行两个阶段。在资源较为充足的情况下开启该配置可以有效节省作业的运行时间。
- hive.exec.parallel.thread.num：默认值是 8，表示一个作业最多允许 8 个作业同时并行执行。
- hive.exec.mode.local.auto：默认值是 false，表示是否开启本地的执行模式。开启该配置表示 Hive 会在单台机器上处理完所有的任务，对于处理数据量较少的任务可以有效地节省时间。开启本地模式还需要以下几个配置帮助。
- hive.exec.mode.local.auto.inputbytes.max：默认值 134217728（128MB），表示作业处理的数据量要小于该值，本地模式。
- hive.exec.mode.local.auto.tasks.max：默认值是 4，表示作业启动的任务数必须小于或者等于该值，本地模式才能生效。在 Hive 0.9 的版本以后该配置被 hive.exec.mode.local.auto. input.files.max 配置所取代，其含义和 hive.exec.mode.local.auto.tasks.max 相同。
- hive.optimize.correlation：默认值为 false，这个配置我们称之为相关性优化，打开该配置可以减少重复的 Shuffle 操作。例如，存在如下的 SQL：

```
SELECT t1.key, sum(value) FROM t1 JOIN t2 ON (t1.key = t2.key) GROUP BY t1.key
```

上面的 SQL 在执行时，JOIN 操作和 GROUP BY 操作通常情况下都会产生 Shuffle 的操作，但是由于 Join 阶段操作后输出的结果是作为 GROUP BY 阶段操作的输入，并且在 JOIN 操作时，数据已经按 t1.Key 分区，因此通常情况下 GROUP BY 操作没有必要为 t1.key 进行重新 Shuffle。

然而在一般情况下，Hive 并不知道 JOIN 操作和 GROUP BY 操作之间的这种相关性，因此会产两个 Shuffle 操作。这种情况往往会导致低效 SQL 的产生，通过开启 hive.optimize.correlation 配置，可以避免这种低效 SQL 的产生。

5.9　MapReduce 与 Tez 对比

Tez 是一个基于 Hadoop YARN 构建的新计算框架，将任务组成一个有向无环图（DAG）去执行作业，所有的作业都可以描述成顶点和边构成的 DAG。Tez 为数据处理提供了统一的接口，不再像 MapReduce 计算引擎一样将任务分为作业 Map 和 Reduce 阶段。在 Tez 中任务由输入（input）、输出（output）和处理器（processor）三部分接口组成，处理器可以做 Map 的事情，也可以做 Reduce 需要的事情。Tez 中的数据处理构成 DAG 的顶点（Vertex），任务之间的数据连接则构成了边（Edge）。

5.9.1　通过案例代码对比 MapReduce 和 Tez

一个包含 Mapper 和 Reducer 任务的作业，在 Tez 中可以看成是一个简单的 DAG，如图 5.14 所示。

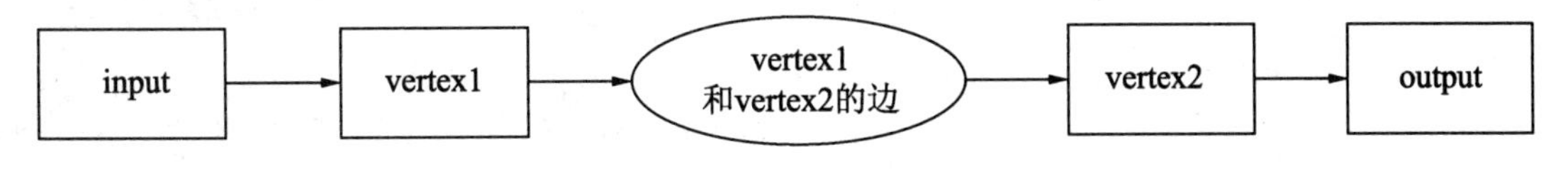

图 5.14　用 Tez 表示 MapReduce 过程

Mapper 的输入和 Reducer 的输出，分别作为 Tez 中的输入和输出接口，Mapper 和 Reducer 任务则可以看成两顶点 vertex1 和 vertex2，Mapper 和 Reducer 中间的 Shuffle 过程则可以看成是两顶点的边。

我们通过使用 Tez 编写案例来了解下 Tez 基本编程模型和运行原理。大数据最好的入门案例便是单词计数（wordcount）案例，如果要掌握一个案例，最好的方式便是实操。

接下来写 Tez 版本的 WordCount 案例。在 MapReduce 版本的 WordCount 案例中，Map 阶段所做的逻辑如下：

（1）读取一行数据。

（2）将一行的数据按固定的分隔符进行分割，如空格。

（3）将分割后的单词，按键-值对形式输出，键是单词，值是 1。

Reduce 阶段所做的逻辑如下：

（1）分别读取每个键对应集合中的值，并进行加总。

（2）将结果以键值对形式输出，键是单词，值是加总后的值。

在 Tez 中需要两顶点分别来处理 MapReduce 中 Map 和 Reduce 两个阶段的内容，以及构建一个 DAG 图来将两顶点连接起来。

1. 顶点1—实现类似Map的逻辑

下面是第一顶点的逻辑：

```
#java 代码
//在 MapReduce 中，Map 阶段需要继承 Mapper 对象，但是由于在 Tez 中，将 Map 和 Reduce
  都当成一个顶点，因而都会继承 SimpleProcessor
public static class TokenProcessor extends SimpleProcessor {
//顶点输出的 value，和 MapReduce 中的 Map 阶段输出一致
IntWritable one = new IntWritable(1);
//顶点输出的 key，和 MapReduce 中的 Map 阶段输出一致
Text word = new Text();
@Override
public void run() throws Exception {
  //读取输入的数据，其中变量 INPUT 指代输入任务在 DAG 图中的名称
  KeyValueReader kvReader = (KeyValueReader) getInputs().get(INPUT).getReader();
  //输出当前处理后的数据，其中变量 SUMMATION 指代数据输出的下一环节的名称
  KeyValueWriter kvWriter = (KeyValueWriter) getOutputs().get(SUMMATION).
getWriter();
  //遍历输入的数据
  while (kvReader.next()) {
    //对读取的每一行数据，按照空格进行切分成一个个单词，并存储到一个可迭代的对象中
    StringTokenizer itr = new StringTokenizer(kvReader.getCurrentValue().
toString());
    //遍历迭代对象中的单词
    while (itr.hasMoreTokens()) {
      word.set(itr.nextToken());
      //按 kv 形式输出，k 是单词，v 是 1
      kvWriter.write(word, one);
    }
  }
}
}
```

读完上面顶点 1 的实现逻辑，我们通过图 5.15 来比对 Tez 和 Map 阶段主体业务逻辑。

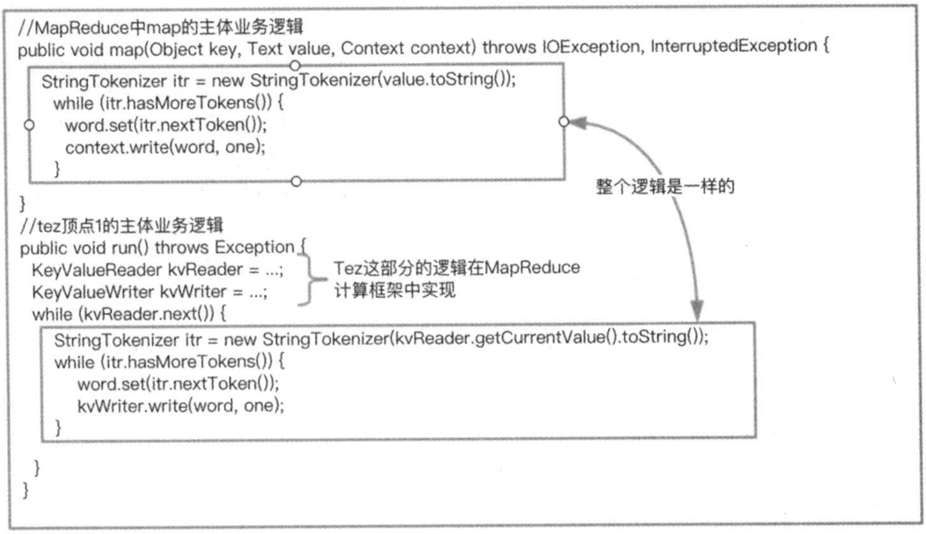

```
//MapReduce中map的主体业务逻辑
public void map(Object key, Text value, Context context) throws IOException, InterruptedException {
  StringTokenizer itr = new StringTokenizer(value.toString());
   while (itr.hasMoreTokens()) {
     word.set(itr.nextToken());
     context.write(word, one);
   }
}
//tez顶点1的主体业务逻辑
public void run() throws Exception {
  KeyValueReader kvReader = ...;
  KeyValueWriter kvWriter = ...;
  while (kvReader.next()) {
   StringTokenizer itr = new StringTokenizer(kvReader.getCurrentValue().toString());
   while (itr.hasMoreTokens()) {
      word.set(itr.nextToken());
      kvWriter.write(word, one);
   }
  }
}
```


图 5.15　Tez 和 MapReduce Map 阶段比较

通过图 5.15 可知，Tez 顶点 1 的实现逻辑和基本执行原理同 Mapper 基本一致，不同点在于 Tez 把输入和输出放在了 run()方法中，而 Mapper 把输入和输出及遍历文件中的每一行数据交给整个计算框架去实现。

2. 顶点2—实现类似Reduce的逻辑

下面是第二顶点的逻辑：

```
//SimpleMRProcessor 是 SimpleProcessor 的子类
//因此这个阶段其实 TokenProcessor 处理器所用的都是一个超类
public static class SumProcessor extends SimpleMRProcessor {
  public SumProcessor(ProcessorContext context) {
    super(context);
  }
  @Override
  public void run() throws Exception {
    //读取顶点 1 的数据，其中，变量 TOKENIZER 指代顶点 1 在 DAG 图中的名称
    KeyValuesReader kvReader = (KeyValuesReader) getInputs().get(TOKENIZER).
getReader();
    //将当前处理器处理后的数据输出，其中，变量 OUTPUT 指定输出任务在 DAG 图中的名称
    KeyValueWriter kvWriter = (KeyValueWriter) getOutputs().get(OUTPUT).
getWriter();
    //遍历输入的数据
    while (kvReader.next()) {
      //获取输入的键-值对类型数据的 key
      Text word = (Text) kvReader.getCurrentKey();
      int sum = 0;
```

```
        //获取输入键-值对类型数据的 value,这个 value 和 Reducer 中 reduce 输入键相对应
        for (Object value : kvReader.getCurrentValues()) {
          sum += ((IntWritable) value).get();
        }
        kvWriter.write(word, new IntWritable(sum));
      }
    }
  }
```

读完 SumProcessor 的逻辑，我们通过图 5.16 来对比 SumProcessr 和 MapReduce 中 Reduce 的方法。

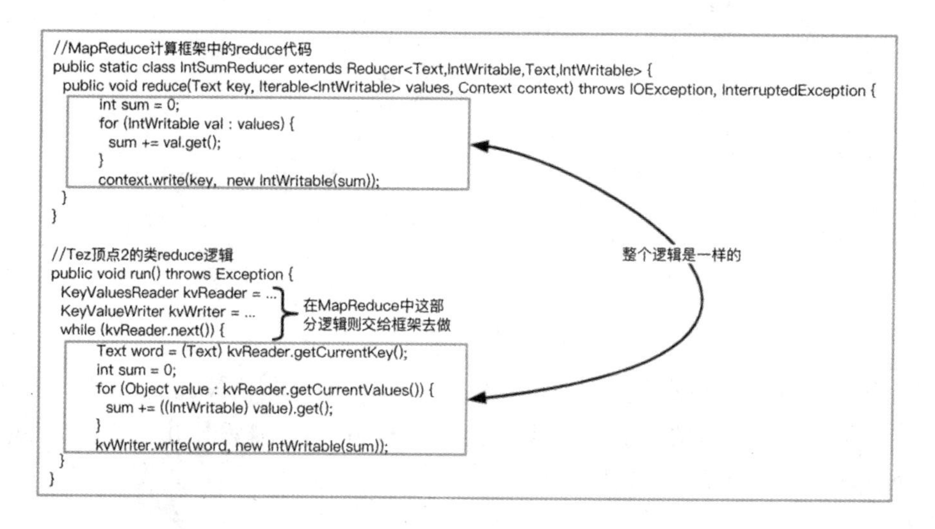

图 5.16　Tez 和 MapReduce Reduce 阶段比较

从图 5.16 中我们看到，Reduc 代码和顶点 2 的逻辑一致。

3．构建DAG图并提交任务

Tez 需要将所有的任务构建成一个 DAG 图，然后才进行任务的提交。这是和 MapReduce 计算引擎最大的差别。下面我们来看看 Tez 是如何构造整个 DAG 的：

```
private DAG createDAG(TezConfiguration tezConf, String inputPath, String
outputPath,
    int numPartitions) throws IOException {
  //构造一个输入源 dataSource，用于指定输入路径（inputPath）
  // 以 Text 方式（TextInputFormat）读取数据
  DataSourceDescriptor dataSource = MRInput.createConfigBuilder(new
Configuration(tezConf),
      TextInputFormat.class, inputPath).groupSplits(!isDisableSplitGrouping())
        .generateSplitsInAM(!isGenerateSplitInClient()).build();
  //构造一个输出，用于将数据以 Text（TextOutputFormat）方式，将数据写入到指定的输
    出路径（outputPath）下
  DataSinkDescriptor dataSink = MROutput.createConfigBuilder(new Configuration
```

```
(tezConf),
     TextOutputFormat.class, outputPath).build();
  //构造第一顶点，名为 TOKENIZER 变量指代的值：将 TokenProcessor 构造成一个顶点
  //并指定这个顶点的数据源来自 dataSource，同时为这个输入起名，即 INPUT 变量指代的值
  Vertex tokenizerVertex = Vertex.create(TOKENIZER, ProcessorDescriptor.
create(
     TokenProcessor.class.getName())).addDataSource(INPUT, dataSource);
  //构造第二顶点，名为 SUMMATION 变量指代的值：将 SumProcessor 构造成一个顶点
  //并指定这个顶点的数据输出为 dataSink，同时为这个输出起名，即变量 OUTPUT 指代的值
  Vertex summationVertex = Vertex.create(SUMMATION,
        ProcessorDescriptor.create(SumProcessor.class.getName()),
numPartitions)
        .addDataSink(OUTPUT, dataSink);
  //构造上面两个顶点连接的边，并指定边的源即 tokenizerVertex 的数据输出是 Text,
    IntWritable 的键值对形式
  //声明了从源到目标顶点的分区器是采用 HashPartitioner
  OrderedPartitionedKVEdgeConfig edgeConf = OrderedPartitionedKVEdgeConfig
     .newBuilder(Text.class.getName(), IntWritable.class.getName(),
        HashPartitioner.class.getName())
     .setFromConfiguration(tezConf)
     .build();
  //创建一个名为 WordCount 空 DAG
  DAG dag = DAG.create("WordCount");
  dag.addVertex(tokenizerVertex)
     .addVertex(summationVertex)
     .addEdge(
       Edge.create(tokenizerVertex, summationVertex, edgeConf.create
DefaultEdgeProperty()));
  return dag;
 }
```

通过 createDAG 方法构造完一个 DAG 图后就可以启动整个作业。下面是 Tez 版本完整的代码：

```
public class WordCount extends TezExampleBase {
  static String INPUT = "Input";
  static String OUTPUT = "Output";
  static String TOKENIZER = "Tokenizer";
  static String SUMMATION = "Summation";
  private static final Logger LOG = LoggerFactory.getLogger(WordCount.class);
  public static class TokenProcessor extends SimpleProcessor {
    IntWritable one = new IntWritable(1);
    Text word = new Text();
    public TokenProcessor(ProcessorContext context) {
      super(context);
    }
    @Override
    public void run() throws Exception {
      KeyValueReader kvReader = (KeyValueReader) getInputs().get(INPUT).
getReader();
      KeyValueWriter kvWriter = (KeyValueWriter) getOutputs().get(SUMMATION).
getWriter();
      while (kvReader.next()) {
        StringTokenizer itr = new StringTokenizer(kvReader.getCurrentValue().
```

```
toString());
        while (itr.hasMoreTokens()) {
          word.set(itr.nextToken());
          kvWriter.write(word, one);
        }
      }
    }
  }
  public static class SumProcessor extends SimpleMRProcessor {
    public SumProcessor(ProcessorContext context) {
      super(context);
    }
    @Override
    public void run() throws Exception {
     KeyValuesReader kvReader = (KeyValuesReader) getInputs().get(TOKENIZER).
getReader();
     KeyValueWriter kvWriter = (KeyValueWriter) getOutputs().get(OUTPUT).
getWriter();
     while (kvReader.next()) {
        Text word = (Text) kvReader.getCurrentKey();
        int sum = 0;
        for (Object value : kvReader.getCurrentValues()) {
          sum += ((IntWritable) value).get();
        }
        kvWriter.write(word, new IntWritable(sum));
      }
    }
  }
  private DAG createDAG(TezConfiguration tezConf, String inputPath, String
outputPath,
      int numPartitions) throws IOException {
    DataSourceDescriptor dataSource = MRInput.createConfigBuilder(new
Configuration(tezConf),
        TextInputFormat.class, inputPath).groupSplits(!isDisableSplit
Grouping())
          .generateSplitsInAM(!isGenerateSplitInClient()).build();
    DataSinkDescriptor dataSink = MROutput.createConfigBuilder(new Configuration
(tezConf),
        TextOutputFormat.class, outputPath).build();
    Vertex tokenizerVertex = Vertex.create(TOKENIZER, ProcessorDescriptor.
create(
        TokenProcessor.class.getName())).addDataSource(INPUT, dataSource);
    Vertex summationVertex = Vertex.create(SUMMATION,
            ProcessorDescriptor.create(SumProcessor.class.getName()),
numPartitions)
            .addDataSink(OUTPUT, dataSink);
    OrderedPartitionedKVEdgeConfig edgeConf = OrderedPartitionedKVEdge
Config
        .newBuilder(Text.class.getName(), IntWritable.class.getName(),
            HashPartitioner.class.getName())
        .setFromConfiguration(tezConf)
        .build();
    DAG dag = DAG.create("WordCount");
    dag.addVertex(tokenizerVertex)
        .addVertex(summationVertex)
```

```
        .addEdge(
        Edge.create(tokenizerVertex, summationVertex, edgeConf.create
DefaultEdgeProperty()));
      return dag;
    }
    @Override
    protected int runJob(String[] args, TezConfiguration tezConf,
        TezClient tezClient) throws Exception {
      DAG dag = createDAG(tezConf, args[0], args[1],
          args.length == 3 ? Integer.parseInt(args[2]) : 1);
      LOG.info("Running WordCount");
      return runDag(dag, isCountersLog(), LOG);
    }
    public static void main(String[] args) throws Exception {
      int res = ToolRunner.run(new Configuration(), new WordCount(), args);
      System.exit(res);
    }
}
```

5.9.2　Hive 中 Tez 和 LLAP 相关的配置

Tez 和 MapReduce 这两种计算引擎从架构到编写具体的项目代码其实有很多共通的地方，因此在配置 Tez 的环境参数方面也基本差不多。下面是 Tez 常见的配置。

- tez.am.resource.memory.mb：配置集群中每个 Tez 作业的 ApplicationMaster 所能占用的内存大小。
- tez.grouping.max-size、tez.grouping.min-size：配置集群中每个 Map 任务分组分片最大数据量和最小数据量。
- hive.tez.java.opts：配置 Map 任务的 Java 参数，如果任务处理的数据量过大，可以适当调节该参数，避免 OOM（内存溢出）。选择合理的垃圾回收器，提升每个任务运行的吞吐量。
- hive.convert.join.bucket.mapjoin.tez：配置是否开启转换成桶 MapJoin 的表连接。默认是 false，表示不开启。
- hive.merge.tezifles：是否合并 Tez 任务最终产生的小文件。
- hive.tez.cpu.vcores：配置每个容器运行所需的虚拟 CPU 个数。
- hive.tez.auto.reducer.parallelism：配置是否开启作业自动调节在 Reduce 阶段的任务并行度。
- hive.tez.bigtable.minsize.semijoin.reduction：设置当大表的行数达到该配置指定的行数时可以启用半连接。
- hive.tez.dynamic.semijoin.reduction：设置动态启用半连接操作进行过滤数据。
- hive.llap.execution.mode：配置 Hive 使用 LLAP 的模式，共有以下 5 种模式。
  - none：所有的操作都不使用 LLAP。
  - map：只允许 Map 阶段的操作使用 LLAP。

  - ➢ all：所有的操作都尽可能尝试使用 LLAP，如果执行失败则使用容器的方式运行。
  - ➢ only：所有的操作都尽可能尝试使用 LLAP，如果执行失败，则查询失败。
  - ➢ auto：由 Hive 控制 LLAP 模式。
- hive.llap.object.cache.enabled：是否开启 LLAP 的缓存，缓存可以缓存执行计划、散列表。
- hive.llap.io.use.lrfu：指定缓存的策略为 LRFU 模式，替换掉默认 FIFO 模式。
- hive.llap.io.enabled：是否启用 LLAP 的数据 I/O。
- hive.llap.io.cache.orc.size：LLAP 缓存数据的大小，默认是 1GB。
- hive.llap.io.threadpool.size：LLAP 在进行 I/O 操作的线程池大小，默认为 10。
- hive.llap.io.memory.mode：LLAP 内存缓存的模式，共有以下 3 种模式。
  - ➢ cache：将数据和数据的元数据放到自定义的堆外缓存中。
  - ➢ allocator：不使用缓存，使用自定义的 allocator。
  - ➢ none：不使用缓存。因为上面两种方式有可能导致性能急剧下降。
- hive.llap.io.memory.size：LLAP 缓存数据的最大值。
- hive.llap.auto.enforce.vectorized：是否强制使用向量化的运行方式，默认为 true。
- hive.llap.auto.max.input.size、hive.llap.auto.min.input.size：是否检查输入数据的文件大小，如果为-1 则表示不检查。hive.llap.auto.max.input.size 默认值为 10GB，hive.llap.auto.min.input.size 默认值为 1GB。

第 6 章　HiveSQL 执行计划

Hive SQL 的执行计划描绘 SQL 实际执行的整体轮廓，通过执行计划能了解 SQL 程序在转换成相应计算引擎的执行逻辑，掌握了执行逻辑也就能更好地把握程序出现的瓶颈点，从而能够实现更有针对性的优化。此外还能帮助开发者识别看似等价的 SQL 其实是不等价的，看似不等价的 SQL 其实是等价的 SQL。可以说执行计划是打开 SQL 优化大门的一把钥匙。

Hive 在不同的版本中会采用不同的方式生成执行计划。在 Hive 早期版本中使用的是基于规则的方式生成执行计划，这种方式会基于既定的规则来生成执行计划，而不会根据环境变化选择不同的执行计划。在 Hive 0.14 及之后的版本中，Hive 集成了 Apache Calcite，使得 Hive 也能够基于成本代价来生成执行计划，这种方式能够结合 Hive 的元数据信息和 Hive 运行过程收集的各类统计信息推测出一个更为合理的执行计划。Hive 目前所提供的执行计划都是预估的执行计划，在关系型数据库中，如 Oracle，还会提供一种真实的计划，即 SQL 实际执行完成后才能获得的执行计划。

通过本章的学习，读者基本能够看懂大部分的 HiveSQL 执行计划，并能够理解 HiveSQL 在执行时每一步的具体操作。

扩展：在 Hive 2.0 版本以后加大了基于成本优化器（CBO）的支持。

6.1　查看 SQL 的执行计划

Hive 提供的执行计划目前可以查看的信息有以下几种：

- 查看执行计划的基本信息，即 explain；
- 查看执行计划的扩展信息，即 explain extended；
- 查看 SQL 数据输入依赖的信息，即 explain dependency；
- 查看 SQL 操作相关权限的信息，即 explain authorization；
- 查看 SQL 的向量化描述信息，即 explain vectorization。

6.1.1 查看执行计划的基本信息

在查询语句的 SQL 前面加上关键字 explain 是查看执行计划的基本方法。用 explain 打开的执行计划包含以下两部分：

- 作业的依赖关系图，即 STAGE DEPENDENCIES；
- 每个作业的详细信息，即 STAGE PLANS。

我们通过下面的案例 6.1，来看下基本执行计划包含的内容。

【案例 6.1】 查看简单 SQL 的执行计划。

```
--默认情况下，使用 MapReduce 计算引擎
explain
--下面的 SQL 表示统计年龄小于 30 岁的各个年龄段中，名字中带“红”的人数
select s_age,count(1) num from student_tb_orc
where s_age<30 and s_name like '%红%'
group by s_age;
```

下面是案例 6.1 的执行结果的部分内容：

```
//描述整任务之间 stage 的依赖关系
STAGE DEPENDENCIES:
  Stage-1 is a root stage
  Stage-0 depends on stages: Stage-1
//每个 stage 的详细信息
STAGE PLANS:
  //stage-1 的 MapReduce 过程
  Stage: Stage-1
Map Reduce
  //表示 Map 阶段的操作
      Map Operator Tree:
          TableScan
            alias: student_tb_orc
            Statistics: Num rows: 20000000 Data size: 30427200000 Basic stats:
COMPLETE Column stats: NONE
            Filter Operator
              predicate: ((s_age < 30) and (s_name like '%红%')) (type: boolean)
              Statistics: …
              Select Operator
                expressions: s_age (type: bigint)
                outputColumnNames: s_age
                Statistics: …
                Group By Operator
                  aggregations: count(1)
                  keys: s_age (type: bigint)
                  mode: hash
                  outputColumnNames: _col0, _col1
                  Statistics: ….
                  Reduce Output Operator
                    key expressions: _col0 (type: bigint)
                    sort order: +
```

```
                    Map-reduce partition columns: _col0 (type: bigint)
                    Statistics:….
                    value expressions: _col1 (type: bigint)
    Execution mode: vectorized
    //Reduce 阶段的操作
         Reduce Operator Tree:
           Group By Operator
             aggregations: count(VALUE._col0)
             keys: KEY._col0 (type: bigint)
             mode: mergepartial
             outputColumnNames: _col0, _col1
             Statistics:…
             File Output Operator
               compressed: false
               Statistics:…
               table:
                   input format: org.apache.hadoop.mapred.TextInputFormat
                   output format: org.apache.hadoop.hive.ql.io.HiveIgnoreKey
    TextOutputFormat
                   serde: org.apache.hadoop.hive.serde2.lazy.LazySimpleSerDe
      Stage: Stage-0
        Fetch Operator
          limit: -1
          Processor Tree:
            ListSink
```

可以看到，stage dependencies 描绘了作业之间的依赖关系，即 stage0 依赖 stage-1 的执行结果。stage-0 表示客户端读取 stage-1 的执行结果，stage-1 表示如下 SQL，即 select * from student_tb_orc where s_age<30 and s_name like '%红%'的执行过程。

Stage-1 分为 Map 和 Reduce 两个阶段，对应的执行计划关键词解读如下：

- MapReduce：表示当前任务执行所用的计算引擎是 MapReduce。
- Map Opertaor Tree：表示当前描述的 Map 阶段执行的操作信息。
- Reduce Opertaor Tree：表示当前秒时的是 Reduce 阶段的操作信息。

接下来解读上面两个操作数，会尽量保持原有执行计划打印的缩进来解读。Map 操作树（Map Operator Tree）信息解读如下：

- TableScan：表示对关键字 alias 声明的结果集，这里指代 student_tb_orc，进行表扫描操作。
- Statistics：表示对当前阶段的统计信息。例如，当前处理的数据行和数据量，这两个都是预估值。
- Filter Operator：表示在之前操作（TableScan）的结果集上进行数据的过滤。
- predicate：表示 filter Operator 进行过滤时，所用的谓词，即 s_age<30 and s_name like '%红%'。
- Select Operator：表示在之前的结果集上对列进行投影，即筛选列。
- expressions：表示需要投影的列，即筛选的列。
- outputColNames：表示输出的列名。

- Group By Operator：表示在之前的结果集上分组聚合。
- aggreations：表示分组聚合使用的算法，这里是 count（1）。
- keys：表示分组的列，在该例子表示的是 s_age。
- Reduce output Operator：表示当前描述的是对之前结果聚会后的输出信息，这里表示 Map 端聚合后的输出信息。
- key expressions/value expressions：MapReduce 计算引擎，在 Map 阶段和 Reduce 阶段输出的都是键-值对的形式，这里 key expression 和 value expressions 分别描述的就是Map阶段输出的键(key)和值(value)所用的数据列。这里的例子key expressions指代的就是 s_age 列，value exporess 指代的就是 count（1）列。
- sort order：表示输出是否进行排序，+表示正序，-表示倒序。
- Map-reduce partition columns：表示 Map 阶段输出到 Reduce 阶段的分区列，在 Hive-SQL 中，可以用 distribute by 指代分区的列。

Reduce 阶段所涉及的关键词与 Map 阶段的关键词是一样的，字段表示含义也相同，因此这里不再罗列。下面是 Reduce 中出现但是在 Map 阶段没有出现的关键词。

- compressed：在 File Output Operator 中这个关键词表示文件输出的结果是否进行压缩，false 表示不进行输出压缩。
- table：表示当前操作表的信息。
- input format/out putformat：分别表示文件输入和输出的文件类型。
- serde：表示读取表数据的序列化和反序列化的方式。

在不同的计算引擎中，整个执行计划的差别也不大，例如，我们可以用下面的案例 6.2 得到的执行计划结果，同案例 6.1 的结果对比一下，案例 6.2 是将案例 6.1 的代码放到 Spark 引擎上执行。

【案例 6.2】 基于 Spark 生成的 Hive 执行计划。

```
-使用 spark 作为计算引擎，业务逻辑同案例 6.1
set hive.execution.engine=spark;
explain
select s_age,count(1) num from student_tb_orc
where s_age<30 and s_name like '%红%'
group by s_age;
```

上面的命令打印的执行计划如下：

```
STAGE DEPENDENCIES:
  Stage-1 is a root stage
  Stage-0 depends on stages: Stage-1
STAGE PLANS:
  Stage: Stage-1
    Spark
      Edges:
        Reducer 2 <- Map 1 (GROUP, 152)
      DagName: hdfs_20190420145757_ef458316-083a-4713-8894-0bd8f06649a9:1
      Vertices:
```

```
      Map 1
          Map Operator Tree:
              TableScan
                alias: student_tb_orc
                Statistics: Num rows: 20000000 Data size: 30427200000 Basic
stats: COMPLETE Column stats: NONE
                Filter Operator
                  predicate: ((s_age < 30) and (s_name like '%红%')) (type:
boolean)
                  Statistics: Num rows: 3333333 Data size: 5071199492 Basic
stats: COMPLETE Column stats: NONE
                  Select Operator
                    expressions: s_age (type: bigint)
                    outputColumnNames: s_age
                    Statistics: Num rows: 3333333 Data size: 5071199492 Basic
stats: COMPLETE Column stats: NONE
                    Group By Operator
                      aggregations: count(1)
                      keys: s_age (type: bigint)
                      mode: hash
                      outputColumnNames: _col0, _col1
                      Statistics: Num rows: 3333333 Data size: 5071199492
Basic stats: COMPLETE Column stats: NONE
                      Reduce Output Operator
                        key expressions: _col0 (type: bigint)
                        sort order: +
                        Map-reduce partition columns: _col0 (type: bigint)
                        Statistics: Num rows: 3333333 Data size: 5071199492
Basic stats: COMPLETE Column stats: NONE
                        value expressions: _col1 (type: bigint)
          Execution mode: vectorized
      Reducer 2
          Reduce Operator Tree:
            Group By Operator
              aggregations: count(VALUE._col0)
              keys: KEY._col0 (type: bigint)
              mode: mergepartial
              outputColumnNames: _col0, _col1
              Statistics: Num rows: 1666666 Data size: 2535598985 Basic
stats: COMPLETE Column stats: NONE
              File Output Operator
                compressed: false
                Statistics: Num rows: 1666666 Data size: 2535598985 Basic
stats: COMPLETE Column stats: NONE
                table:
                    input format: org.apache.hadoop.mapred.TextInputFormat
                    output format: org.apache.hadoop.hive.ql.io.HiveIgnore
KeyTextOutputFormat
                    serde: org.apache.hadoop.hive.serde2.lazy.LazySimpleSerDe
  Stage: Stage-0
    Fetch Operator
      limit: -1
      Processor Tree:
        ListSink
```

对比 MapReduce 的最终执行计划，可以发现案例 6.1 和案例 6.2 的整体逻辑一致，只是 Spark 会将所有的任务组织成 DAG（有向无环图），所有的任务以顶点表示，任务之间的关系以边表示。

在 MapReduce 中的 Map 和 Reduce 任务，在 Spark 中以 Map 1 顶点和 Reducer 2 顶点表示，Edges 表示顶点之间的联系。从这里我们也再次感受到了学会看懂 MapReduce 的执行计划，对看懂其他计算引擎的执行计划是有极大帮助的。

6.1.2 查看执行计划的扩展信息

explain extended，顾名思义就是对 explain 的扩展，打印的信息会比 explain 更加丰富，包含以下三部分的内容。

- 抽象语法树（Abstract Syntax Tree，AST）：是 SQL 转换成 MapReduce 或其他计算引擎的任务中的一个过程。在 Hive 3.0 版本中，AST 会从 explain extended 中移除，要查看 AST，需要使用 explain ast 命令。
- 作业的依赖关系图，即 STAGE DEPENDENCIES，其内容和 explain 所展现的一样，不做重复介绍。
- 每个作业的详细信息，即 STAGE PLANS。在打印每个作业的详细信息时，explain extend 会打印出更多的信息，除了 explain 打印出的内容，还包括每个表的 HDFS 读取路径，每个 Hive 表的表配置信息等。

6.1.3 查看 SQL 数据输入依赖的信息

explain dependency 用于描述一段 SQL 需要的数据来源，输出是一个 json 格式的数据，里面包含以下两个部分的内容。

- input_partitions：描述一段 SQL 依赖的数据来源表分区，里面存储的是分区名的列表，格式如下：

```
{"partitionName":"库名@表名 @分区列=分区列的值"}
```

如果整段 SQL 包含的所有表都是非分区表，则显示为空。

- input_tables：描述一段 SQL 依赖的数据来源表，里面存储的是 Hive 表名的列表，格式如下：

```
{"tablename":"库名@表名 ","tabletype":表的类型（外部表/内部表）"}
```

下面看两个案例，其中，案例 6.3 是查询非分区普通表 SQL 的 explain dependency，案例 6.4 是查询分区表 SQL 的 explain dependency。

【案例 6.3】 使用 explain dependency 查看 SQL 查询非分区普通表。

```
--业务逻辑同案例 6.1
explain dependency
select s_age,count(1) num from student_tb_orc
where s_age<30 and s_name like '%红%'
group by s_age;
```

输出结果如下：

```
{"input_partitions":[],"input_tables":[{"tablename":"default@student_tb
_orc","tabletype":"MANAGED_TABLE"}]}
```

【案例 6.4】 使用 explain denpendency 查看 SQL 查询分区表。

```
--业务逻辑同案例 6.1
explain dependency
select s_age,count(1) num from student_orc_partition
where s_age<30 and s_name like '%红%'
group by s_age
```

输出结果如下：

```
{"input_partitions":[{"partitionName":"default@student_orc_partition@
part=0"},
                    {"partitionName":"default@student_orc_partition@part=1"},
                    {"partitionName":"default@student_orc_partition@part=2"},
                    {"partitionName":"default@student_orc_partition@part=3"},
                    {"partitionName":"default@student_orc_partition@part=4"},
                    {"partitionName":"default@student_orc_partition@part=5"},
                    {"partitionName":"default@student_orc_partition@part=6"},
                    {"partitionName":"default@student_orc_partition@part=7"},
                    {"partitionName":"default@student_orc_partition@part=8"},
                    {"partitionName":"default@student_orc_partition@part=9"}],
  "input_tables":[{"tablename":"default@student_orc_partition",
"tabletype":"MANAGED_TABLE"}]
```

explain dependency 的使用场景有两个。

场景一，快速排除。快速排除因为读取不到相应分区的数据而导致任务数据输出异常。例如，在一个以天分区的任务中，上游任务因为生产过程不可控因素出现异常或者空跑，导致下游任务引发异常。通过这种方式，可以快速查看 SQL 读取的分区是否出现异常。

场景二，帮助理清表的输入，帮助理解程序的运行，特别是有助于理解有多重自查询，多表连接的依赖输入。

下面通过两个案例来看 explain dependency 的实际运用。在案例 6.5 中，我们会通过 explain dependency 识别看似等价的代码实际是不等价的。对于刚接触 SQL 的程序员，很容易将“select * from a inner join b on a.no=b.no and a.f>1 and a.f<3”这种写法等价于“select * from a inner join b on a.no=b.no where a.f>1 and a.f<3”这种写法，我们可以通过案例 6.5 来查看下它们的区别。

【案例 6.5】 通过 explain dependency 识别看似等价的代码。

```
--代码片段 1
select a.s_no
```

```
from student_orc_partition  a
inner join student_orc_partition_only b
on a.s_no=b.s_no and a.part=b.part and a.part>=1 and a.part<=2
--代码片段 2
select a.s_no
from student_orc_partition  a
inner join student_orc_partition_only b
on a.s_no=b.s_no and a.part=b.part
where a.part>=1 and a.part<=2
```

下面分别是上面两个代码片段 explain dependency 的输出结果：

```
--代码片段 1 的 explain  dependency 打印结果：
{"input_partitions":
[{"partitionName":"default@student_orc_partition@part=0"},
{"partitionName":"default@student_orc_partition@part=1"},
{"partitionName":"default@student_orc_partition@part=2"},
{"partitionName":"default@student_orc_partition_only@part=1"},
{"partitionName":"default@student_orc_partition_only@part=2"}],
"input_tables":
[{"tablename":"default@student_orc_partition","tabletype":"MANAGED_TABLE"},
{"tablename":"default@student_orc_partition_only","tabletype":"MANAGED_TABLE"}]}
--代码片段 2 的 explain  dependency 打印结果：
{"input_partitions":
[{"partitionName":"default@student_orc_partition@part=1"},
{"partitionName" : "default@student_orc_partition@part=2"},
{"partitionName" :"default@student_orc_partition_only@part=1"},
{"partitionName":"default@student_orc_partition_only@part=2"}],
"input_tables":
[{"tablename":"default@student_orc_partition","tabletype":"MANAGED_TABLE"},
{"tablename":"default@student_orc_partition_only","tabletype":"MANAGED_TABLE"}]}
```

通过上面的输出结果可以看到，其实上述的两个 SQL 并不等价，在内连接（inner join）中的连接条件中加入非等值的过滤条件后，并没有将内连接的左右两个表按照过滤条件进行过滤，内连接在执行时会多读取 part=0 的分区数据。

explain dependency 可以帮助纠正错误的认知。大部分 SQL 的学习者在学习外连接时，包括左外连接、右外连接、全外连接，如果不细抠概念，很容易将下面案例 6.6 中的两种情况混淆。

【案例 6.6】 使用 explain dependency 识别 SQL 读取数据范围的差别。

```
---代码片段 1
explain dependency
select a.s_no
from student_orc_partition  a
left outer join student_orc_partition_only b
on a.s_no=b.s_no and a.part=b.part and b.part>=1 and b.part<=2;
---代码片段 2
explain dependency
select a.s_no
from student_orc_partition  a
left outer join student_orc_partition_only b
on a.s_no=b.s_no and a.part=b.part and a.part>=1 and a.part<=2;
```

在使用过程中，容易认为代码片段 2 可以像代码片段 1 一样进行数据过滤，通过查看 explain dependency 的输出结果，可以知道不是如此。

下面是代码片段 1 和代码片段 2 的 explain dependency 输出结果：

```
--代码片段 1 的打印结果
{"input_partitions":
[{"partitionName": "default@student_orc_partition@part=0"},
{"partitionName":"default@student_orc_partition@part=1"},
…中间省略 7 个分区
{"partitionName":"default@student_orc_partition@part=9"},
{"partitionName":"default@student_orc_partition_only@part=1"},
{"partitionName":"default@student_orc_partition_only@part=2"}],
"input_tables":
[{"tablename":"default@student_orc_partition","tabletype":"MANAGED_TABLE"},
{"tablename":"default@student_orc_partition_only","tabletype":"MANAGED_TABLE"}]}
--代码片段 2 的打印结果
{"input_partitions":
[{"partitionName":"default@student_orc_partition@part=0"},
{"partitionName":"default@student_orc_partition@part=1"},
…中间省略 7 个分区
{"partitionName":"default@student_orc_partition@part=9"},
{"partitionName":"default@student_orc_partition_only@part=0"},
{"partitionName":"default@student_orc_partition_only@part=1"},
…中间省略 7 个分区
{"partitionName":"default@student_orc_partition_only@part=9"}],
"input_tables":
[{"tablename":"default@student_orc_partition","tabletype":"MANAGED_TABLE"},
{"tablename":"default@student_orc_partition_only","tabletype":"MANAGED_TABLE"}]}
```

可以看到，对左外连接在连接条件中加入非等值过滤的条件，如果过滤条件是作用于右表（b 表）有起到过滤的效果，则右表只要扫描两个分区即可，但是左表（a 表）会进行全表扫描。如果过滤条件是针对左表，则完全没有起到过滤的作用，那么两个表将进行全表扫描。这时的情况就如同全外连接一样都需要对两个数据进行全表扫描。

扩展： 如果要使用外连接并需要对左、右两个表进行条件过滤，最好的方式就是将过滤条件放到表的就近处，即如果已经知道表数据过滤筛选条件，那么在使用该表前，就用该过滤条件进行过滤，一些 SQL 内置优化器也会做上述的优化，但是还是建议按上面介绍的方式写出来。例如，将代码片段 2 改写成如案例 6.7 所示的形式，即在使用表数据之前尽可能过滤掉不需要的数据。

【案例 6.7】 尽早过滤掉不需要的数据。

```
select a.s_no
from (
  select s_no,part
  from student_orc_partition
  --在子查询内部进行过滤
  where part>=1 and part<=2
```

```
) a
left outer join student_orc_partition_only b
on a.s_no=b.s_no and a.part=b.part ;
```

6.1.4 查看 SQL 操作涉及的相关权限信息

通过 explain authorization 可以知道当前 SQL 访问的数据来源（INPUTS）和数据输出（OUTPUTS），以及当前 Hive 的访问用户（CURRENT_USER）和操作（OPERATION）。案例 6.8 是一个 explain authorization 的例子。

【案例 6.8】 使用 explain authorization。

```
explain authorization
select variance(s_score) from student_tb_orc;
```

执行结果如下：

```
INPUTS:
  default@student_tb_orc
OUTPUTS:
  hdfs://fino-bigdata-03:8020/tmp/hive/hdfs/cbf182a5-8258-4157-9194-
90f1475a3ed5/-mr-10000
CURRENT_USER:
  hdfs
OPERATION:
  QUERY
AUTHORIZATION_FAILURES:
  No privilege 'Select' found for inputs { database:default, table:student_
tb_orc, columnName:s_score}
```

从上面的信息可知，上面案例的数据来源是 defalut 数据库中的 student_tb_orc 表，数据的输出路径是 hdfs://fino-bigdata-03:8020/tmp/hive/hdfs/cbf182a5-8258-4157-9194-90f1475a3ed5/-mr-10000，当前的操作用户是 hdfs，操作是查询。

观察上面的信息我们还会看到 AUTHORIZATION_FAILURES 信息，提示对当前的输入没有查询权限，但如果运行上面的 SQL 的话也能够正常运行。为什么会出现这种情况？Hive 在默认不配置权限管理的情况下不进行权限验证，所有的用户在 Hive 里面都是超级管理员，即使不对特定的用户进行赋权，也能够正常查询。

6.1.5 查看 SQL 的向量化描述信息

查看 SQL 的向量化描述信息，我们可以使用 explain vectorization 命令。该命令是在 Hive 2.3 版本之后新增的功能，可用于查看 Map 阶段或者 Reduce 阶段在运行过程中是否使用向量化模式。那什么是向量化模式？

向量化模式是 Hive 的一个特性，在没有引入向量化的执行模式之前，一般的查询操作一次只处理一行，在向量化查询执行时通过一次处理 1024 行的块来简化系统底层操作，提高了数据的处理性能。向量化模式的开启方式如下：

```
set hive.vectorized.execution.enabled = true;
```

向量模式支持的数据类型有：

- tinyint；
- smallint；
- int；
- bigint；
- boolean；
- float；
- double；
- decimal；
- date；
- timestamp；
- string。

如果使用其他数据类型，如 array 和 map 等，即使是开启了向量化模式查询，查询操作也将使用标准的方式逐行执行。以下表达式在运行时支持使用向量化模式。

- 算数表达式：+、-、*、/、%；
- 逻辑关系：AND、OR、NOT；
- 比较关系：<、>、 <=、 >=、 =、!=、BETWEEN、IN (list-of-constants) as filters；
- 使用 AND、OR、NOT、<、>、<=、>=、=、!=等布尔值表达式（非过滤器）；
- IS [NOT] NULL；
- 所有的数学函数，如 SIN、LOG 和 etc；
- 字符串函数：SUBSTR、CONCAT、TRIM、LTRIM、RTRIM、LOWER、UPPER 和 LENGTH；
- 类型转换；
- Hive 用户自定义函数，包括标准和通用的用户自定义函数；
- 日期函数：YEAR、MONTH、DAY、HOUR、MINUTE、SECOND 和 UNIX_TIMESTAMP；
- IF 条件表达式。

explain vectorization 支持的语法：explain vectorization [only | summary | operator | expression | detail]。接下来我们就来说明每个语法的使用。

explain vectorization only 命令，表示整个执行计划将只显示向量化模式相关的描述信息，其他非向量化模式的描述都将被隐藏。来看下面两个例子。

【案例 6.9】 关闭向量模式的情况下，使用 explain vectorization only。

```
--关闭向量模式
set hive.vectorized.execution.enabled=false;
explain vectorization only
select count(1) from test;
```

输出结果：

```
PLAN VECTORIZATION:
  enabled: false                          //表示向量模式没有开启
  enabledConditionsNotMet: [hive.vectorized.execution.enabled IS false]
    //开启向量模式的条件不满足,因为 hive.vectorized.execution.enabled IS false
```

在上面案例中，如果关闭向量化模式，在输出结果中可以看到 PLAN VECTORIZATION 一节，描述了该模式没有被开启，原因是由于没有满足 enabledConditionsNotMet 指代的条件。

【案例 6.10】 开启向量模式的情况下，使用 explain vectorization only。

```
--开启向量模式
set hive.vectorized.execution.enabled=true;
explain vectorization only
select count(1) from test;
```

输出如下信息：

```
PLAN VECTORIZATION:
  enabled: true
  enabledConditionsMet: [hive.vectorized.execution.enabled IS true]
STAGE DEPENDENCIES:
  Stage-1 is a root stage
  Stage-0 depends on stages: Stage-1
STAGE PLANS:
  Stage: Stage-1
    Map Reduce
      Execution mode: vectorized
      Map Vectorization:
          enabled: true
          enabledConditionsMet: hive.vectorized.use.vector.serde.deserialize
IS true
          groupByVectorOutput: true
          inputFileFormats: org.apache.hadoop.mapred.TextInputFormat
          allNative: false
          usesVectorUDFAdaptor: false
          vectorized: true
      Reduce Vectorization:
          enabled: false
          enableConditionsMet: hive.vectorized.execution.reduce.enabled IS
true
          enableConditionsNotMet: hive.execution.engine mr IN [tez, spark]
IS false
```

在上面案例中，如果开启了向量化模式，除了有 PLAN VECTORIZATION，还包含了 STAGE DEPENDENCY 和 STAGE PLANS 两部分的信息。我们在使用 explain 查看执行计划时也看到了这两部分信息，但是在本案例中不同的是，STAGE PLANS 打印的不是 Map

和 Reduce 阶段的运行信息，而是两个阶段使用向量化模式的信息。接下来我们就对案例 6.10 出现的关键字进行解读：将 Map 和 Reduce 阶段的向量化模式描述信息简化成如下结构进行解读。

- Execution Mode：表示当前的执行模式，vectorized 表示当前模式是向量化的模式。
- Map Vectorization：表示接下来的缩进信息描述的是关于 Map 阶段向量化执行模式信息。
- enabled：表示该关键词所描述阶段是否已经开启向量化模式，true 表示开启，false 表示关闭。在案例 6.10 中我们可以看到 Map Vectorization 阶段是 ture，Reduce Vectorizaition 阶段是 false。
- enabledConditionsMet：表示该关键词所描述阶段，开启向量化模式已经满足的条件。
- enableConditionsNotMet：表示该关键词所描述阶段，开启向量化模式未满足的条件。
- groupByVectorOutput：表示该关键词所描述的阶段，分组聚合操作是否开启向量化模式，true 表示开启。
- inputFileFormats：表示该关键词所描述的阶段，输入的文件格式。
- allNative：是否都是本地操作，false 表示不是。

了解完主要的关键词后，再看下案例 6.10 的输出结果，整个输出结果可以解读为在 Map 阶段开启了向量化的执行模式，但是在 Reduce 阶段没有开启（MapReduce 计算引擎不支持）。在 Map 阶段开启向量化执行模式是因为满足 hive.vectorized.use.vector.serde.deserialize IS true 这个条件，Reduce 阶段没有开启向量化执行模式，是因为除了需要满足 hive.vectorized.execution.reduce.enabled IS true，还需要满足 hive.execution.engine mr IN [tez, spark]这个条件。

使用 explain vectorization summary 命令会显示向量化的描述信息和 Map/Reduce 执行过程的信息，即打印的信息等同于 explain vectorization only 和 explain 共同输出的结果。explain 和 explain vectorization only 的打印信息都已介绍过，这里不再举例说明。

使用 explain vectorization operator 命令会显示 SQL 所有操作的向量化描述信息。这是对 explain vectorization only/summary 的细化。

【案例 6.11】 使用 explain vectorization operator。

```
--开启向量模式
set hive.vectorized.execution.enabled=true;
explain vectorization operator
select count(1) from test;
```

执行结果如下：

```
PLAN VECTORIZATION:
  enabled: true
  enabledConditionsMet: [hive.vectorized.execution.enabled IS true]
STAGE DEPENDENCIES:
  Stage-1 is a root stage
```

```
  Stage-0 depends on stages: Stage-1
STAGE PLANS:
  Stage: Stage-1
    Map Reduce
      Map Operator Tree:
          TableScan
            alias: test
       Statistics:…                             //统计信息
            TableScan Vectorization:       //表扫描的向量化描述信息
                native: true                  //读表操作采用本地的向量化表扫描操作
            Select Operator
              Select Vectorization:         //列筛选的向量化描述信息
                  className: VectorSelectOperator
                  native: true           //在进行列筛选的时候也用到本地向量化操作
              Statistics: …                     //省略统计信息
              Group By Operator
                aggregations: count(1)
                Group By Vectorization:    //分组聚合的向量化描述信息
                    className: VectorGroupByOperator
                    vectorOutput: true      //在输出的时候用到分组聚合向量化操作
                    native: false
                mode: hash
                outputColumnNames: _col0
                Statistics: …                  //省略统计信息
                Reduce Output Operator
                  sort order:
                  Reduce Sink Vectorization:  //reduce output 向量化描述信息
                      className: VectorReduceSinkOperator
                      native: false
                      //已满足 Reduce Sink 使用向量化模式的条件
                      nativeConditionsMet:     hive.vectorized.execution.
reducesink.new.enabled IS true, No TopN IS true, No DISTINCT columns IS true,
BinarySortableSerDe for keys IS true, LazyBinarySerDe for values IS true
                      nativeConditionsNotMet: hive.execution.engine mr IN
[tez, spark] IS false
//使用 mapredcue 计算引擎不满足使用 reduce sink 向量化模式的条件
                  value expressions: _col0 (type: bigint)
      Execution mode: vectorized
      Map Vectorization:
          …  //同 explain vectorization only 打印的 Map 阶段向量化描述信息相同
      Reduce Vectorization:
          ...//同 explain vectorization only 打印的 Reduce 阶段向量化描述信息相同
      Reduce Operator Tree:
        Group By Operator
          aggregations: count(VALUE._col0)
          Group By Vectorization:          //分组聚合的向量化描述信息
              vectorOutput: false
```

```
          native: false
        mode: mergepartial
        outputColumnNames: _col0
        Statistics: …                    //省略统计信息
        File Output Operator
          …                          //省略文件输出的信息
```

从上面的信息中可以看到，使用 explain vectorization operator 能显示每一个操作步骤是否能用上向量化执行模式，如能用上向量化模式，已满足的条件具体有哪些，如不能用上向量化模式，还需要满足的条件有哪些。

使用 explain vectorization expression 命令能够显示 SQL 表达式的向量化信息，包括 explain vectorization summary 和 operator 的信息，具体表现见案例 6.12。

【案例 6.12】 explain vectorization expression 命令的使用。

```
set hive.vectorized.execution.enabled=true;
explain vectorization expression
select count(1) from test;
```

输出结果如下：

```
PLAN VECTORIZATION:          //同 operator 打印的 PLAN VECTORIZATION 一致
STAGE DEPENDENCIES:          //同 operator 打印的 STAGE DEPENDENCIES 一致
STAGE PLANS:
  Stage: Stage-1
    Map Reduce
      Map Operator Tree:
          TableScan
            alias: test
            Statistics: ...                      //统计信息
            TableScan Vectorization:
                native: true
                projectedOutputColumns: [0, 1]    //表示表扫描后输出有两列
            Select Operator
              Select Vectorization:
                  className: VectorSelectOperator
                  native: true
                  //表示进行列的筛选，这里用空数组表示任何一个列
                  projectedOutputColumns: []
              Statistics: ...                    //统计信息
              Group By Operator
                aggregations: count(1)
                Group By Vectorization:
               //表示使用 VectorUDAFCount 的方法进行 count 计数操作
               //操作完后以 bigint 的类型输出
                    aggregators: VectorUDAFCount(ConstantVectorExpression
(val 1) -> 2:long) -> bigint
                    className: VectorGroupByOperator
                    vectorOutput: true
                    native: false
                    projectedOutputColumns: [0]    //最终只输出一列
                mode: hash
```

```
            outputColumnNames: _col0
            Statistics: ...                     //省略统计信息的打印
            Reduce Output Operator
              .... // 同 operator 打印的 Reduce Output Operator 信息一致
      Execution mode: vectorized
      Map Vectorization:
          ...//同 operator 打印的 Map Vectorization 信息一致
      Reduce Vectorization:
          ...//同 operator 打印的 Reduce Vectorization 信息一致
      Reduce Operator Tree:
        Group By Operator
          aggregations: count(VALUE._col0)
          Group By Vectorization:
              vectorOutput: false
              native: false
              projectedOutputColumns: null
                     //没有进行列的筛选，因为 Reduce 阶段没有打开向量化的执行模式，
                       所以这边向量化描述信息显示为 null
          mode: mergepartial
          outputColumnNames: _col0
          Statistics: ...                       //省略统计信息
          File Output Operator
            ...                                 //省略打印的输出信息
```

从上面的信息可以看到，在每个 Vectorization 的描述信息中会新增表示式相关的向量化描述信息，例如，map 阶段 Group By Vectorization 中的 aggregators。

explain vectorization detail 命令能够显示更加详细的向量化信息，这些信息包括 explain vectorization summary/operator/expression 等上面我们介绍的所有信息。

6.2 简单 SQL 的执行计划解读

简单 SQL 指不含有列操作、条件过滤、UDF、聚合和连接等操作的 SQL，这种类型的 SQL 在执行时只会用到 Map 阶段。对应这一类型的 SQL 被归结为 select-from-where 型。下面来看案例 6.13。

【案例 6.13】 select-from-where 型的简单 SQL。

```
#SQL 代码
explain
select s_age,s_score
from student_tb_seq
where s_age=20;
```

打印的执行计划结果如下：

```
STAGE DEPENDENCIES:
  Stage-1 is a root stage
  Stage-0 depends on stages: Stage-1
```

```
STAGE PLANS:
  Stage: Stage-1
    Map Reduce
Map Operator Tree:
          TableScan                            //表遍历的操作
            //alias 表示遍历表的别名，在 HDFS 的数据存储中，实际对应的是一个目录
            alias: student_tb_seq
            //这个阶段的统计信息，处理 2004 万行的数据，数据量是 54686036701bytes
            Statistics: Num rows: 20040000 Data size: 54686036701 Basic stats:
COMPLETE Column stats: NONE
            //在 tablescan 基础上进行过滤（filter 操作）
            Filter Operator
              // predicate 表示过滤操作的条件谓词
              predicate: (s_age = 20) (type: boolean)
            Statistics: Num rows: 10020000 Data size: 27343018350 Basic stats:
COMPLETE
Column stats: NONE
            //在 filter 过滤结果集上进行列的筛选
            Select Operator
                //表示选择过滤的列，这里有 20、s_score。由于在 where 子句中已经指定了
                //s_age 的条件是 20，因而 Hive 直接将 20 替换为 s_age 列
                expressions: 20 (type: bigint), s_score (type: bigint)
                //输出了两列_col0 和_col1
                outputColumnNames: _col0, _col1
                //select 操作阶段的统计信息
                Statistics: Num rows: 10020000 Data size: 27343018350 Basic
stats: COMPLETE Column stats: NONE
                //文件输出操作
                File Output Operator
                  //输出结果，不是压缩的
                  compressed: false
                  Statistics: Num rows: 10020000 Data size: 27343018350 Basic
stats: COMPLETE Column stats: NONE
                  table:
                      input format: org.apache.hadoop.mapred.TextInputFormat
                      output format: org.apache.hadoop.hive.ql.io.HiveIgnore
KeyTextOutputFormat
                      serde: org.apache.hadoop.hive.serde2.lazy.LazySimpleSerDe
```

从上面打印的执行计划树可以看到，整个 SQL 只有 Map 操作树（Map Operator Tree），若转换成 MapReduce 来看的话，即只有 Map 阶段的任务。在 Map 中的运行逻辑如图 6.1 所示。

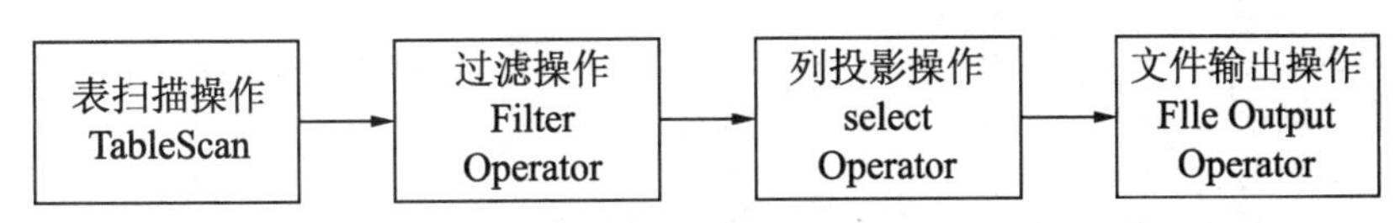

图 6.1　案例 6.13Map 操作过程

实际运行上面的任务，可以在控制台得到如下打印信息：

```
Query ID = hdfs_20181216214848_0a52916c-2595-48d7-8af1-04d8fabff56e
```

```
Total jobs = 1
Launching Job 1 out of 1
//表示该操作也没有 Reduce 任务，Reduce 任务执行的服务器节点是 0 个
Number of reduce tasks is set to 0 since there's no reduce operator
…
Hadoop job information for Stage-1: number of mappers: 206; number of
reducers: 0
2018-12-16 21:48:17,956 Stage-1 map = 0%,  reduce = 0%
2018-12-16 21:48:30,471 Stage-1 map = 1%,  reduce = 0%, Cumulative CPU 16.47 sec
...//省略中间相似的信息
//在执行完 Map 任务后，整个任务直接结束
2018-12-16 21:50:26,440 Stage-1 map = 100%,  reduce = 0%, Cumulative CPU
1243.6 sec
MapReduce Total cumulative CPU time: 20 minutes 43 seconds 600 msec
Ended Job = job_1542591652831_19153
MapReduce Jobs Launched:
Stage-Stage-1: Map: 206   Cumulative CPU: 1243.6 sec   HDFS Read:
55272243723 HDFS Write: 6433 SUCCESS
Total MapReduce CPU Time Spent: 20 minutes 43 seconds 600 msec
```

从上面信息可以知道，实际的运行过程同执行计划一样只有 Map 阶段的操作。其实针对于任何 select-from-where 型的 SQL 都只有 Map 阶段的操作，这是因为这类 SQL 只有从表中读取数据并执行数据行的过滤，并没有需要将分布式文件存储在其他节点的数据与该节点的数据放在一起处理的必要，因此这类的 SQL 不需要进行 Reduce 操作，Map 阶段过滤后的数据，就是最终的结果数据。

这种只含有 Map 的操作，如果文件大小在控制合适的情况下都将只有本地操作。这是一种非常高效的方法，运行效率完全不输于在计算引擎 Tez 或者 Spark 上运行。有兴趣的读者可以将 hive.execution.engine 改为 Tez 或者 Spark，将两者的运行效率比较一下。

为了更加清楚上面的 SQL 的工作过程，可以对照案例 6.14 的 MapReduce 伪代码，再来看看执行计划。

【案例 6.14】 MapReduce 伪代码。

```
map(inkey,invalue,context)
colsArray= invalue.split("\t")
//对应 filter 操作，过滤掉 s_age!=20 的数据行
   if int(colsArray[3])==20:
     //获取 s_age,s_score 就是列投影操作，即 select 操作
     s_age=colsArray[3]
     s_score=colsArray[5]
     //最后输出两列即 s_age 和 s_score，在执行计划中代指_col0 和_col1
     context.write(s_age,s_score)           //这边的 invalue 就是 1
//reduce 阶段没有逻辑，也不会执行
reduce(inkey,invalues,context)
   pass //pass 表示不执行
```

6.3　带普通函数/操作符 SQL 的执行计划解读

普通函数特指除 UDTF（表转换函数）、UDAF（聚合函数）和窗口函数之外的函数，如 nvl()、cast()、case when 的表达式、concat()和 year()。这类 SQL 可以归结为 select-function(column)-from–where-function(column)或者 select-operation-from-where-operation 类型。下面来看这一类型的执行计划解读。

6.3.1　执行计划解读

为解读带普通函数/操作符 SQL 的执行计划，先来看一个该类型 SQL 的案例。

【案例 6.15】 带普通函数/操作运算符 SQL 的执行计划。

```
explain
select
  nvl(s_no,'undefine') sno,
  case when s_score>20 then '高级评分' else '低级评分' end level,
  concat(s_no,'-','s_name') sid,
  cast(s_score as double)/10
from student_tb_orc
where s_age in (18,19,20) and s_score is not null and substr(s_no,0,5)='no_';
```

输出的执行计划如下：

```
STAGE DEPENDENCIES:
  Stage-1 is a root stage
  Stage-0 depends on stages: Stage-1
STAGE PLANS:
  Stage: Stage-1
    Map Reduce
      Map Operator Tree:
          TableScan
            alias: student_tb_orc
            Statistics: ...
            Filter Operator            //对应 where 子句的过滤操作
              predicate: (((s_age) IN (18, 19, 20) and s_score is not null)
and (substr(s_no, 0, 5) = 'no_')) (type: boolean)
              Statistics: ...
              Select Operator          //列投影
                expressions: if s_no is null returns'undefine' (type: string),
CASE WHEN ((s_score > 20)) THEN ('高级评分') ELSE ('低级评分') END (type:
string), concat(s_no, '-', 's_name') (type: string), (UDFToDouble(s_score)
/ 10) (type: double)
                outputColumnNames: _col0, _col1, _col2, _col3
                Statistics: ...
                File Output Operator
```

```
                    compressed: false
                    Statistics: ...
                    table:
                        input format: org.apache.hadoop.mapred.TextInputFormat
                        output format: org.apache.hadoop.hive.ql.io.HiveIgnore
KeyTextOutputFormat
                        serde: org.apache.hadoop.hive.serde2.lazy.LazySimpleSerDe
```

仔细观察上面的执行计划我们可以看到，同 select-from-where 类型一样，也只有 Map 阶段的操作，如实际去执行上面的任务的话，也会得到和 select-from-where 案例近似的结果，即在 Map 运行完后整个作业结束。Map 阶段里面的任务流程也是一样的。这里我们可以得到一个结论：select-function(column)-from –where-function(column) 或者 select-expression-from-where-expression 这种类型的 SQL 和 select-from-where 基本型的 SQL 执行计划可以归为同一种类型。

为了方便理解上面的执行计划在计算引擎的执行过程，通过 MapReduce 伪代码来理解案例 6.15。

【案例 6.16】 案例 6.15 的 MapReduce 伪代码。

```
//整个程序只有 Map 阶段的逻辑，没有 Reduce 逻辑
map(inkey,invalue,context)
//数据的输入只是一行数据
    colsArray= invalue.split("\t")
    //对应 filter operator 的过滤操作
    if int(colsArray[3]) in(18, 19,20)
        and s_score!=NULL
        and substr(colsArray[0],0,5)=='no_' :
      s_no=colsArray[0]
      //下面判断语句对应 nvl(s_no,'undefine')逻辑
      if s_no==NULL:
        s_no='undefine'
      level=''
      //下面的判断语句对应的就是 case when 子句
      if double(s_score)>20:
        level='高级评分'
      else
        level='低级评分'
      s_name=colsArray[1]
      sid=s_no+'-'+s_name              //对应 concat(s_no,'-','s_name')
      score=doucle(colsArray[5])/10 //对应 cast(s_score as double)/10 逻辑
//最终输出 sno、level、sid、score 这 4 列，在执行计划中代指_col0、_col1、_col2、_col3
//至此整个作业结束
      context.write(sno,level+'\t'+sid+'\t'+score)
```

6.3.2 普通函数和操作符

普通函数可以分为以下几类。

（1）数学函数：round()、bround()、bround()、floor()、ceil()、ceiling()、rand()、exp()、ln()、log10()、log2()、log()、pow()、power()、sqrt()、bin()、hex()、unhex()、conv()、abs()、pmod()、sin()、asin()、cos()、acos()、tan()、atan()、degrees()、radians()、positive()、negative()、sign()、e()、pi()、factorial()、cbrt()、shiftleft()、shiftright()、shiftrightunsigned()、greatest()、least()和 width_bucket()。

（2）集合函数：size()、size()、map_keys()、map_values()、array_contains()和 sort_array()。

（3）类型转换函数：binary()和 cast()。

（4）日期函数：from_unixtime()、unix_timestamp()、to_date()、year()、quarter()、month()、day()、dayofmonth()、hour()、minute()、second()、weekofyear()、extract()、datediff()、date_add()、date_sub()、from_utc_timestamp()、to_utc_timestamp()、current_date()、current_ timestamp()、add_months()、last_day()、next_day()、trunc()、months_between()和 date_format()。

（5）条件判断函数：if()、isnull()、isnotnull()、nvl()、colesec()、case when、nullif()和 assert_true()。

（6）字符串函数：ascii()、base64()、character_length()、chr()、concat()、context_ ngrams()、concat_ws()、decode()、elt()、encode()、field()、find_in_set()、format_number()、get_json_object()、in_file()、instr()、length()、locate()、lower()、lcase()、lpad()、ltrim()、ngrams()、octet_length()、parse_url()、printf()、regexp_extract()、regexp_replace()、repeat()、replace()、reverse()、rpad()、rtrim()、sentences()、space()、split()、str_to_map()、substr()、substring_index()、translate()、trim()、unbase64()、upper()、ucase()、initcap()、levenshtein()和 soundex()。

（7）数据脱敏函数：mask()、mask_first_n()、mask_last_n()、mask_show_first_n()、mask_show_last_n()和 mask_hash()。

（8）表生成函数（UDTF）：explode()、posexplode()、json_tuple()和 parse_url_tuple()。

注意： 上面的函数只是罗列了方法名，有些函数具有重载函数。重载是面向对象语言里面的一种概念，和表示函数名一样，但函数的参数类型或者个数不一样。例如，函数 substr(string|binary A, int start)，它的重载函数有 substr(string|binary A, int start, int len)。

上述罗列的函数基于 Hive 3.0 版本所支持的函数，不同版本支持的函数和函数的具体用法可以见 Hive Wiki，链接地址为 https://cwiki.apache.org/confluence/display/Hive/LanguageManual+UDF。

操作运算符可以分为如下几类。

- 关系操作符：=、>、<、>=、<=、is null、is not null、like、rlike 和 regexp。
- 算术运算符：+、−、*、/、div、%、&、|、^和～。

- 逻辑运算符：and、or、not、！、in、not in 和 exists。
- 字符串操作符：||。
- 复杂类型的构造函数：map(key1, value1, key2, value2, ...)、struct(val1, val2, val3, ...)、named_struct(name1, val1, name2, val2, ...)、array(val1, val2, ...)和 create_union(tag, val1, val2, ...)。
- 复杂类型的操作运算符：获取数组中的元素，格式为 A[下标]，获取 Map 数据中指定 key 的 value 格式为 M[key]，获取 Struct 类型的特定字段的值，格式为 S.x。

6.4 带聚合函数的 SQL 执行计划解读

带聚合函数的 SQL，不是简单地将数据从 Hive 表中取出来，然后对单个记录的数据进行过滤或者格式转换等操作，往往涉及对多行的数据进行汇总处理，汇总这些数据可能分布在不同的机器节点上，这决定了带聚合函数的 SQL，不仅需要 Map 的处理过程，还需要 Reduce 的数据汇总的处理过程。我们将这种类型的 SQL 归结为 select-aggr_function-from-where-groupby 类型。

常见的聚合函数有：avg()、sum()、collect_set()、collect_list()、count()、corr()、covar_pop()、covar_samp()、array()()、histogram_numeric()、max()、min()、percentile()、percentile_approx()、regr_avgx()、regr_avgy()、regr_count()、regr_intercept()、regr_r2()、regr_slope()、regr_sxx()、regr_syy()、stddeve_pop()、stddeve_samp()、variance()、var_pop()和 var_samp()。

对于带聚合函数的 SQL 执行计划解读，分为如下几类：

- 在 Reduce 阶段聚合的 SQL 执行计划；
- 在 Map 和 Reduce 都有聚合的 SQL 执行计划；
- 高级分组聚合的执行计划。

6.4.1 在 Reduce 阶段聚合的 SQL

为解读在 Reduce 阶段聚合的 SQL 执行计划，先来看一个该类型的 SQL 案例。

【案例 6.17】 在 Reduce 阶段进行聚合的 SQL。

```
set hive.map.aggr=false;
explain
select s_age,avg(s_score) avg_score
from student_tb_orc
where s_age<20
group by s_age;
```

输出结果如下：

```
STAGE DEPENDENCIES:
  Stage-1 is a root stage
  Stage-0 depends on stages: Stage-1
STAGE PLANS:
  Stage: Stage-1
    Map Reduce
      Map Operator Tree:
          TableScan                                   //表扫描操作
            alias: student_tb_orc
            Statistics: ...
            Filter Operator                           //过滤操作，s_age<20
              predicate: (s_age < 20) (type: boolean)
              Statistics: ...
              Reduce Output Operator                  //输出数据
                //在 MapReduce 计算引擎中，输入和输出的数据都是用键值对(key/values)
                  的形式
                //这里 key expressions 和 value expressions 指定的 s_age,s_score
                  列，即为 Map 阶段的输出列
                key expressions: s_age (type: bigint)
                //表示输出后会按 s_age 列进行正序排序
                sort order: +
                //Map 输出时会按 s_age 列进行分区
                Map-reduce partition columns: s_age (type: bigint)
                Statistics: ...
                value expressions: s_score (type: bigint)
      Reduce Operator Tree:
        Group By Operator
          //指定聚合操作的算法为 avg，avg 操作的对象为 value 中_col0,即 s_score
          aggregations: avg(VALUE._col0)
          //指定分组聚合的 key，即 group by 子句后面所跟的列，这里为 s_age
          keys: KEY._col0 (type: bigint)
          mode: complete
          //表示最终输出了两列，_col0,_col1 分别对应 s_age,avg(s_score)的值
          outputColumnNames: _col0, _col1
          Statistics: ...
          File Output Operator
            compressed: false
            Statistics: ...
            table:
                input format: org.apache.hadoop.mapred.TextInputFormat
                output format: org.apache.hadoop.hive.ql.io.Hive
  IgnoreKeyTextOutputFormat
                serde: org.apache.hadoop.hive.serde2.lazy.LazySimpleSerDe
```

从上面的信息中可以看到 Map 阶段可以分解为以下几步操作：

（1）TableScan。

（2）Filter Operator。

（3）Reduce Output Operator。

对比案例 6.13 的执行计划在 Map 中操作，主要的差别在图 6.2 的虚线框中。

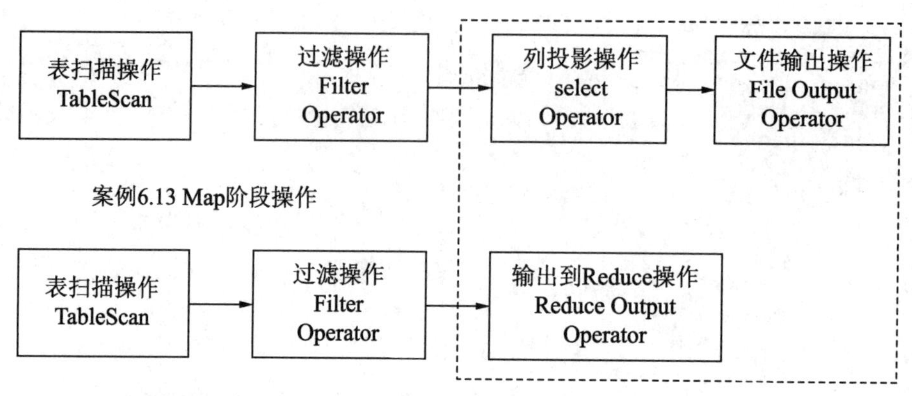

图 6.2　案例 6.17 和案例 6.13 的 Map 阶段对比

案例 6.13 的任务只有 Map 操作，在进行简单的列操作之后直接将数据写入本地。在本例中，除了使用到 Map 阶段还必须使用到 Reduce 阶段。在 Map 阶段输出数据到 Reduce 还需要经过一个流程，一般我们统称为 Shuffle。Map Operator Tree 中的 Reduce Output Operator 中的内容就是描述这些规则和流程的。以下是对 Reduce Output Operator 关键字的解读。

- key expressions：表示 Map 阶段输出的 key，在本例中为 s_age。
- sort order：表示 Map 输出后是否进行排序，+表示正序排序，-表示倒序排序，一个符号代表对一列进行排序，两个符号代表两列，以此类推。
- Map-reduce partition columns：指定一个或者多个列字段，表示在 Map 阶段输出数据时，根据这些字段来区分数据。
- value expressions：表示 Map 阶段输出的 Value，在本例中为 s_score。如果在 MapReduce 表达 key expressions 和 value expressions，则可以用 context.write(key expressions,value expressions)来表示。

解读完 Reduce Output Operator 中的关键字，完整说下 Reduce Output Operator 表示的含义：在 Map 阶段输出两列 s_age 和 s_score，其中，s_age 为输出的 key，s_score 为输出的 value。输出时按 s_age 进行分区和排序。

Reduce 阶段是本例新接触到的。下面是对 Reduce Operator Tree 中出现的关键字进行解读。

- Reduce Operator Tree：表示当前阶段为 Reduce 阶段的操作。
- Group By Operator：表示分组聚合操作。
- Aggregations：指定分组聚合的算法，这里为 avg(value._col0)。其中，VALUE 指代的就是 Map 阶段 Reduce Output Operator 中所指定的 value expressions。Value

expressions 中的列，在 Reduce 阶段以_col0,_col1…来表示，因此这里 value._col0 指代的就是 s_score。

- Keys：指定按哪些列进行分组，这里用 KEY._col0 表示。其中，KEY 指代的就是 Map 阶段 Reduce Output Operator 中所指定的 key expressions。Key expressions 中的列在 Reduce 阶段以_col0,_col1…表示，因此这里的 key._col0 其实指代的就是 s_age 列。
- Mode：表示整个 Hive 执行过程的模式，complete 表示所有的聚合操作都在 Reduce 中进行。
- outputColumnNames：指定输出的列，一般对应 keys 指定的列数和 aggregations 声明的算法，每种算法输出的结果占用一列，案例 6.17 中为_col0，_col1 指代的就是 s_age,avg(s_score)。

在案例 6.17 中，Reduce Operator Tree 可以完整解读为：在 Redue 阶段执行分组聚合的操作，按 s_age 分组，计算每个分组内 s_score 的平均分，最后输出每个分组的 s_age 和平均值两列。

6.4.2　在 Map 和 Reduce 阶段聚合的 SQL

通读完案例 6.17 的执行计划，可以知道 Map 阶段其实没做计算的操作，只是对数据进行了重新组织，方便 Reduce 的分组聚合。在知道 MapReduce 的整体计算过程后，Map 到 Reduce 过程还会进行排序、写内存、写磁盘，然后再进行跨网络传输，如果整个 MapReduce 处理的表数据量很大，这个过程会占用比较多的资源。

在 MapReduce 过程中，如果要使用 Reduce 又没法避免不使用 Map，只能使用 Combine 或者启用数据压缩来减少 Map 和 Reduce 之间传输的数据量，以提高这个阶段的效率。在 Hive 中也提供了相关的配置项目来控制是否启用 Map 端的聚合，即 hive.map.aggr。将案例 6.17 中的配置项 hive.map.aggr 设置为 true 的情况下，同样的 SQL 在 Map 阶段的执行计划将会发生一定的变化。

【案例 6.18】 开启 Map 端聚合 SQL 的执行计划。

```
set hive.map.aggr=true;
explain
select s_age,avg(s_score) avg_score
from student_tb_orc
where s_age<20
group by s_age;
```

执行结果如下：

```
STAGE PLANS:
  Stage: Stage-1
    Map Reduce
```

```
        Map Operator Tree:
            TableScan
              alias: student_tb_orc
              Statistics: ...
              Filter Operator
                predicate: (s_age < 20) (type: boolean)
                Statistics:
                Group By Operator
                  aggregations: avg(s_score)
                  keys: s_age (type: bigint)
                  mode: hash
                  outputColumnNames: _col0, _col1
                  Statistics: ...
                  Reduce Output Operator
                    key expressions: _col0 (type: bigint)
                    sort order: +
                    Map-reduce partition columns: _col0 (type: bigint)
                    Statistics: ...
                    value expressions: _col1 (type: struct<count:bigint,sum:
    double,input:bigint>)
        Reduce Operator Tree:
          …//与案例 6.17 的 Reduce Operator Tree 内容一致，这里就不再重复打印了
```

对比案例 6.17 Map 阶段的操作流程我们可以知道，图 6.3 中虚线框的操作是新增的内容。

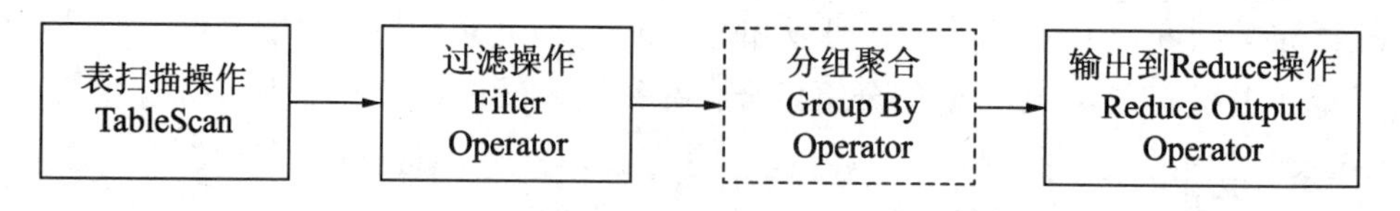

图 6.3　案例 6.18Map 阶段的执行操作

Group By Operator 表示接下来为分组聚合的操作：

- aggregations：指定聚合的算法，这里为 avg(s_score)；
- keys：指定分组的列，这里为 s_age；
- mode：指定聚合的算法，这里采用 Hash 表形式；
- outputColumnNames：表示该阶段输出的列。
- Reduce Output Operator 表示接下来描述的是 Map 输出数据到 Reduce 阶段这整个过程的操作。
- key expressions：表示 Map 阶段最终输出的 key。
- sort order：表示输出是否排序，+表示正序排序，一个+表示对输出的一列进行排序，两个+表示对输出的两列进行排序，以此类推。
- Map-reduce partition columns：指定一个或者多个列字段，表示在 Map 阶段输出数据时，会根据这些字段来区分数据。
- value expressions：表示 Map 阶段最终输出 value，案例中的 value 比较特殊，是一

个特殊类型，即 struct<count:bigint,sum:double,input:bigint>类型。这是因为在 Map 阶段并不计算平均值，只是计算总分和对应的个数，这两者分别对应 struct 类型中的 sum 和 count。

6.4.3 高级分组聚合

高级分组聚合指在聚合时使用 GROUPING SETS、cube 和 rollup 的分组聚合。在讲解这种类型的执行计划之前，我们先来了解下 GROUPING SETS、cube 和 rollup 的分组聚合。

GROUPING SETS 用法示例：

```
SELECT a, b, SUM(c) FROM tab1 GROUP BY a, b GROUPING SETS ( a,b )
```

Grouping sets 的子句允许开发者在一个 group by 语句中，指定多个分组聚合列。所有含有 grouping sets 的子句都可以用 union 连接的多个 GROUP BY 查询逻辑来表示。下面我们列出几个 GROUPING SETS 和其执行结果等价的 GROUP BY 语句的写法。

```
--语句 1
SELECT a, b, SUM(c) FROM table GROUP BY a, b GROUPING SETS ( (a,b) )
等同于
SELECT a, b, SUM(c) FROM table GROUP BY a, b

--语句 2
SELECT a, b, SUM( c ) FROM table GROUP BY a, b GROUPING SETS ( (a,b), a)
等同于
SELECT a, b, SUM( c ) FROM table GROUP BY a, b
UNION
SELECT a, null, SUM( c ) FROM table GROUP BY a

--语句 3
SELECT a,b, SUM( c ) FROM table GROUP BY a, b GROUPING SETS (a,b)
等同于
SELECT a, null, SUM( c ) FROM table GROUP BY a
UNION
SELECT null, b, SUM( c ) FROM table GROUP BY b

--语句 4
SELECT a, b, SUM( c ) FROM table GROUP BY a, b GROUPING SETS ( (a, b), a,
b, ( ) )
等同于
SELECT a, b, SUM( c ) FROM table GROUP BY a, b
UNION
SELECT a, null, SUM( c ) FROM table GROUP BY a
UNION
SELECT null, b, SUM( c ) FROM table GROUP BY b
UNION
SELECT null, null, SUM( c ) FROM table
```

cube 和 rollup 的用法示例如下：

```
SELECT a, b, SUM(c) FROM tab1 GROUP BY a, b with cube;
SELECT a, b, SUM(c) FROM tab1 GROUP BY a, b with rollup;
```

两者都可以在一个 GROUP BY 语句中完成多个分组聚合，它们都可以用 GROUPING SETS 来表达。下面是它们的差别：

```
--cube 会计算 group by 中指定列的所有组合
SELECT a, b, c, count(1) from table GROUP BY a, b, c with cube;
等同于
SELECT a, b, c, count(1) from table
GROUP BY a, b, c
GROUPING SETS ( (a, b, c), (a, b), (b, c), (a, c), (a), (b), (c), ( ));
--rollup 会按 group by 指定的列从左到右进行下转
-- () 会下转到 a 用(null,a)表示，简化表示为(a)
-- a 会继续下转到 b 用(null,a,b)表示，简化表示为(a,b)
-- b 会继续下转到 c，用(null, a, b, c)表示，简化表示为(a, b, c)
SELECT a, b, c, count(1) from table GROUP BY a, b, c with rollup;
等同于
SELECT a, b, c, count(1) from table
GROUP BY a, b, c
GROUPING SETS ( (a, b, c), (a, b), (a), ( ))
```

注意：在使用高级分组聚合的语法时，要注意 Hive 是否开启了向量模式。

了解了 cube、rollup、grouping set 的使用后，现在来看下它们的执行计划。案例 6.19 的执行结果等效于案例 6.18 的执行结果，但它们的执行计划却有所不同。

【案例 6.19】 含 grouping sets 关键字 SQL 的执行计划案例。

```
--使用高级分组聚合需要确保 map 聚合是否开启
set hive.map.aggr=true;
explain
select s_age,s_score,count(1)
from student_tb_orc
group by s_age,s_score grouping sets((s_age,s_score));
```

数据运行结果如下：

```
STAGE DEPENDENCIES:
  Stage-1 is a root stage
  Stage-0 depends on stages: Stage-1
STAGE PLANS:
  Stage: Stage-1
    Map Reduce
      Map Operator Tree:
          TableScan
            alias: student_tb_orc
            Filter Operator
              predicate: (s_age < 20) (type: boolean)
              Group By Operator
                aggregations: avg(s_score)
                keys: s_age (type: bigint), '0' (type: string)
                mode: hash
                outputColumnNames: _col0, _col1, _col2
```

```
            Reduce Output Operator
              key expressions: _col0 (type: bigint), _col1 (type: string)
              sort order: ++
              Map-reduce partition columns: _col0 (type: bigint), _col1
(type: string)
              value expressions: _col2 (type: struct<count:bigint,sum:
double,input:bigint>)
      Reduce Operator Tree:
        Group By Operator
          aggregations: avg(VALUE._col0)
          keys: KEY._col0 (type: bigint), KEY._col1 (type: string)
          mode: mergepartial
          outputColumnNames: _col0, _col2
          pruneGroupingSetId: true
          Select Operator
            expressions: _col0 (type: bigint), _col2 (type: double)
            outputColumnNames: _col0, _col1
            File Output Operator
              compressed: false
              table:
                  input format: org.apache.hadoop.mapred.TextInputFormat
                  output format: org.apache.hadoop.hive.ql.io.HiveIgnoreKey
TextOutputFormat
                  serde: org.apache.hadoop.hive.serde2.lazy.LazySimpleSerDe
```

关于案例 6.19 中 Map 阶段的解读，Map 在 Group By Operator 之前的信息同案例 6.17 相同，这里不再赘言。下面是 Group By Opertaor 中出现的关键字解读。

- aggregations：分组聚合的算法，该案例采用 avg 算法。
- keys：这是有别于案例 6.18，这里多了一列固定列:'0'。
- mode：Hash。
- outputColumnNames：最终输出了 3 列，分别是_col0、_col1 和_col2。
- Reduce Output Operator：表示该阶段为 Map 阶段聚合后的操作。
- key expressions: Map 阶段最终输出的 key，在案例 6.19 中为 s_age 和'0'两列。
- sort order：表示是否对 Map 输出的 key expressions 列进行排序。
- Map-reduce partition columns：表示 Map 阶段数据输出的分区列，案例 6.19 中表示用 s_age,'0'进行分区。
- value expressions：Map 阶段最终输出 value，为一个结构体，同案例 6.18。

案例 6.19 中 Reduce 阶段解读如下：

- Group By Operator：表示该阶段为分组聚合的操作。
- Aggregations：分组聚合的算法，avg(VALUE._col0)表示对 Map 阶段输出 Value Expressions 的_col0 取平均值。
- Keys：指定分组聚合的 key，有别于案例 6.18，有两列，为 Map 阶段输出的 key。
- Mode：mergepartial。
- outputColumnNames：表示最终输出的列，案例 6.19 中用 s_age 和 avg(VALUE._col0)表示。

- pruneGroupingSetId：表示是否对最终输出的 grouping id 进行修剪，如果为 true，则表示在输出列时会将 key expressions 或者 keys 的最后一列进行抛弃，案例 6.19 中为'0'列。
- Select Operator：表示该阶段处理的投影操作（列筛选）。
- Expressions：输出的列表达式为 s_age 和 avg（s_score）列，此为最终输出的列表达式。

通读完整个含有 grouping sets 子句的案例 6.19，其实我们没有看到它是如何具体实现分组的。如果将案例 6.19 的 grouping sets 改为 cube 或者 rollup，如案例 6.20 的写法，看一下执行计划是否相同。

【案例 6.20】 使用 cube 替代 grouping sets。

```
set hive.map.aggr=true;
explain
select s_age,avg(s_score) avg_score
from student_tb_orc
where s_age<20
group by s_age with cube;
```

即使像案例 6.20 这种对输出的结果数据有影响的操作子句，其看到的执行计划也同案例 6.19 一样，从这里可看出 Hive 的执行计划其实对高级分组聚合支持还不是很好。

扩展： 使用高级分组聚合，例如 SELECT a, b, SUM(c) FROM tab1 GROUP BY a, b GROUPING SETS (a,b)，仅用了一个作业就能够实现 union 写法需要多个作业才能实现的事情，从这点来看能够减少多个作业在磁盘和网络 I/O 时多增加的负担，是一种优化，但是同时也要注意因过度使用高级分组聚合语句而导致的数据极速膨胀的问题。

通常使用简单的 GROUP BY 语句，一份数据只有一种聚合情况，一个分组聚合通常只有一个记录；使用高级分组聚合，例如 cube，在一个作业中一份数据会有多种聚合情况，最终输出时，每种聚合情况各自对应一条数据。

如果使用该高级分组聚合的语句处理的基表，在数据量很大的情况下容易导致 Map 或者 Reduce 任务因硬件资源不足而崩溃。Hive 中使用 hive.new.job.grouping.set.cardinality 配置项来应对上面可能出现的问题，如果 SQL 语句中处理的分组聚合情况超过该配置项指定的值，默认值（30），则会创建一个新的作业来处理该配置项的情况。

6.5 带窗口/分析函数的 SQL 执行计划解读

Hive 提供的窗口和分析函数有如下几种：

- lead() over();
- lag() over();
- first_value() over();
- count() over();
- sum() over();
- max() over();
- avg() over();
- rank() over();
- row_number() over();
- dense_rank() over();
- cume_dist() over();
- percent_rank() over();
- ntile() over()。

窗口函数同聚合函数一样，往往涉及对多行的数据进行汇总处理。汇总这些数据可能分布在不同的机器节点上，因此同样需要 Reduce 阶段进行数据的汇总处理。下面是能代表带聚合函数 SQL 执行计划的一个例子：

```
explain
--获取每个学生在同年龄段的得分排名
select s_no,row_number() over(partition by s_age order by s_score) rk
from student_tb_orc;
```

输出结果如下：

```
STAGE DEPENDENCIES:
  Stage-1 is a root stage
  Stage-0 depends on stages: Stage-1
STAGE PLANS:
  Stage: Stage-1
    Map Reduce
      Map Operator Tree:
          TableScan
            alias: student_tb_orc
            Statistics:
            Reduce Output Operator
              key expressions: s_age (type: bigint), s_score (type: bigint)
              sort order: ++
              Map-reduce partition columns: s_age (type: bigint)
              Statistics:
              value expressions: s_no (type: string)
      Reduce Operator Tree:
        Select Operator
          expressions: VALUE._col0 (type: string), KEY.reducesinkkey0 (type:
bigint), KEY.reducesinkkey1 (type: bigint)
          outputColumnNames: _col0, _col3, _col5
          Statistics:
          PTF Operator
```

```
            Function definitions:
                Input definition
                  input alias: ptf_0
                  output shape: _col0: string, _col3: bigint, _col5: bigint
                  type: WINDOWING
                Windowing table definition
                  input alias: ptf_1
                  name: windowingtablefunction
                  //窗口函数的排序列，对应 over 子句的 s_score
                  order by: _col5
                  //窗口函数的分区列，对应 over 子句的 s_age
                  partition by: _col3
                  raw input shape:
                  window functions:
                      window function definition
                        alias: _wcol0
                        //窗口函数的方法
                        name: row_number
                        //窗口函数对应的 Java 类，row_number 对应的
                        //GenericUDAFRowNumberEvaluator
                        window function: GenericUDAFRowNumberEvaluator
                        //表示当前窗口上下边界，默认 PRECEDING(MAX)~FOLLOWING(MAX)
                        //MAX 表示无边界，即会计算整个分区的数据
                        window frame: PRECEDING(MAX)~FOLLOWING(MAX)
                        isPivotResult: true
            Statistics:
            Select Operator
              //_col0 表示 s_no，_wcol0 表示窗口/分析函数计算结果输出的列，即 rk
              expressions: _col0 (type: string), _wcol0 (type: int)
              outputColumnNames: _col0, _col1
              Statistics:
              File Output Operator
```

通过上面打印的信息我们知道，在 Map 阶段，只经历 TableScan 和 Reduce Output operator 两个过程，其中 TableScan 用于表扫描，Reduce Output operator 用于从描述 Map 传输到 Reduce 输入的整个过程。下面是 Reduce Output operator 阶段出现的关键字解读。

- key expressions：表示 Map 阶段输出 key 包含两个列 s_age 和 s_score。
- sort order：表示在 Map 阶段对两个列 s_age 和 s_score 都进行排序。
- Map-reduce partition columns：描述 Map 的输出结果，分区器采用的分区列，在上面的分区列使用 s_age 列。
- value expressions：Map 阶段输出的 value 值，本例中 value 表示 s_no 这一列。

总结一下上面关键字表示的意思。在 Map 阶段会输出 s_no、s_age 和 s_score 这 3 列。输出数据 key 为两列，即 s_age 和 s_score，value 为 s_no 列，但是计算引擎不会将 key 中的两列（s_age 和 s_score）作为分区列并将 s_age 和 s_score 相同的值划分到相同的 reduce，而是单独将 s_age 作为分区列，即 SQL 中 over 子句里面指定的分区列，并将 s_age 中相同值的数据传输到相同的 Reduce 中进行处理。

上面案例中 Reduce 一开始就进行列的投影（select Operator），输出了如下 3 列。

- VALUE._col0：对应 Map 阶段输出的 value，即 s_no。
- KEY.reducesinkkey0：对应 Map 阶段输出 key 的第一列，即 s_age。
- KEY.reducesinkkey1：对应 Map 阶段输出 key 的第二列，即 s_score。

在列投影完成后就是进行窗口/分析函数的操作（PTF Operator）。PTF Operator 中个别关键字的解释见案例中的注释。

6.6　表连接的 SQL 执行计划解读

表连接是日常 SQL 开发中经常使用的功能，学习表连接的 SQL 执行计划，将有助于我们去理解 HiveSQL 的表连接技术。

6.6.1　Hive 表连接的类型

在 Hive 中表连接的类型可以分为下面 6 种。

（1）inner join：返回两个表/数据集连接字段的匹配记录，如图 6.4 所示。

（2）full outer join：返回左、右两个表/数据集的全部行，不管两边的表/数据集中是否存在相互匹配的行。不匹配的行，以空值代替，如图 6.5 所示。

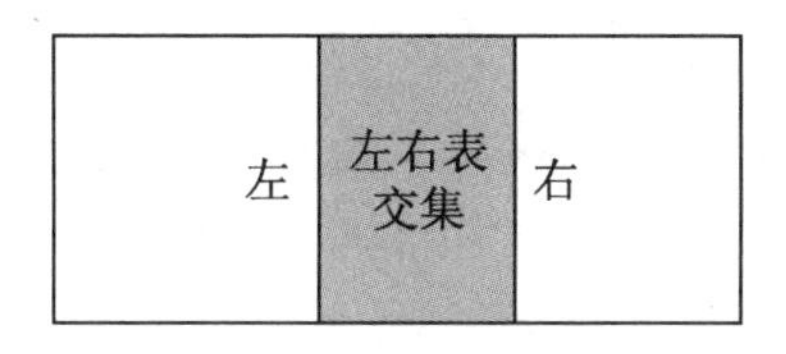

图 6.4　inner join 图例

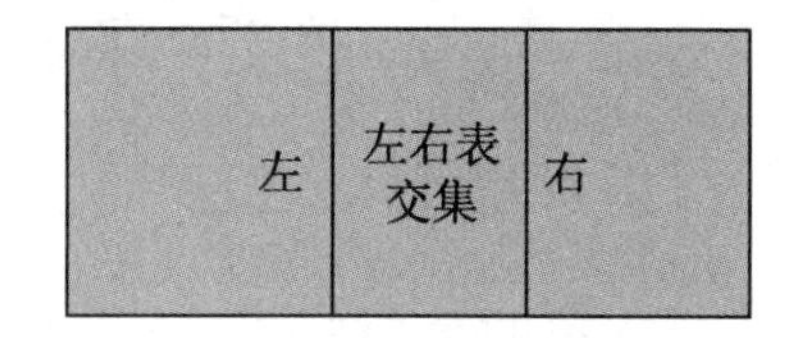

图 6.5　full join 图例

（3）left outer join：返回左表/数据集的所有记录，以及右表/数据集中与左表/数据集匹配的记录，如果没有则用空补齐，如图 6.6 所示。

（4）right outer join：返回右表/数据集的所有记录，以及左表/数据集中与右表/数据集匹配的记录，如果没有则用空补齐，如图 6.7 所示。

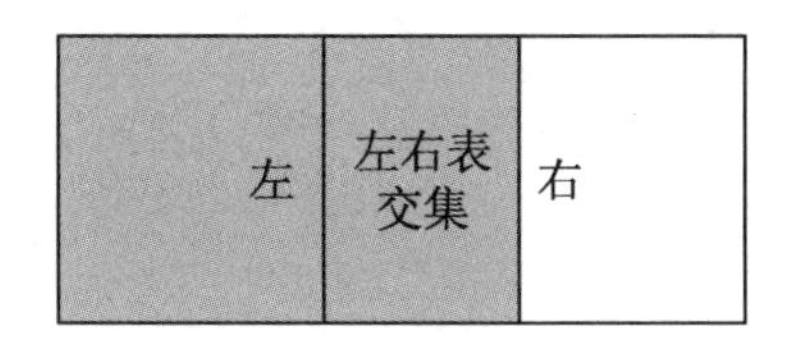

图 6.6　left outer join 图例

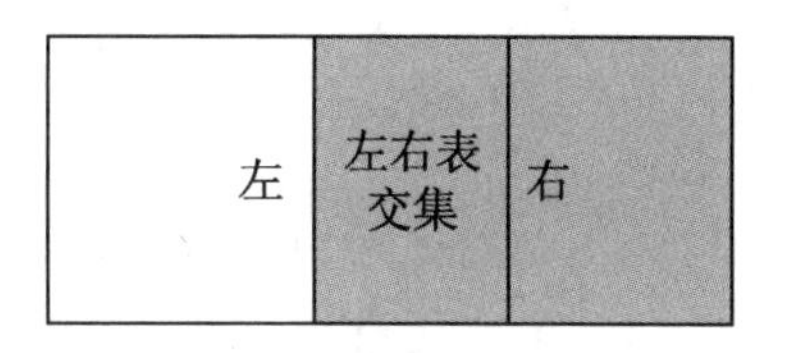

图 6.7　right outer join 图例

（5）left semi join：返回左表/数据集中与右表/数据集匹配的记录，如图 6.8 所示。

（6）cross join：返回左右两表连接字段的笛卡尔积。

下面依次来看看它们的执行计划。

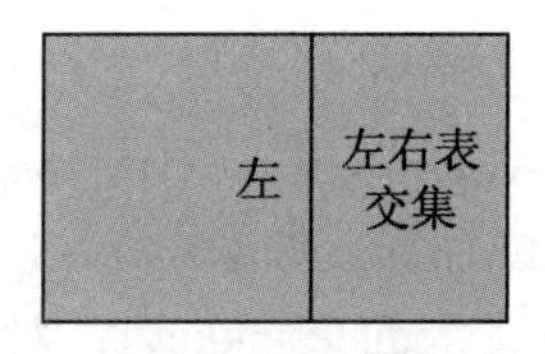

图 6.8 left semi join 图例

6.6.2 内连接和外连接

在 HiveSQL 的执行计划中，内连接（inner join）与外连接（outer join）的执行计划基本一致，外连接包含 full outer join、right outer join 和 left outer join。内连接与外连接唯一的区别在于 Reduce 阶段的 Join Operator，这里我们来看一个实际的案例。

【案例 6.21】 内连接的执行计划。

```
--student_tb_orc 和 student_orc_partition 两表进行内连接，连接匹配的字段为 s_no
explain
select a.s_no
from student_tb_orc a
inner join student_orc_partition b
on a.s_no=b.s_no;
```

打印的执行计划如下：

```
STAGE DEPENDENCIES:
  Stage-5 is a root stage , consists of Stage-1
  Stage-1
  Stage-0 depends on stages: Stage-1
STAGE PLANS:
  Stage: Stage-5
    Conditional Operator
  Stage: Stage-1
    Map Reduce
      Map Operator Tree:
          TableScan
            alias: a
            Filter Operator
              predicate: s_no is not null (type: boolean)
              Reduce Output Operator
                key expressions: s_no (type: string)
                sort order: +
                Map-reduce partition columns: s_no (type: string)
          TableScan
            alias: b
            Filter Operator
              predicate: s_no is not null (type: boolean)
              Reduce Output Operator
                key expressions: s_no (type: string)
                sort order: +
                Map-reduce partition columns: s_no (type: string)
      Reduce Operator Tree:
```

```
      Join Operator
        condition map:
             Inner Join 0 to 1
        keys:
          0 s_no (type: string)
          1 s_no (type: string)
        outputColumnNames: _col0
        File Output Operator
          compressed: false
          table:
              ...
```

在案例 6.21 中，与之前的任务中不同的是 Map 会同时读取两个表，都会经历 TableScan→Filter→Reduce Output 这 3 个操作。其中，Filter 操作，两表都会进行匹配字段的非空过滤，这是内连接内置的过滤；Reduce Output 操作，定义表在 Map 阶段输出的数据形式，两个 Reduce Output 表示内容一致，key 输出的字段是 s_no，在输出时采用正序，数据分区字段也是 s_no。也就是说，两个表在经过 Map 处理后以相同的 key 进行排序和分区，最后会将相同 key 的数据传递到相同的 Reduce 任务中。

在案例 6.21 中，可以看到 Reduce 阶段会新增一个操作——表连接（Join Operator）。下面我们针对 Join 出现的关键词，按照案例 6.21 Reduce 阶段的缩进格式逐一解读。

```
Join Operator：表示接下来会处理两表的连接
    keys:指定两表连接的条件
        0 s_no (type: string)，这里 0 指代 Map 阶段一个表输出的数据集，该案例指 a 输出
        的数据集，s_no 表示该数据集和另外一个数据集匹配的条件
        1 s_no (type: string)，这里 1 指代 Map 阶段另外一个表输出的数据集，该案例指 b 输出
        的数据集，s_no 表示该数据集和另外一个数据集匹配的条件
    condition map:
        Inner Join 0 to 1 指定两个数据集进行匹配，并声明了它们之间的连接算法
        本例表示 0 和 1 数据集进行匹配，连接算法采用 inner join
```

如果使用 full、right、left outer join 分别替代案例 6.21 中 inner join 的写法，它们跟 inner join 写法所打印的执行计划的区别就只有 Condition map，三者依次对应的执行计划中 Condition Map 如下：

- full outer join 对应 Outer Join 0 to1；
- left outer join 对应 Left Outer Join 0 to1；
- right outer join 对应 Right Outer Join 0 to1。

通读完整个 MapReduce，下面我们用 MapReduce 伪代码来演示案例 6.21 的 SQL。

【案例 6.22】 对应案例 6.21 的 SQL 伪代码。

```
map(inkey,invlaue,context)
    /*获取所读文件所在的路径
    * 在 Java 中可以采用下面的方式获取文件路径
    * FileSplit inputSplit = (FileSplit)context.getInputSplit();
    * String name = inputSplit.getPath().getName();
    */
```

```
    path=context.getpath()
    s_no=invalue.split()[0]
    if path.contain("student_tb_orc") && s_no != null
                                        //处理 student_tb_orc 的数据
        context.write(s_no,0)
    if path.contain("student_orc_partition") && s_no !=null
                                        //处理 student_orc_partition 的数据
        context.write(s_no,1)
//(1)inner join 的 Reduce 伪代码
reduce(inkey,invalues,context)
    //inner join，需要 invalues 同时包含 0 和 1，即左、右表的标记，表示两个数据集有
      匹配的字段
    if invlaues.contain('0') and invlaues.contain('1'):
        context.write(s_no,null)
//(2)left outer join 的 Reduce 伪代码
//left outer join 的 Map 伪代码同 inner join 的 Map 逻辑一致，这里就不重复列出了
reduce(inkey,invalues,context)
    //left outer join,只要 invalues 包含左表的标记'0'
    if invalues.contain('0')
        context.write(s_no,null)
//(3)right outer join 的 Reduce 伪代码
//right outer join 的 Map 伪代码同 inner join 的 Map 逻辑一致，这里就不重复列出了
reduce(inkey,invalues,context)
    //right outer join,只要 invalues 包含右表的标记'1'
    if invalues.contain('1')
        context.write(s_no,null)
//(4)full outer join 的 Reduce 伪代码
//full outer join 的 Map 伪代码同 inner join 的 Map 逻辑一致，这里就不重复列出了
reduce(inkey,invalues,context)
    //full outer join 取的是左、右并集，所以只需要判断 invalue 是否存在左、右两表
中的一个标记就可
    if invlaues.contain('0') or invlaues.contain('1'):
        context.write(s_no,null)
```

6.6.3 左半连接

左半连接（left semi join），用于判断一个表的数据在另外一个表中是否有相同的数据。可用于替代 Hive 中 in/exists 类型的子查询，类似下面的案例。

【案例 6.23】 左半连接查询的 SQL。

```
select * from tab1
where col1 in (select col1 from tab2)
--用 left semi join 写法如下:
select * from tab1
left semi join tab2 on tab1.col=tab2.col
```

扩展：在 Hive 2.0 版本以前不支持 in 类型的子查询，在 hive 2.0 及以后可以直接使用 in 类型的子查询，但是执行计划和基于相同逻辑使用 left semi join 打印的执行计划

一致，即两个是等价写法，不能存在孰优孰劣。

下面我们再来看看左半连接的SQL执行计划，见案例6.24。

【案例6.24】 左半连接的SQL执行计划。

```
explain
select *
from student_tb_orc a
left semi join student_orc_partition b
on a.s_no=b.s_no;
```

输出的结果如下：

```
STAGE DEPENDENCIES:
  Stage-4 is a root stage , consists of Stage-1
  Stage-1
  Stage-0 depends on stages: Stage-1
STAGE PLANS:
  Stage: Stage-4
    Conditional Operator
  Stage: Stage-1
    Map Reduce
      //Map Operator Tree 和案例 6.21 一致
      Map Operator Tree:
          TableScan
            alias: a
            Filter Operator
              predicate: s_no is not null (type: boolean)
              Reduce Output Operator
                key expressions: s_no (type: string)
                sort order: +
                Map-reduce partition columns: s_no (type: string)
          TableScan
            alias: b
            Filter Operator
              predicate: s_no is not null (type: boolean)
              Select Operator
                expressions: s_no (type: string)
                outputColumnNames: s_no
                Group By Operator
                  keys: s_no (type: string)
                  mode: hash
                  outputColumnNames: _col0
                  Reduce Output Operator
                    key expressions: _col0 (type: string)
                    sort order: +
                    Map-reduce partition columns: _col0 (type: string)
      Reduce Operator Tree:
        Join Operator
          condition map:
               Left Semi Join 0 to 1
          keys:
            0 s_no (type: string)
            1 _col0 (type: string)
          outputColumnNames: _col0
```

```
            File Output Operator
             …
```

在案例 6.24 的 Map 阶段中，从案例打印的信息可知，a 表的操作和案例 6.21 中 Map 阶段的 a 表操作一致。在本案例中，b 表会经过 Filter Operator→Select Operator→ **Group By Operator**→Reduce Output Operator 等几个过程的处理。与 inner join 案例的区别是多了一个 Group By Operator 的过程，该过程表示的含义是根据 s_no 字段进行分组聚合分。这个阶段进行分组聚合的一个作用是数据去重，以减少输出的数据量。效果同下面的例子：

```
select * from tab where col in (1, 1, 2, 3)
--改写后，去掉多余的匹配条件，减少 Map 和 Shuffle 的数据量
select * from tab where col in (1, 2, 3)
```

案例 6.24 中 Reduce 阶段同 inner join 基本一致，唯一有区别的是 condition map 声明的连接方式，改为 Left Semi join 0 to 1。

第 7 章　Hive 数据处理模式

Hive SQL 语法多种多样，但从数据处理的角度来说，这些语法本质上可以被分成 3 种模式，即过滤模式、聚合模式和连接模式。

过滤模式，即对数据的过滤，从过滤的粒度来看，分为数据行过滤、数据列过滤、文件过滤和目录过滤 4 种方式。这 4 种过滤方式有显式关键字表示，例如 where、having 等，也有隐式过滤，例如列式文件、物化视图等。

聚合模式，即数据的聚合，数据聚合的同时也意味着在处理数据过程中存在 Shuffle 的过程。Shuffle 过程应该是作为每一个 Hive 开发者需要特别注意的地方。

连接模式，即表连接的操作，这类操作分为两大类：有 Shuffle 的连接操作和无 Shuffle 的连接操作。这两个类型都有优缺点，但只要涉及表连接的都需要特别注意，因为表连接常常是程序性能的瓶颈点。

通过对这些计算模式的归纳、总结，我们能够了解各个模式的优缺点，日常有意识地去练习，将一个完整的复杂 SQL 拆解为如上 3 种模式的组合，可以提升 SQL 的优化水平。

7.1　过滤模式

数据过滤在数据处理场景中是最经常被用到的，开发者经常需要从大量的数据中过滤出一个结果集，在这个结果集之上进行计算。在 Hive 中进行过滤的地方有以下几点：

- where 子句过滤；
- having 子句过滤；
- distinct 命令过滤；
- 表过滤；
- 分区过滤；
- 分桶过滤；
- 索引过滤；
- 列过滤。

7.1.1 where 子句过滤模式

在 HiveSQL 里面经常用到的过滤方法就是使用 where 子句，例如案例 7.1。

【案例 7.1】 包含 where 子句的 SQL。

```
explain
select * from student_tb_seq where s_age=19 and s_name like '%红%'
and s_score in (100,50,22)
```

where 子句在执行计划中以 filter 操作表示，代码如下：

```
STAGE PLANS:
  Stage: Stage-1
    Map Reduce
      Map Operator Tree:
          TableScan
            alias: student_tb_seq
            Filter Operator
              predicate: (((s_age = 19) and (s_name like '%红%')) and (s_score)
IN (100, 50, 22)) (type: boolean)
              Select Operator
                expressions: s_no (type: string), s_name (type: string),
s_birth (type: string), 19 (type: bigint), s_sex (type: string), s_score
(type: bigint), s_desc (type: string)
                outputColumnNames: _col0, _col1, _col2, _col3, _col4, _col5, _col6
                …
```

备注： SQL 打印的执行计划很长，为了不模糊我们关注的焦点，代码中会以“…”来代替省略的内容。下面的例子也会使用相同的方式。

从以上信息可以看到，where 的 filter 操作发生在 Map 操作阶段，表示在 Map 阶段就已经执行完数据过滤。案例 7.1 可以使用如下 MapReduce 的伪代码来表示，见案例 7.2。

【案例 7.2】 含有 where 过滤条件的 MapReduce 伪代码。

```
map (inkey, invalue,context) :
    //在 Map 区读取一般的 Hive 表时，在 MapReduce 引擎看来只是一行字符串
    //如果要获取字符串的列，需要对字符串按表的分隔符进行分割
    colsArray= invalue.split("\t")
    s_age=colsArray[3]
    s_name=colsArray[2]
    s_score=colsArray[5]
    //如果不是 19，则丢弃整行数据
    if s_age !=19:
        return;
    //如果在名字中找不到"红"的字，会返回索引-1，抛弃整条数据
    if s_name.indexof("红")==-1:
        rerturn;
    //如果分数不是 100，50
    if s_score !=100 or s_score!= 50 or s_score!=22:
```

```
        return
    //符合上面 3 个规则的，将数据输出
    context.write(null,s_age+'\t'+s_name+'\t'+s_score)
    //只有 where 子句用不到 reduce()方法
reduce(inkey, invalue, context):
```

从上面的代码中我们可以看到，where 子句发生在 Map 端，Map 端的任务在执行时会尽可能将计算逻辑发送到数据所在的机器中执行，这时候可以利用分布式计算的优点，多机同时执行过滤操作，快速过滤掉大量的数据。如果能够在 Map 端过滤掉大量的数据，就可以减少跨机器进行网络传输到 Reducer 端的数据量，从而提升 Map 后面环节的处理效率。

通过 where 子句的过滤模式，启示我们对于一个作业应尽量将其放在前面环节进行数据过滤，对于一个由几个大的作业组成的任务，为了提升整体的效率，也应尽可能地让前面的环节过滤掉大量非必须的数据。

例如，对于一个 HiveSQL 脚本，通常由多个作业组成，转换成 MapReduce 任务，表示为 Map1-Reduce1-Map2-Reduce2…-MapN-ReduceN。如果能够在前面的 Map 或者 Reduce 中过滤掉大量的数据，就有利于减少后面的作业处理和传输的数据量，从而提高整体的作业性能。例如下面的案例 7.3。

【案例 7.3】 尽早过滤掉不需要的数据。

```
select count(s_age) from (
    select s_age, count(1) num
    from student_tb_seq
    group by s_age
) a
where s_age <30 and num>20
--处理后的例子代码如下：
select count(s_age) from (
    select s_age, count(1) num
    from student_tb_seq
    where s_age<30
    group by s_age
        having count(1)>20
) a
```

7.1.2　having 子句过滤

having 子句过滤发生在数据聚合后，在 MapReduce 引擎中表示在 Reduce 阶段进行 having 子句的条件过滤，见案例 7.4 所示。

【案例 7.4】 包含 having 子句的 SQL。

```
select s_age, count(1) num
from student_tb_orc
group by s_age
  having count(1)>20
```

上面例子的 having 对应的 Reduce 解释阶段如下：

```
 Reduce Operator Tree:
    Group By Operator
      aggregations: count(VALUE._col0)
      keys: KEY._col0 (type: bigint)
      mode: mergepartial
      outputColumnNames: _col0, _col1
      Statistics: ..
      Filter Operator
        predicate: (_col1 > 20) (type: boolean)
        Statistics: …
        File Output Operator
          compressed: false
          Statistics: ……
          table:
              input format: org.apache.hadoop.mapred.TextInputFormat
              output format: org.apache.hadoop.hive.ql.io.HiveIgnoreKeyText
OutputFormat
              serde: org.apache.hadoop.hive.serde2.lazy.LazySimpleSerDe
```

从上面的代码中可以看到，having 子句所对应的过滤操作（Filter Operator）发生在 Reduce Operator 和 Group By Operator 两个操作之后，即在 Reduce 阶段进行分组聚合做数据过滤。上面的执行计划可以用下面案例 7.5 的伪代码表示。

【案例 7.5】 对应案例 7.4 的 MapReduce 伪代码。

```
map(inkey,invalue,context)
    colsArray= invalue.split("\t")
    s_age=colsArray[3]
    //输出的 key 是年龄，value 是固定值，用 1 表示存在一个这样年龄的人
    context.write(s_age,1)
reduce(inkey,invalues,context)
    //size 表示获取数组长度
    //获取每个 key，对应的总人数
    count=size(invalues)
    //如果是每个 key 对应的总人数大于 20 才输出
    if count>20:
        context.write(inkey,count)
```

7.1.3 distinct 子句过滤

distinct 子句用于列投影中过滤重复的数据，在 Hive 中其实也是发生在 Reduce 阶段，见案例 7.6。

【案例 7.6】 含有 distinct 的简单 SQL。

```
explain
select distinct s_age
from student_tb_seq
```

上面的例子在关闭 Map 端聚合的情况下（即将 hive.map.aggr 设置为 false）对应的执

行计划如下：

```
Map Operator Tree:
 TableScan
   alias: student_tb_seq
   Statistics: ...
   Select Operator
     expressions: s_age (type: bigint)
     outputColumnNames: s_age
     Statistics: ...
     Reduce Output Operator
       key expressions: s_age (type: bigint)
       sort order: +
       Map-reduce partition columns: s_age (type: bigint)
       Statistics: ...
Reduce Operator Tree:
    Group By Operator
      keys: KEY._col0 (type: bigint)
      mode: complete
      outputColumnNames: _col0
      Statistics: ...
      File Output Operator
        compressed: false
        …
```

从上面的信息可以看到，Hive 的 distinct 去重会在 Reduce 阶段使用 Group By Operator 操作将其转化成分组聚合的方式，分组的列 key._col0 就是 s_age 列。也就是说，在 Hive 中上面的语句其实和下面的语句等价：

```
explain
select s_age
from student_tb_seq
group by s_age
```

上面的案例对应的执行计划如下：

```
Map Operator Tree:
    TableScan
      alias: student_tb_seq
      Statistics: ...
      Select Operator
        expressions: s_age (type: bigint)
        outputColumnNames: s_age
        Statistics: ...
        Reduce Output Operator
          key expressions: s_age (type: bigint)
          sort order: +
          Map-reduce partition columns: s_age (type: bigint)
          Statistics: ...
Reduce Operator Tree:
  Group By Operator
    keys: KEY._col0 (type: bigint)
    mode: complete
    outputColumnNames: _col0
    Statistics: ...
    File Output Operator
```

```
        compressed: false
        Statistics: ...
        …
```

可以看到两个语句 Reduce 阶段的执行计划基本一致。

扩展：使用分组聚合的方式不是 Hive 去重的唯一方式，有时 Hive 还会用 Hash 表进行去重。

7.1.4　表过滤

表过滤是指过滤掉同一个 SQL 语句需要多次访问相同表的数据，将重复的访问操作过滤掉并压缩成只读取一次。表过滤的常见操作就是使用 multi-group-by 语法替换多个查询语句求并集的句式。下面让我们来看两个案例，一个是案例 7.7 使用多个查询语句求并集的 SQL，一个是案例 7.8 使用 multi-group-by 的 SQL。

【案例 7.7】 多个查询语句求并集的 SQL。

```
set hive.exec.dynamic.partition=true;
set hive.exec.dynamic.partition.mode=nonstrict;
explain
insert into table student_stat partition(tp)
select s_age,max(s_birth) stat,'max' tp
from student_tb_seq
group by s_age
union all
select s_age,min(s_birth) stat, 'min' tp
from student_tb_seq
group by s_age;
```

上面的查询语句对应的执行计划主要有 3 个 stage（stage-1、stage-9、stage-2），具体如下：

```
STAGE PLANS:
  //计算最大值的 stage
  Stage: Stage-1
    Map Reduce
      Map Operator Tree:
          TableScan
            alias: student_tb_seq
            ...
      Reduce Operator Tree:
        Group By Operator
          aggregations: max(VALUE._col0)
          keys: KEY._col0 (type: bigint)
          ...
  //取最大值和最小值的并集
  Stage: Stage-2
    Map Reduce
      Map Operator Tree:
```

```
        TableScan
          Union
          ...
        TableScan
          Union
          ...
...
//计算最小值的stage
Stage: Stage-9
  Map Reduce
    Map Operator Tree:
        TableScan
          alias: student_tb_seq
          ...
    Reduce Operator Tree:
      Group By Operator
        aggregations: min(VALUE._col0)
        keys: KEY._col0 (type: bigint)
        ...
```

从上面的代码中可以看到，在计算最大值和最小值时在 Map 阶段都会进行一次表扫描（TableScan）的操作，存在重复读取表数据的操作，如果一次读取的数据比较大时会占用更多的磁盘 I/O 资源。为了避免这种情况的发生，Hive 引入了 from..select 形式，查询的表在一次读取后，可以被多个查询语句使用，即上面的案例 7.7 可以转换成案例 7.8 的形式。

【案例 7.8】 使用 multi-group-by-insert 语法。

```
set hive.exec.dynamic.partition=true;
set hive.exec.dynamic.partition.mode=nonstrict;
explain
from student_tb_seq
insert into table student_stat partition(tp)
select s_age,min(s_birth) stat,'max' stat
group by s_age
insert into table  student_stat partition(tp)
select s_age,max(s_birth) stat,'min' stat
group by s_age;
```

对应的执行计划如下：

```
STAGE PLANS:
  Stage: Stage-2
    Map Reduce
      Map Operator Tree:
          //只对表进行一次扫描的操作
          TableScan
            alias: student_tb_seq
            ...
      Reduce Operator Tree:
        //在一个reduce operator操作内同时对最大值和最小值进行聚合
        Forward
          //计算最小值
          Group By Operator
```

```
          aggregations: min(VALUE._col0)
          keys: KEY._col0 (type: bigint)
          mode: complete
          ...
        //计算最大值
        Group By Operator
          aggregations: max(VALUE._col0)
          keys: KEY._col0 (type: bigint)
          mode: complete
          ...
```

从上面的执行计划可以看到，只需要一次读取，就可以完成所有的计算。案例 7.9 是上面执行计划对应的 MapReduce 伪代码。

【案例 7.9】 对应案例 7.8 的 SQL 程序逻辑的 MapReduce 伪代码。

```
//Map 的数据不做处理，取到对应字段，直接写出即可
map(inkey,invalue,context)
  colsArray= invalue.split("\t")
  s_age=colsArray[3]
  s_birth=colsArray[2]
  //输出的 key 是年龄，value 是 s_birth
  //MapReduce 引擎会将相同的 key，即相同的年龄分发到同一个 Reduce 中进行处理
  context.write(s_age,s_birth)
reduce(inkey,invalues,context)
  //初始化最大值和最小值
  max=invalues[0]
  min=invalues[0]
  //遍历 invalues
  for item_s_birth in invalues:
      if item_s_birth>max:
         max=item_s_birth
      if item_s_birth<min:
         min=item_s_birth
  //输出最大值
  context.write(inkey,max+'\t'+'max')
  //输出最小值
  context.write(inkey,min+'\t'+'min')
```

7.1.5 分区过滤

在 HiveSQL 里面分区过滤的使用方式是在 where 子句新增分区列的筛选条件。看起来和 where 子句的过滤方式一致，其实两者是不一样的，普通 where 子句的过滤是在 Map 阶段，增加判断条件以剔除不满足条件的数据行，而分区列筛选其实是在 Map 的上一个阶段，即在输入阶段进行路径的过滤。

分区列能够在 Map 之前的更早阶段进行数据过滤，其实得益于分区表存储格式，每个分区在分布式文件系统中是以目录形式存在，一个分区对应一个目录。例如，分区表 student_orc_partition，分区列是 part。如图 7.1 是其在 HDFS 中的表现形式截图。

```
$ hdfs dfs -ls /mnt/data/bigdata/hive/warehouse/student_orc_partition
Found 10 items
drwxrwxrwt   - hdfs hive          0 2018-11-20 16:12 /mnt/data/bigdata/hive/warehouse/student_orc_partition/part=0
drwxrwxrwt   - hdfs hive          0 2018-11-20 16:12 /mnt/data/bigdata/hive/warehouse/student_orc_partition/part=1
drwxrwxrwt   - hdfs hive          0 2018-11-20 16:12 /mnt/data/bigdata/hive/warehouse/student_orc_partition/part=2
drwxrwxrwt   - hdfs hive          0 2018-11-20 16:12 /mnt/data/bigdata/hive/warehouse/student_orc_partition/part=3
drwxrwxrwt   - hdfs hive          0 2018-11-20 16:12 /mnt/data/bigdata/hive/warehouse/student_orc_partition/part=4
drwxrwxrwt   - hdfs hive          0 2018-11-20 16:12 /mnt/data/bigdata/hive/warehouse/student_orc_partition/part=5
drwxrwxrwt   - hdfs hive          0 2018-11-20 16:12 /mnt/data/bigdata/hive/warehouse/student_orc_partition/part=6
drwxrwxrwt   - hdfs hive          0 2018-11-20 16:12 /mnt/data/bigdata/hive/warehouse/student_orc_partition/part=7
drwxrwxrwt   - hdfs hive          0 2018-11-20 16:12 /mnt/data/bigdata/hive/warehouse/student_orc_partition/part=8
drwxrwxrwt   - hdfs hive          0 2018-11-20 16:12 /mnt/data/bigdata/hive/warehouse/student_orc_partition/part=9
```

10个分区10个目录

图 7.1　分区表在 HDFS 中表现的形式

注意：Hive 分区的表示形式和传统关系型数据库的分区表现形式不一样。

MapReduce 设置路径的方式在主函数中，如图 7.2 所示。

```
//mapreduce提交作业的主函数
public static void main(String[] args) throws Exception {
  Configuration conf = new Configuration();
  String[] otherArgs = new GenericOptionsParser(conf, args).getRemainingArgs();
  Job job = Job.getInstance(conf, "word count");
  job.setJarByClass(WordCount.class);
  job.setMapperClass(TokenizerMapper.class);
  job.setCombinerClass(IntSumReducer.class);
  job.setReducerClass(IntSumReducer.class);
  job.setOutputKeyClass(Text.class);
  job.setOutputValueClass(IntWritable.class);

  FileInputFormat.addInputPath(job, new Path(输入路径));
  FileOutputFormat.setOutputPath(job,new Path(输出路径));

  System.exit(job.waitForCompletion(true) ? 0 : 1);
}
```

设置输入路径

图 7.2　MapReduce 提交作业的主函数

从图 7.2 中可以看到，在构建整个作业之初，在 FileInputFormat 中设置分区的路径时，不符合条件的路径直接略过不会读取，所以分区能从一开始就进行数据的过滤。

7.1.6　分桶过滤

分桶能够对原有表或者分区所存储的数据进行重新组织，使得通过分桶的方式能够快速过滤掉大量不需要遍历的文件。可以说分区是对目录的过滤，分桶是对文件的过滤。如图 7.3 是将 Hive 普通表划分成 Hive 桶表的示意图。

每个记录存储到桶的算法如下：

记录所存储的桶=mod(hash(分桶列的值),4)

其中，hash 表示 Hash 函数，获取分桶列的值对应的哈希值；mod 表示取余函数。

这里来看一个将普通表转化为分区表的例子。在第 1 章中我们使用相同的数据创建了普通表 student_tb_orc 和分桶表 student_orc_bucket，如图 7.4 是两个表在 HDFS 中存储方式的对比。

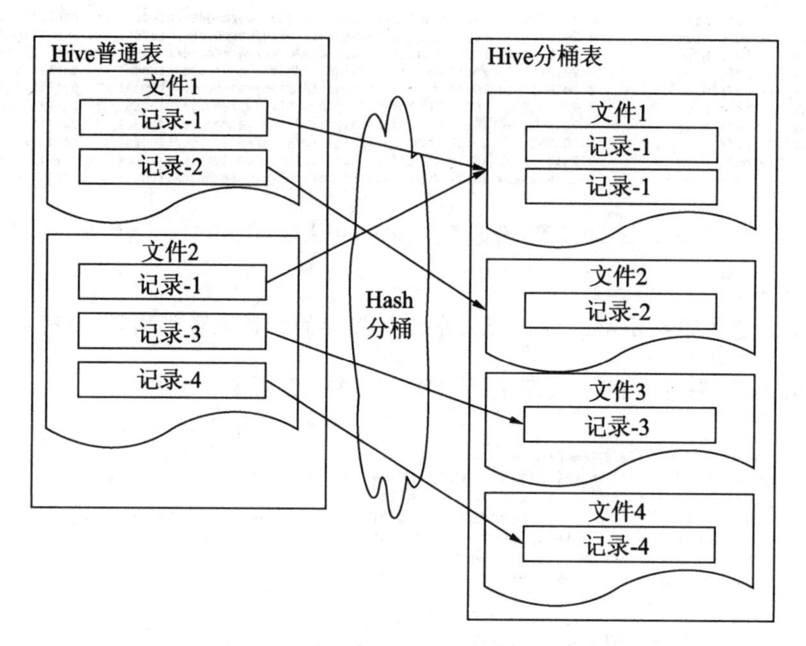

图 7.3　Hive 桶表和普通表的数据存储

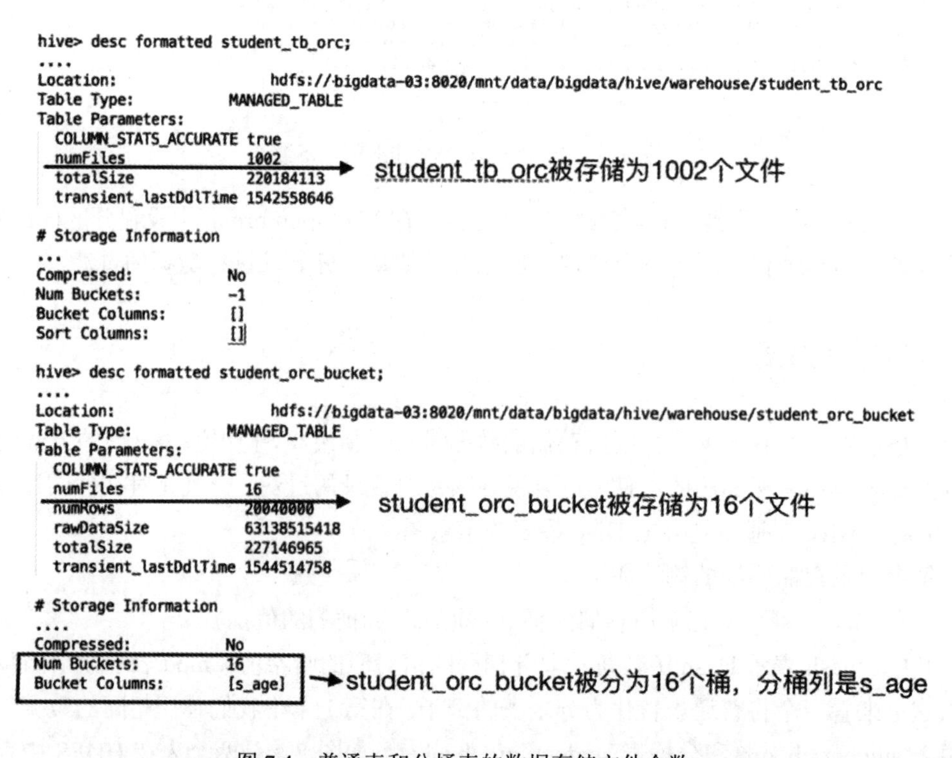

图 7.4　普通表和分桶表的数据存储文件个数

扩展： 查看表在 HDFS 的存储，使用 hdfs dfs –ls [表的路径]命令，表的路径为图 7.4 中的 location 指代的地址。

Hive 会将上面计算得出的相同值存储在一起。如果在进行数据查询的时候，查询字段带有分桶的字段，则能够定位到符合条件记录所在的文件，避免了需要扫描所有文件块，这对于含有几万、几十万个文件的大表，可以极大缩短读取数据的时间，同时也有助于在 Map 端的表连接。

7.1.7　索引过滤

Hive 的索引在 Hive 3.0 版本中被废弃，可以使用两种方式进行替换：

方式一，物化视图（Materialized views）。这个概念对于使用 Oracle 的开发者并不陌生，通过使用物化视图，可以达到类似 hive 索引的效果，该特性在 Hive 2.3.0 版本中引入。

方式二，使用 ORC/Parquet 的文件存储格式，也能够实现类似索引选择性扫描，快速过滤不需要遍历的 block，这是比分桶更为细粒度的过滤。

备注： ORC/Paquet 在第 9 章中会详细介绍。

7.1.8　列过滤

在 SQL 中可以使用关键字 select 对字段时行过滤。但是 Hive 存的数据是在 HDFS 中，如果不使用特殊的数据存储格式，在进行列筛选时，通常需要先取整行的数据，再通过列的偏移量取得对应的列值，这个过程对于 HiveSQL 的使用者来说是透明的，从 MapReduce 的伪代码中可以看出存在这样的一个过程。例如案例 7.2 和案例 7.6 的 MapReduce 伪代码中我们都可以看到类似的代码：

```
map(inkey,invalue,context)
  //先取得一整行的数据，所有列按制表符进行切分存放到数组 colsArray 里
  colsArray= invalue.split("\t")
  //根据列所在的位置取得对应的列值
  s_age=colsArray[3]
  s_birth=colsArray[2]
```

在 ORC/Parquet 中存储了文件定义的 Schema，ORC/Parquet 可以通过 Schema 直接读取表所在的列，以达到列过滤的目的。下面是使用 MapReduce 的 Map 任务处理 ORC 文件的代码：

```
public static class MyMapper
    extends Mapper<NullWritable,OrcStruct,Text,IntWritable> {
  public void map(NullWritable key, OrcStruct value,
```

```
                    Context output) throws IOException, InterruptedException {
    //OrcStruct 已经包含了需要查询数据对应的 schema，可以直接通过 getFieldValue 方法
    output.write((Text) value.getFieldValue(0),
                (IntWritable) value.getFieldValue(1));
  }
}
```

从上面的代码中可以看到，Map 阶段的 map()方法会接收 Key 为 NullWritable，Value 为 OrcStruct 类型，OrcStruct 已经包含了需要查询数据对应的 schema，可以直接通过 getFieldValue 方法获取所需要的字段值，而不需要将数据的所有字段读取出来后按间隔符号进行切分，再获取对应偏移量的值。

7.2 聚合模式

聚合模式，即将多行的数据缩减成一行或者少数几行的计算模式。通过聚合模式，可以在整个计算流程的前面快速过滤掉作业中传输的数据量，使得计算流程的后续操作中的数据量大为降低，适当提高了程序的运行效率。有时会存在两种情况，会导致聚合模式运行效率低下。

第一种情况，数据分布出现极大的不均匀现象，将导致集群中的某个节点需要处理大量的数据。我们用图 7.5 来表示。

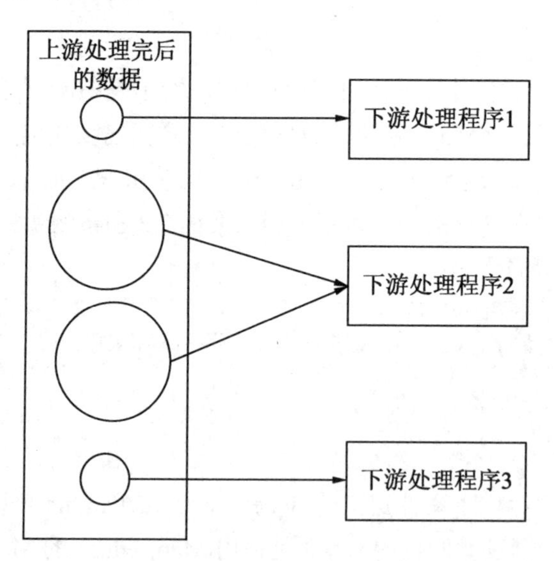

图 7.5　数据分布不均引起计算时出现的数据倾斜

第二种情况，大量的数据无法在前面的流程处理中，后面的流程又需要先收集部分甚至全部的数据才能进行处理，或者采用一种需要特别耗内存空间的算法，导致整个下游程

序需要占用极大的内存资源、磁盘 I/O 资源，甚至要求的资源大于一个服务器所能承载的内存。

常见的关于计算模式的聚合模式有：

- distinct 模式；
- count 计数的聚合模式；
- 数值相关的聚合模式；
- 行转列的聚合模式。

7.2.1　distinct 模式

在过滤模式时我们提到 distinct 的过滤，其实它也兼具了部分聚合的功能。在 Hive 中使用 distinct 的功能，如果开启 hive.map.aggr=true 配置，那么使用 distinct 子句的处理流程，会在前面流程中进行数据聚合，减少数据流转到下游后，下游处理程序处理的数据量，如案例 7.10 所示。

【案例 7.10】 开启 Map 端聚合的去重 SQL。

```
set hive.map.aggr=true;
select distinct s_score
from student_tb_orc
```

查看上面案例的执行计划，如图 7.6 所示。

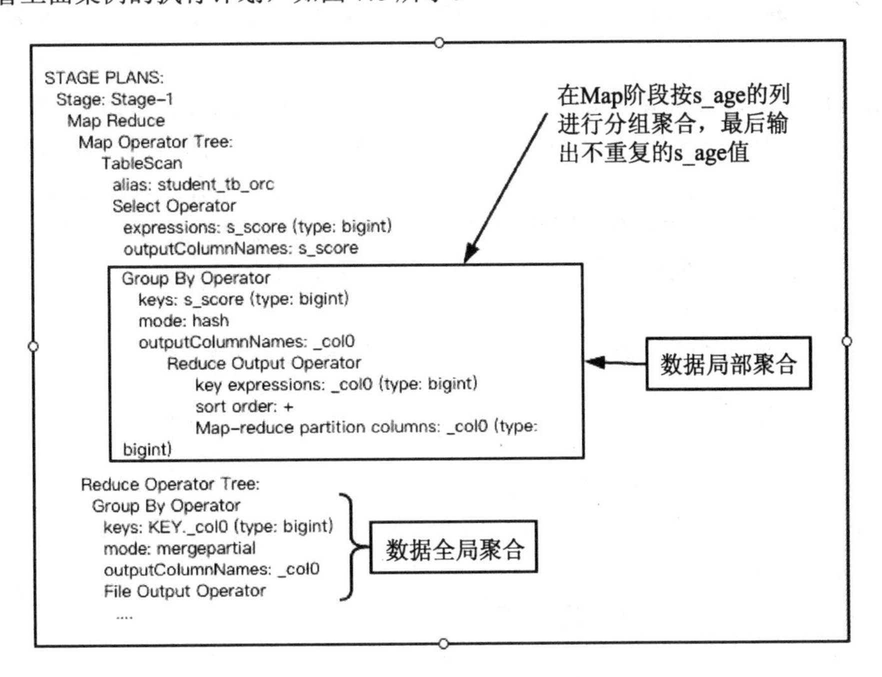

图 7.6　案例 7.10 的执行计划结果图

在 Map 阶段，进行了数据局部聚合，在 Reduce 阶段进行数据全局聚合。用下面案例 7.11 的 MapReduce 伪代码来表示上面的执行计划。

【案例 7.11】 案例 7.10 对应的伪代码。

```
//Map 的数据不做处理，取到对应字段，直接写出即可
map(inkey,invalue,context)
  colsArray= invalue.split("\t")
  s_score=colsArray[4]
  //输出的 key 是年龄，value 是 s_birth
  //MapReduce 引擎会将相同 key，即相同 s_score 的值分发到同一个 combine/reduce 中
进行处理
  context.write(s_score,null)
combine(inkey,invalues,context)
  //抛弃 invalues，只输出 key，这一步就是对应 Map 阶段的数据局部聚合
  context.write(inkey)
reduce(inkey,invalues,context)
  //抛弃 invalues，只输出 key，这一步就是 Reduce 阶段的数据全局聚合
  context.write(inkey)
```

7.2.2 count(列)、count(*)、count(1)行计数聚合模式

在实际工作中，我们经常使用的就是行数的统计。在 Hive 中进行行数的统计有 count(列)、count(*)和 count(1)几种写法，这几种写法在实际执行有一定的差异，结果可能也不太一样。

- count(列)：如果列中有 null 值，那么这一列不会被记入统计的行数。另外，Hive 读取数据进行计算时，需要将字节流转化为对象的序列化和反序列化的操作。
- count(*)：不会出现 count(列)在行是 null 值的情况下，不计入行数的问题。另外，count(*)在进行数据统计时不会读取表中的数据，只会使用到 HDFS 文件中每一行的行偏移量。该偏移量是数据写入 HDFS 文件时，HDFS 添加的。
- count(1)和 count(*)类似，不再赘述。

下面通过分析上述 3 种情况，执行计划以及 MapReduce 伪代码。

1. count(列)

【案例 7.12】 count(列)的 SQL。

```
explain
Select count(s_score) from student_tb_orc;
```

上面案例对应的执行计划如图 7.7 所示。

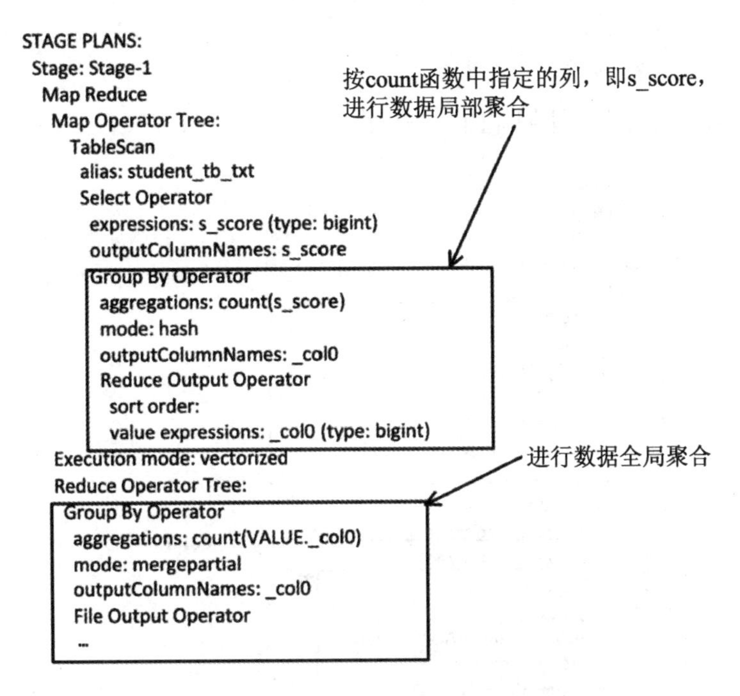

图 7.7　案例 7.12 的执行计划结果图

上面的执行计划对应 MapReduce 伪代码，如案例 7.13 所示。

【案例 7.13】 案例 7.12 的 MapReduce 伪代码。

```
map(inkey,invalue,context)
    colsArray= invalue.split("\t")
    s_score=colsArray[4]
    //将数据输出到 combine，每一行的记录都会被保存在 invalues 集合中
    context.write(null,s_score)
combine(inkey,invalues,context)
    long part_sum=0
    part_sum=invalues.size()     //行数等于 invalues 的长度
    context.write(null, part_sum)
reduce(inkey,invalues,context)
    long all_sum=0
    for item in invalues:
        all_sum+=item          //将在 combine 中汇总的数据进行加总，得到最终记录数
    context.write(null, all_sum)
```

2. count(*)

【案例 7.14】 含 count(*)的 SQL。

```
set hive.map.aggr=true;
explain
```

```
select count(*)
from student_tb_txt
```

上面的案例对应的执行计划如图 7.8 所示。

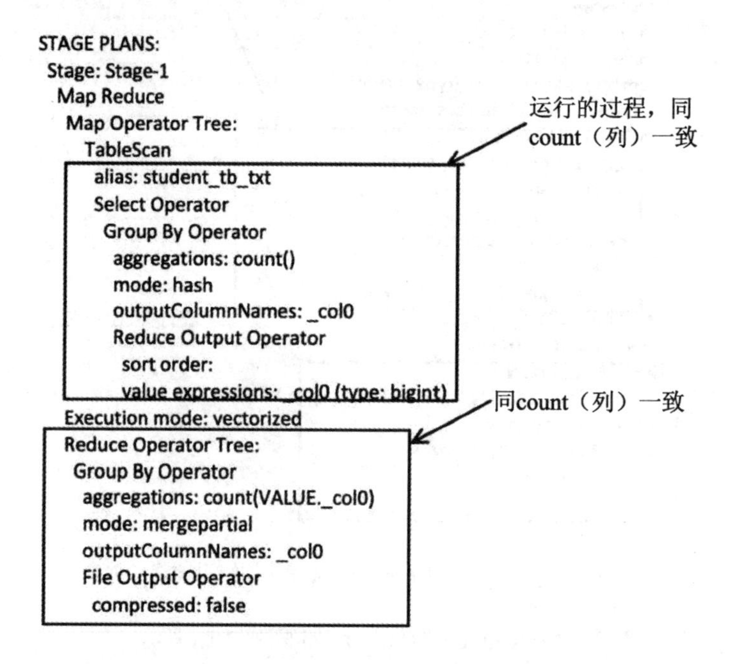

图 7.8　案例 7.14 的执行计划结果图

上面的执行计划对应的 MapReduce 伪代码，如案例 7.15 所示。

【案例 7.15】 对应案例 7.14 的 MapReduce 伪代码。

```
map(inkey,invalue,context)
    context.write(null,inkey)
combine(inkey,invalues,context)
    …//逻辑和 count（列）一致
reduce(inkey,invalues,context)
    …//逻辑和 count（列）一致
```

3.count(1)

【案例 7.16】 count(1)的 SQL。

```
set hive.map.aggr=true;
explain
select count(1)
from student_tb_txt
```

上面的代码对应的执行计划如图 7.9 所示。

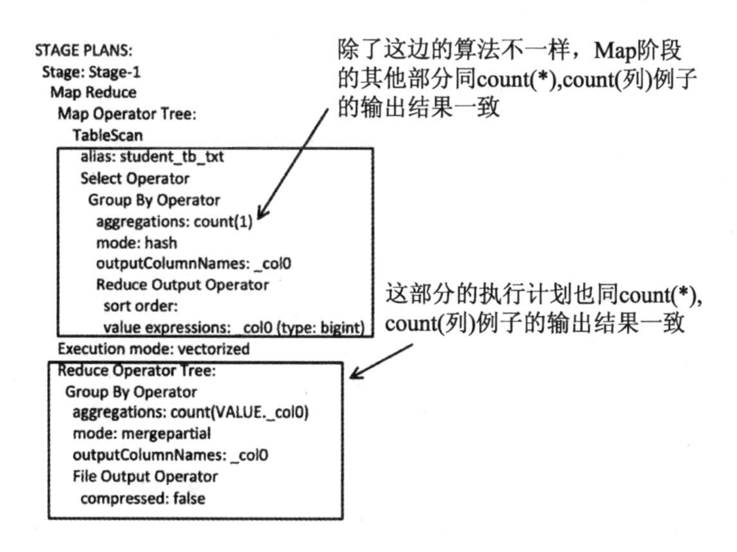

图 7.9　案例 7.16 的执行计划结果图

上面的执行计划对应的 MapReduce 伪代码，如案例 7.17 所示。

【案例 7.17】 案例 7.16 的 MapReduce 伪代码。

```
map(inkey,invalue,context)
    context.write(null,invalue)      //不对 invalue 进行操作，直接输出，这边的
                                       invalue 就是 1
combine(inkey,invalues,context)
    …                                //逻辑和 count(列)一致
reduce(inkey,invalues,context)
    …                                //逻辑和 count(列)一致
```

通过上面的 MapReduce 伪代码我们可以知道，即使 3 种类型的行计数方法执行计划接近，三者背后的实现机制也是不一样的。严格意义上来说，count(列)和 count(*)、count(1)不等价，count(列)只是针对列的计数，另外两者则是针对表的计数，当列不为 null 时，count(列)和另外两者一致，但是 count(列)还会涉及字段的筛选，以及数据序列化和反序列化，所以 count(*)和 count(1)的性能会更占优。当然，在不同数据存储格式里，上面结论不一定成立。例如，在 ORC 文件中，count 算子可以直接读取索引中的统计信息，三者最后的表现性能差异不大。

7.2.3　可计算中间结果的聚合模式

通常在计算过程中，数据如果可以被归并聚合，我们称这样的计算模式为可聚合模式。这类模式有个特点，在计算大量数据时，数据可以进行局部归并汇总，如果允许中间计算流程进行局部汇总，则中间数据传输量极少，最后的数据结果仅为有限的几条。

这种聚合模式是非常高效的模式，因为大量的数据在前面的流程中已经被处理，之后的处理流程所消耗的网络等其他硬件资源非常少。常见的数值聚合模式的函数有 sum、max、min、avg、varicance()、var_pop()、stddev_pop()和 stddev_samp()等。如图 7.10 所示为一个求和的过程。

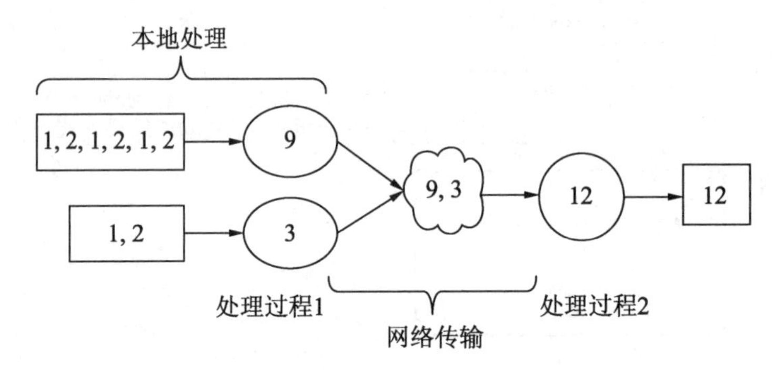

图 7.10　求和的 MapReduce 过程

大部分数据在本地处理阶段被聚合成一个或者少数几个数据，在后面的阶段可以在这些中间结果上做计算，减少网络和下游节点处理的数据量。下面以求最大值为例来看看这类模式的执行计划，代码见案例 7.18。

【案例 7.18】 求最大的 SQL。

```
explain
select max(s_score)
from student_tb_orc;
```

上面案例对应的执行计划如下：

```
STAGE PLANS:
  Stage: Stage-1
    Map Reduce
      Map Operator Tree:
          TableScan
            alias: student_tb_orc
            Select Operator
              expressions: s_score (type: bigint)
              outputColumnNames: s_score
              Group By Operator
                aggregations: max(s_score)
                mode: hash
                outputColumnNames: _col0
                Reduce Output Operator
                  sort order:
                  value expressions: _col0 (type: bigint)
      Execution mode: vectorized
      Reduce Operator Tree:
        Group By Operator
          aggregations: max(VALUE._col0)
          mode: mergepartial
```

```
        outputColumnNames: _col0
        File Output Operator
          compressed: false
            ...
```

从上面的执行计划可以看出，这种类型的执行计划同 count(列)案例，即案例 7.12 的解释基本一致，不同之处在于 Map 和 Reduce 阶段的 Group By Operator 两个操作中 aggregations 的算法。下面案例是案例 7.18 对应的 MapReduce 伪代码。

【案例 7.19】 对应案例 7.18 对应的 MapReduce 伪代码。

```
maxScore=0L                          //声明一个 map 阶段的全局变量，用于存储最大值
map(inkey,invalue,context)
    colsArray= invalue.split("\t")
    s_score=colsArray[4]
    //将数据输出到 combine，每一行的记录都会被保存在 invalues 集合中
    if maxScore<s_score:
     maxScore=s_score
    context.write(null,s_score)
combine(inkey,invalues,context)
maxValue=max(invalues)               //取 invalues 集合中的最大值
    context.write(null, maxValue)
reduce(inkey,invalues,context)
maxValue=max(invalues)               //取 invalues 集合中的最大值
    context.write(null, maxValue)
```

7.2.4　不可计算中间结果的聚合模式

通常将多行的数据聚合到一行中，该行含有多行的所有明细数据的计算模式称为不可汇总。这种情况要注意某些节点汇总的数据量是否过大，产生数据倾斜。在 Hive 中不可计算中间结果的方法有：collect_list()和 collect_set()等。我下面的案例 7.20 来看看这个 SQL 的执行计划特点。

【案例 7.20】 带 collect_list 函数的 SQL。

```
explain
select collect_list(s_score)
from student_tb_orc;
```

对应的执行计划如下：

```
STAGE PLANS:
  Stage: Stage-1
    Map Reduce
      Map Operator Tree:
          TableScan
            alias: student_tb_orc
            Select Operator
              expressions: s_score (type: bigint)
              outputColumnNames: s_score
```

```
                Group By Operator
                  aggregations: collect_list(s_score)
                  mode: hash
                  outputColumnNames: _col0
                  Reduce Output Operator
                    sort order:
                    value expressions: _col0 (type: array<bigint>)
          Reduce Operator Tree:
            Group By Operator
              aggregations: collect_list(VALUE._col0)
              mode: mergepartial
              outputColumnNames: _col0
              File Output Operator
                compressed: false
```

从上面的代码可以看到，这种类型的执行计划同 count(列)案例基本一致，唯一不同的是 Map 阶段 Reduce Output Operator 中 value expresss 输出的是一个集合数组。

上面的执行计划对应的 MapReduce 伪代码，如案例 7.21 所示。

【案例 7.21】 案例 7.20 对应的 MapReduce 伪代码。

```
---Map 阶段-----
hashtable=hashtable（null,array()）       //创建一个全局变量 hashtable，里面只有
                                            一个键-值对
map(inkey,invalue,context)
hashtable.get(null).add(invalue)          //获取 null 值对应的数组，并将新的元素加
                                            入到数组中
//在所有 map()函数结束时调用 cleanup 函数
cleanup():
context.write(null,hashtable.get(0))      //将 null 值对应的数组输出
---Reduce 阶段-----
reduce(inkey,invalues,context)
maxValue=max(invalues)                    //取 invalues 集合中的最大值
    context.write(null, maxValue)
```

7.3 连接模式

在 Hive 中根据数据连接发生的地方将连接模式分为两种。

第一种 Repartition 连接，发生在 Shuffle 和 Reduce 阶段。一般如果不特别做其他声明，通常提到的连接就是 Repartition 连接，如图 7.11 所示。

Map 的任务读取 A、B 两个表的数据，将按连接条件发往相同的 Reduce，在 Reduce 中计算合并的结果。在第 6.6 节中提到的表连接及相关案例都是指代的 Repartition，本节就不对 Repartition 连接做过多说明了。

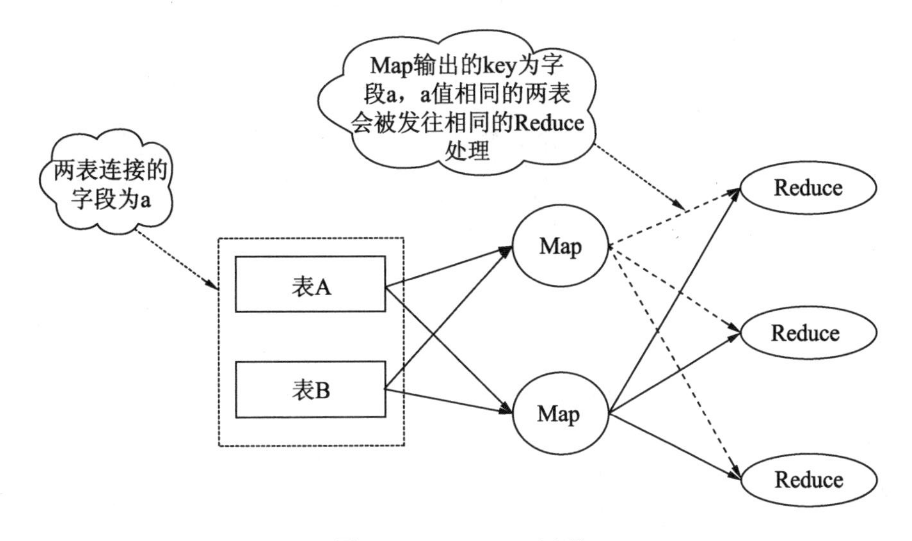

图 7.11 Repartition 过程

第二种 Replication 连接，发生在 Map 阶段，又被称之为 Map 连接。Replication 连接在 Map 阶段完成连接操作，相比发生在 Shuffle 阶段的 Repartition 连接，可以减少从 HDFS 读取表的次数，可以在 Map 阶段实现连接时不匹配条件的记录行的过滤，减少下游网络传输的数据量和下游计算节点处理的数据量。

Replication 连接在操作时会将一个表的数据复制到各个 Map 任务所在的节点并存储在缓存中，如果连接的两个表都是数据量庞大的表，那么这一步将会带来较大的性能问题，从这里可以看出 Replication 也仅适用于两表连接中有一张小表的情况。Replication 连接根据实现的不同表连接可以分为：

- 普通的 MapJoin：对使用的表类型无特殊限制，只需要配置相应的 Hive 配置。
- Bucket MapJoin：要求使用的表为桶表。
- Skewed MapJoin：要求使用的表为倾斜表。
- Sorted Merge Bucket MapJoin：要求使用的表为桶排序表。

7.3.1 普通 Map 连接

Map Join 的原理如图 7.12 所示。

从图 7.12 中知道，MapJoin 是先启动一个作业，读取小表的数据，在内存中构建哈希表，将哈希表写入本地磁盘，然后将哈希表上传到 HDFS 并添加到分布式缓存中。再启动一个任务读取 B 表的数据，在进行连接时 Map 会获取缓存中的数据并存入到哈希表中，B 表会与哈希表的数据进行匹配，时间复杂度是 O(1)，匹配完后会将结果进行输出。

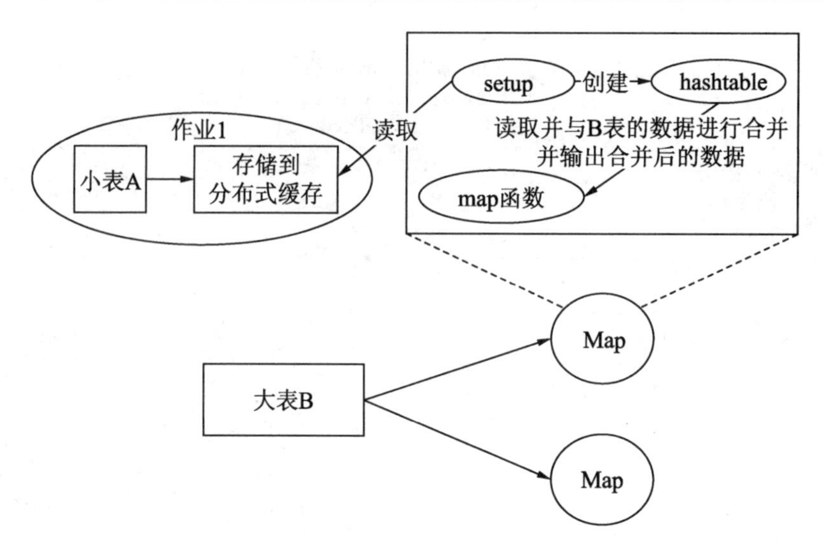

图 7.12　MapJoin 过程

下面来看看 MapJoin 的实际案例 7.22 及其对应的执行计划。

【案例 7.22】 MapJoin 的 SQL。

```
--由于 hint 命令可能被禁用，这里需要开启
set hive.ignore.mapjoin.hint=false;
explain
select /*+mapjoin(b)*/ a.*
from student_tb_orc a
inner join (select * from student_tb_orc where s_age=1) b
on a.s_no=b.s_no;
```

输出的执行计划如下：

```
OK
STAGE DEPENDENCIES:
  Stage-3 is a root stage
  Stage-1 depends on stages: Stage-3
  Stage-0 depends on stages: Stage-1
STAGE PLANS:
  Stage: Stage-3
    Map Reduce Local Work
      Alias -> Map Local Tables:
        b:student_tb_orc
          Fetch Operator
            limit: -1
      Alias -> Map Local Operator Tree:
        b:student_tb_seq
          TableScan
            alias: student_tb_orc
            Filter Operator
              predicate: ((s_age = 1) and s_no is not null) (type: boolean)
              Select Operator
                expressions: s_no (type: string)
```

```
                outputColumnNames: _col0
                HashTable Sink Operator
                  keys:
                    0 s_no (type: string)
                    1 _col0 (type: string)
  Stage: Stage-1
    Map Reduce
      Map Operator Tree:
          TableScan
            alias: a
            Filter Operator
              predicate: s_no is not null (type: boolean)
              Map Join Operator
                condition map:
                     Inner Join 0 to 1
                keys:
                  0 s_no (type: string)
                  1 _col0 (type: string)
                outputColumnNames: _col0, _col1, _col2, _col3, _col4, _col5,
_col6
                File Output Operator
                  …
      Local Work:
        Map Reduce Local Work
```

从 STAGE DEPENDENCIES 中我们可以看到整个作业的执行过程为 stage-3->Stage-1。现在我们来逐个解读 stage。

Map Reduce Local Work：表示 stage-3 是一个本地的 MapReduce 作业。

Map Local Operator Tree 可以解读为，启动一个本地 Map 作业，扫描（TableScan）student_tb_orc 并取得 s_age 为 1，s_no 不为 null（这是表连接默认的筛选条件）的数据，对筛选记录后的结果集进行列投影，最终结果集存入 HashTable（HashTable Sink）的 key 为 s_no。在 keys 中我们还会发现_col0，表示如果要与该 HashTable 进行表连接，必须要为 String 型，其为另外一个表的第一列（这里指代的就是 Student_tb_orc 的第一列 s_no）。

扩展：HashTable 本质上存储的就是键-值对的形式。

在 Stage-1 中，可以看到 MapReduce 下只有 Map Operator Tree 和 Local Work，其中 LocalWork 下面的 Map Reduce Local Work 指代的就是 Stage-3 的内容。

Map Operaor Tree 会操作大表 student_tb_orc 并对该大表进行条件过滤，之后进行 Map 阶段的连接。连接的字段同 HashTable Sink Operator 所声明的字段一样，连接的方式为 condition map 中声明的 inner join 形式。

解读完整个作业，可以知道该 MapJoin 的执行计划和其他的执行计划不同，实际执行案例 7.22 中的 SQL 代码，从输出的日志中也会发现与其他的任务存在区别，如图 7.13 所示。

```
Query ID = hdfs_20190103213030_efd04967-bf18-4a48-a48b-f46f0ddef488
Total jobs = 1
Java HotSpot(TM) 64-Bit Server VM warning: ignoring option MaxPermSize=512M; support was removed in 8.0
Execution log at: /tmp/hdfs/hdfs_20190103213030_efd04967-bf18-4a48-a48b-f46f0ddef488.log
2019-01-03 09:30:06     Starting to launch local task to process map join;      maximum memory = 190893
2019-01-03 09:31:01     Dump the side-table for tag: 1 with group count: 1022 into file: file:/tmp/hdfs,
/HashTable-Stage-1/MapJoin-b-01--.hashtable
2019-01-03 09:31:01     Uploaded 1 File to: file:/tmp/hdfs/b7d5ae10-a5a5-4359-aac1-3b092650bd86/hive_20
36664 bytes)
2019-01-03 09:31:01     End of local task; Time Taken: 55.325 sec.
Execution completed successfully
MapredLocal task succeeded
Launching Job 1 out of 1
Number of reduce tasks is set to 0 since there's no reduce operator
Starting Job = job_1545967695472_0019, Tracking URL =      http://bigdata-03:8088/proxy/application_154
Kill Command = /opt/cloudera/parcels/CDH-5.14.0-1.cdh5.14.0.p0.24/lib/hadoop/bin/hadoop job  -kill job_
Hadoop job information for Stage-1: number of mappers: 206; number of reducers: 0
2019-01-03 21:31:08,952 Stage-1 map = 0%,  reduce = 0%
2019-01-03 21:31:20,369 Stage-1 map = 1%,  reduce = 0%, Cumulative CPU 11.55 sec
```

启动一个本地任务
将结果集写入到本地
将本地任务的最终结果上传并缓存到分布式缓存中
最终只启动一个作业用于数据的合并，且没有生成reduce的任务

图 7.13　案例 7.22 的输出结果

对于 MapJoin 和 Repartition Join 的比较，执行案例 7.22 可以得到如下结果（节选）：

```
…
--启动本地任务（stage-3）
2019-01-05 04:19:23 Starting to launch local task to process map join;
maximum memory = 1908932608
...
--本地任务耗时（stage-3 耗时）
2019-01-05 04:20:24 End of local task; Time Taken: 60.601 sec.
...
--启动 MapReduce 任务（stage-1）
Launching Job 1 out of 1
...
--MapReduce 任务耗时(stage-1 耗时)
MapReduce Total cumulative CPU time: 32 seconds 740 msec
...
Time taken: 101.74 seconds, Fetched: 1022 row(s)
```

从上面的结果可以知道，整个案例在执行本地任务的过程中耗时 60 秒，执行两表连接用时 32 秒。下面将案例 7.22 改为如案例 7.23 所示。

【案例 7.23】 Repartition Join（Reduce 端的连接）。

```
select  a.* from student_tb_orc a
inner join (select * from student_tb_orc where s_age=1) b
on a.s_no=b.s_no;
```

上面案例的执行结果如下（节选）：

```
...
--只启动 MapReduce 任务
Launching Job 1 out of 1
...
--MapReduce 任务耗时
```

```
MapReduce Total cumulative CPU time: 4 minutes 54 seconds 190 msec
...
Time taken: 297.577 seconds, Fetched: 1022 row(s)
```

从上面的结果可以知道，整个执行两表连接的任务耗时 4 分 54 秒。对比案例 7.21 和案例 7.22 我们可以看到，通过使用 MapJoin 可以极大提升两表的连接速度。

在 Hive 中使用 common map join 有几种方式，方式一是使用 MapJoin 的 hint 语法。方法同案例 7.21，但需要注意的是要关闭忽略 hint 的配置项，否则该方法不会生效，即 set hive.ignore.mapjoin.hint=false;。

事实上，在实际生产环境中，不建议使用 hint 语法，这一点和关系型数据库的建议一样。无法根据当时的情况做相应策略的调整。例如，随着公司业务数据量的激增，导致原来小数据量的表数据极速增加，这时候如果该表在进行表关联时，使用过 hint 关键字强制进行 map join，那么该程序的运行效率会急剧下降。最坏的情况下，程序会发生内存溢出（Out of Memory，简称 OOM）。

方式二是使用 Hive 配置 MapJoin。使用 Hive 配置需要使用到以下配置：

- hive.auto.convert.join：在 Hive 0.11 版本以后，默认值为 true，表示是否根据文件大小将普通的 repartition 连接将化为 Map 的连接。
- hive.smalltable.filesize/hive.mapjoin.smalltable.filesize：默认值为 25000000（bytes）。两个配置表示的含义都是当小表的数据小于该配置指定的阀值时，将尝试使用普通 repartition 连接转化 Map 连接。该配置需要和 hive.auto.convert.join 配合使用。

扩展：hive.smalltable.filesize 是在 Hive 0.7.0 版本中新增的，在 Hive 0.8.1 中使用 hive.mapjoin.smalltable.filesize 替代第一个配置。

和 Map Join 相关的 Hive 配置如下：

- hive.mapjoin.localtask.max.memory.usage：默认值为 0.9。表示小表保存到内存的哈希表的数据量最大可以占用到本地任务 90%的内存，如果超过该值，则表示小表的数据量太大，无法保存到内存中。
- hive.mapjoin.followby.gby.localtask.max.memory.usage：默认值是 0.55。表示如果在 MapJoin 之后还有 group by 的分组聚合操作，即出现下面例子 7.24 的情况，本地任务最大可以分配当前任务 55%的内存给哈希表缓存数据，如果缓存的数据大于该值，表示停止当前本地任务。在优化时，如果分组聚合后的数据会大幅度地缩小，可以适当提高该阀值，以提升内存可以缓存的数据量，如果分组聚合后的数据不降反增，则需要适当调低该比值防止内存溢出，导致作业失败，见案例 7.24。

【案例 7.24】 MapJoin 后带 group 操作的 SQL。

```
set hive.ignore.mapjoin.hint=false;
select /*+mapjoin(b)*/ a.s_no,count(1)
from student_tb_orc a
inner join (select * from student_tb_orc where s_age=1) b
```

```
on a.s_no=b.s_no
group by a.s_no
```

- hive.hashtable.initialCapacity：默认值为 100000，哈希表的初始容量。该配置在 hive.hashtable.key.count.adjustment 为 0 的时候生效。
- hive.hashtable.key.count.adjustment：默认值是 1.0。如果该值为大于 0 的数值，Hive 将根据表和列统计信息调整 MapJoin 散列表的大小，即所要加载的数据量的键数除以该值为散列表的大小。如果该值为 0，则表示不启用动态调整散列大小的特性，会直接使用 hive.hashtable.initialCapacity 中设置的固定值。
- hive.hashtable.loadfactor：默认值为 0.75。哈希表的加载因子，该值越大表示哈希表可以存储的元素越多，空间利用率会变高，但是数据键哈希值冲突的机率会变高；该值越小表示可以存储的元素越少，同时空间利用率也变低，哈希值冲突的机率也相应变低。

哈希值冲突越多，会导致在 MapJoin 时查找效率变低。如果哈希表默认的初始化容量是 100000，加载因子是 0.75，那么哈希表的实际容量为 100000×0.75=75000。一般在实际运用中哈希表加载的数据量不要超过实际容量，如果超过该容量，哈希表会进行扩容，同时需要对已经加载的数据进行哈希值的重新计算（rehash），会导致加载哈希表的性能严重下降，在使用哈希表中要关注加载的小表数据量。

- hive.mapjoin.check.memory.rows：默认值是 100000。表示在 MapJoin 时每次处理完 10 万记录后执行一次内存检查，以防止超额使用内存。
- hive.mapjoin.optimized.hashtable：默认值是 True。优化哈希表的存储，减少哈希表所占用的空间。因为优化后的哈希表不能序列，所以该配置只对计算引擎为 Tez 或者 Spark 有效。
- hive.mapjoin.optimized.hashtable.wbsize：默认值是 10485760，即 10MB。启用 hive.mapjoin.optimized.hashtable 配置后，哈希表会采用缓冲区链表来进行存储数据，每个缓冲区大小为 hive.mapjoin.optimized.hashtable 指定的值。这样的预先分配内存块有助于数据量较大的表快速加载，但是对于小表可能会分配多余的存储空间。如果整个集群的配置较高，哈希表所加载的数据量较大，可以调高该参数。
- hive.mapjoin.lazy.hashtable：延迟加载哈希表，节省内存空间。该配置在 Hive 0.13 版本中新增，Hive 1.1 版本中又被剔除，原因是代码未本完整检查测试，可能有 Bug。
- hive.mapjoin.optimized.keys：优化哈希表存储时的 key，节省内存空间。该配置在 Hive 0.13 版本中新增，Hive 1.1 版本中又被剔除，原因也是代码中可能有 Bug。
- hive.auto.convert.join.noconditionaltask：默认值为 true，表示是否启用 Hive 根据输入文件的大小，将普通的表连接转化为 MapJoin。
- hive.auto.convert.join.noconditionaltask.size：默认值为 10000000。如果输入文件的大小小于该参数设定的值，则将普通的表连接转化为 MapJoin。

7.3.2　桶的 Map 连接和排序合并桶的 Map 连接

桶的 Map 连接（bucket map join）将普通的 Map 连接转化为桶连接方式。分桶的 Hive 表会将桶列的值计算 Hash 值取桶数的模，余数相同的会发往相同的桶，每个桶对应一个文件。通过这种方式实现一定的数据聚集，在两表进行连接的时候，可以快速过滤掉不要的数据，以提升性能。如图 7.14 是普通 Map 连接和桶 Map 连接的示意图。

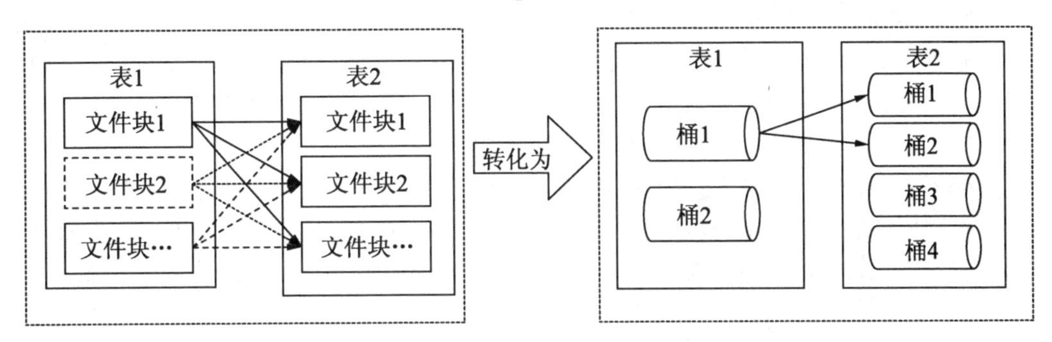

图 7.14　桶 Map 连接和排序合并桶的 Map 连接

注意：使用桶的 Map 连接要保证连接的两张表的分桶数之间是倍数关系。

排序合并的桶 Map 连接（Sortd Merge Bucket Map Join，SMB Join）在原来的桶表基础上，对数据进行排序，将原有的连接转变为排序合并连接，提升连接效率。下面是关于 Bucket MapJoin 的使用例子。

【案例 7.25】 一个桶 Map 连接的 SQL。

```
--强制执行桶的连接
set hive.enforce.bucketmapjoin=true;
set hive.ignore.mapjoin.hint=false;
--构建桶表：student_orc_bucket，并将 student_tb_orc 的数据导入 student_orc_bucket
--student_orc_bucket 在第 1 章中已经构建，这里不再重复说明构建过程
select /*+mapjoin(b)*/ a.*
from student_orc_bucket a
inner join (select * from student_orc_bucket where s_score=100) b
on a.s_age=b.s_age and a.s_no=b.s_no;
```

使用 SMB Join 时可以使用如下方式，在创建表的时候指定排序列。例如下例将普通桶表转化为有序的桶表。

```
--使用 SORTED BY 将普通的 student_orc_bucket 桶表改造为有序桶表
CREATE TABLE `student_orc_bucket_sorted`(
  `s_no` string,
  `s_name` string,
  `s_birth` string,
```

```
    `s_age` bigint,
    `s_sex` string,
    `s_score` bigint,
    `s_desc` string)
CLUSTERED BY (s_age) SORTED BY (s_age ASC)  INTO 16 BUCKETS
STORED AS ORC;
```

启用如下的配置：

```
set hive.enforce.sortmergebucketmapjoin=true;
```

在 Hive 中，分桶、Bucket MapJoin 和 SMB MapJoin 相关的配置如下：

- hive.enforce.bucketing：默认值为 false，强制数据在插入表的时候分桶。在 Hive 2.0 版本以后强制设置为 true，并且删掉了 false 配置，不允许用户进行更改，因为如果创建的表是分桶并且该配置项为 false 的状态，Hive 可能会将数据插入到错误的桶中，这可能导致 SM Join 获取到错误的结果。
- hive.enforce.sorting：默认值为 false，强制数据在插入表的时候排序，在 Hive 2.0 版本以后强制设置为 true，并且删掉了 false 配置，不允许用户进行更改。因为如果创建的表是排序的并且该配置项为 false 的状态，Hive 可能会以错误的顺序插入到表中，这可能导致 SM Join 获取到错误的结果。
- hive.optimize.bucketingsorting：默认值为 true，表示是否优化分桶或者排序。如果在 hive.enforce.sorting 或者 hive.enforce.bucketing 为 true 的状态，不需要创建 Reduce 的任务去强制分桶或者排序。
- hive.enforce.bucketmapjoin：默认值为 false。如果连接的两个表是桶表，分桶的键一样，分桶的个数是倍数关系，开启该配置会强制将两个表由普通的 MapJoin 转化为桶 Bucket MapJoin。
- hive.optimize.bucketmapjoin：默认值为 false。默认情况下，在执行 MapJoin 时，每个任务在匹配哈希表的数据时，会加载所有哈希表的数据，如果开启该配置，任务会逐桶处理数据如 Map 的任务处理的大表数据是桶 1 的数据，那么哈希表也只会加载小表中桶 1 的数据（在两个分桶数和分桶列一样的情况下）。
- hive.optimize.bucketmapjoin.sortedmerge：默认值为 false。如果启用该配置，在做 MapJoin 的两个表是桶表且排序的，将会启用 sorted merge 连接以提高连接的性能。一般和下面几个配置同用：

```
set hive.input.format=org.apache.hadoop.hive.ql.io.BucketizedHiveInputFormat;
set hive.optimize.bucketmapjoin = true;
set hive.optimize.bucketmapjoin.sortedmerge = true;
```

扩展：事实上归并排序连接、桶连接不是 Hive 独有的，在关系型数据库的连接中也可以找到一些影子。例如 Oracle 的连接可以归为 3 大类：嵌套循环连接、哈希连接和归并排序连接。

7.3.3　倾斜连接

倾斜连接（Skew Join），顾名思义有数据倾斜键时的表连接。出现数据倾斜时，会引起个别任务花大量时间和资源在处理倾斜键的数据，从而变为整个作业的瓶颈。Skew Join 在工作时会将数据分为两部分，一部分是倾斜键数据，一部分是余下的所有的数据，由两个作业分别处理。数据倾斜的工作原理如图 7.15 所示。

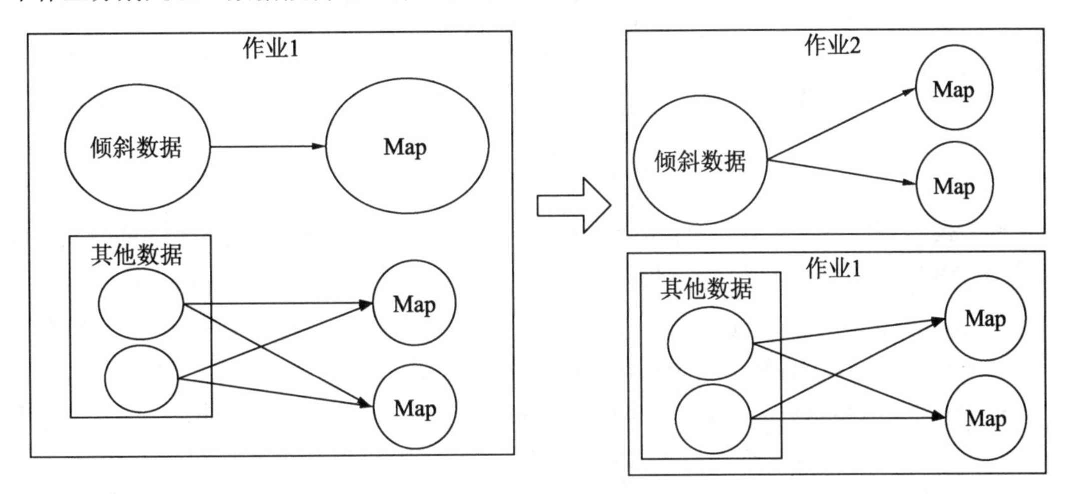

图 7.15　数据倾斜的工作原理

在 Hive 中使用倾斜连接的方式如下：

```
set hive.optimize.skewjoin=true;
set hive.skewjoin.key=100000;
explain
select a.s_score,b.s_no from student_tb_orc a  inner join student_orc_
bucket b
ON  a.s_score = b.s_score;
```

上面的方式在运行时将数据分为两种类型的数据，有一种方式通过在创建表时指定数据倾斜键，将指定的数据键分割成单独的数据文件或者目录，这样可以加快数据过滤从而提供作业的运行速度，这种方式就是创建倾斜表。代码如下：

```
--创建倾斜表 student_list_bucket 表
CREATE TABLE student_list_bucket (s_no STRING, s_score bigint)
--指定倾斜的键
SKEWED BY (s_score) ON (99,97)
--以目录形式存储倾斜的数据
STORED AS DIRECTORIES;
```

导入数据到倾斜表，并查看倾斜表存储的数据结构，代码如下：

```
--导入数据
insert into table student_list_bucket
select s_no,s_score from student_tb_orc
where s_score in(99,97,339,326,349)
```

查看 student_list_bucket 表的数据存储结构，如图 7.16 所示。

```
$ hdfs dfs -ls /mnt/data/bigdata/hive/warehouse/student_list_bucket
Found 3 items
-rwxrwxrwt   3 hdfs hive    3486197 2019-01-19 16:31 ..省略目录前缀/student_list_bucket/000000_0
-rwxrwxrwt   3 hdfs hive    3459489 2019-01-19 16:31 ..省略目录前缀/student_list_bucket/000001_0
drwxrwxrwt   - hdfs hive          0 2019-01-19 16:31 ..省略目录前缀/student_list_bucket/HIVE_DEFAULT_LIST_BUCKETING_DIR_NAME
$ hdfs dfs -ls /mnt/data/bigdata/hive/warehouse/student_list_bucket/HIVE_DEFAULT_LIST_BUCKETING_DIR_NAME
Found 2 items
-rwxr-xr-x   3 hdfs hive  219527046 2019-01-19 16:31 ..省略目录前缀/student_list_bucket/HIVE_DEFAULT_LIST_BUCKETING_DIR_NAME/000000_0
-rwxr-xr-x   3 hdfs hive  213309824 2019-01-19 16:31 ..省略目录前缀/student_list_bucket/HIVE_DEFAULT_LIST_BUCKETING_DIR_NAME/000001_0
```

图 7.16　student_list_bucket 表的存储结构

倾斜键的数据存储在 Hive_DEFAULT_LIST_BUCKETING_DIR_NAME 目录中，而其他数据则存储在与该目录同一级的文件目录下。Hive 中与 SkewedJoin 相关的配置如下：

- hive.optimize.skewjoin：默认值是 false，表示是否优化有倾斜键的表连接。如果为 true，Hive 将为连接中的表的倾斜键创建单独的计划。
- hive.skewjoin.key：默认值为 100000。如果在进行表连接时，相同键的行数多于该配置所指定的值，则认为该键是倾斜连接键。
- hive.skewjoin.mapjoin.map.tasks：默认值为 10000。倾斜连接键，在做 MapJoin 的 Map 任务个数。需要与 hive.skewjoin.mapjoin.min.split 一起使用。
- hive.skewjoin.mapjoin.min.split：默认值为 33554432，即 32MB。指定每个 split 块最小值，该值用于控制倾斜连接的 Map 任务个数。
- hive.optimize.skewjoin.compiletime：默认值为 false，表示是否为连接中的表的倾斜键创建单独的计划。这是基于存储在元数据（metadata）库中的倾斜键，在编译时，执行计划被分解成不同的连接：一个用于倾斜键，另一个用于剩余键。然后，对上面生成的两个连接执行 union。因此，除非在两个连接表中都存在相同的倾斜键，否则倾斜键的连接将作为 MapJoin 执行。如果元数据库中不存在倾斜键的信息，即使该配置为 true，也不会对编译时的执行计划做任何影响。

7.3.4　表连接与基于成本的优化器

在 Hive 0.14 版本以后，Hive SQL 的解析交给了 Apache Calcite。Calcite 是一个开源的基于成本优化器（Cost Based Optimizer，CBO）的 SQL 执行查询执行框架。在引入基于成本优化器之前，Hive 使用的是基于规则的优化器（Rule Based Optimizer，RBO）。RBO 遵循既定的规则对 SQL 进行优化，显然 RBO 无法根据实际的情况，进行适当的调优。CBO 会根据 SQL 生成可能的执行计划，然后基于 Hive 收集到表，列的统计信息，估算执行计划中每个执行逻辑的成本代价，并从中选择一个成本较低的方案，作为最终的执行方案。

CBO 对于表连接查询所带来的性能提升是极大的，主要表现在如下三方面：

- 表连接的顺序优化，在多表连接查询时，不需要特别指定大小表的顺序，CBO 会根据收集到的统计信息，自动算出最优的表连接顺序。
- Bushy Tee 连接的执行，在未引入 Bushy Tee 连接时，所有的 Hive 表连接都被表示成左深树（Left Deep Tree），在左深树中所有的内部节点都至少有一个叶子作为子节点。例如，存在 A、B、C、D 四张表的连接，在左深树中被表示成如图 7.17 所示的形式。

这种结构逻辑简单，但是无法充分利用集群的性能，充分发挥多台机器并行的优势，所有的表连接必须要基于前面表连接得到的中间结果。在 Apache Calctite 中引入了 Bushy Tree 的表连接，上面的 4 个表的连接在 Bushy Tree 中可以被表示为如图 7.18 所示的形式。

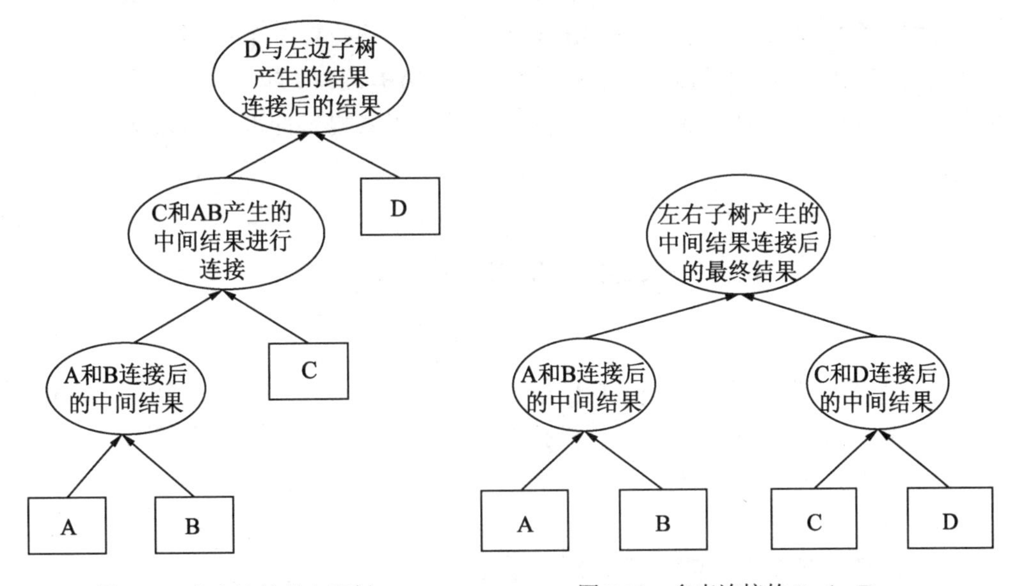

图 7.17　多表连接的左深树　　　　图 7.18　多表连接的 Bushy Tree

CBO 可以基于收集到的统计信息，估算出每个表连接的组合，生成一个成本代价最低的表连接方案，预先两两结合生成中间结果集，再针对这些中间结果集进行操作。

- 简化表的连接，在多表连接的情况下，CBO 在解析 SQL 子句时，会识别并抽取相同的连接谓词，并根据情况适当构造一个隐式的连接谓词作为替换，以避免高昂的表连接操作。

第 8 章　YARN 日志

本章我们将着重介绍 YARN 日志，以及对这些日志的解读。如果说之前所谈到的执行计划提供了一个定性优化依据，那么 YARN 日志提供的就是一个定量优化依据。YARN 日志应该是每个有 Hive 调优需求的人员必然且必定会用到的工具。

YARN 提供了两种工具 Resource Manager Web UI 和 Job History Web UI，用于查看集群中运行作业的日志。这个日志不仅能够反馈作业当前的状态，以及作业在集群中资源的使用情况，同时也能够反馈每个作业下面子任务的运行情况，任务在集群中资源的使用情况能够看到一个作业从开始提交到完成执行整个生命周期的具体度量信息。

通过对本章的学习，相信读者能够熟练使用 YARN 提供的工具来查看作业日志，能够理解这些作业日志所反馈的信息，并利用这个工具提供的度量信息排查程序的性能问题。

8.1　查看 YARN 日志的方式

YARN 提供了两种查看日志的方式：ResourceManager Web UI 查看日志和 Job HistoryServer webUI 查看日志。前者可以看到当前正在执行以及历史的所有任务，后者可以看到历史的所有任务。

8.1.1　ResourceManager Web UI 界面

ResourceManager Web UI 包含了当前运行的任务列表和历史任务列表，该日志链接的 IP 和端口可通过以下方式获取。

- IP 地址：YARN-ResoucerManager 角色所在服务器的 IP。
- 端口：查看 yarn-site.xml 中配置项 yarn.resourcemanager.webapp.address 的值，默认是 8088。

打开 ResourceManager Web UI，我们可以看到如图 8.1 所示的页面。

All Applications

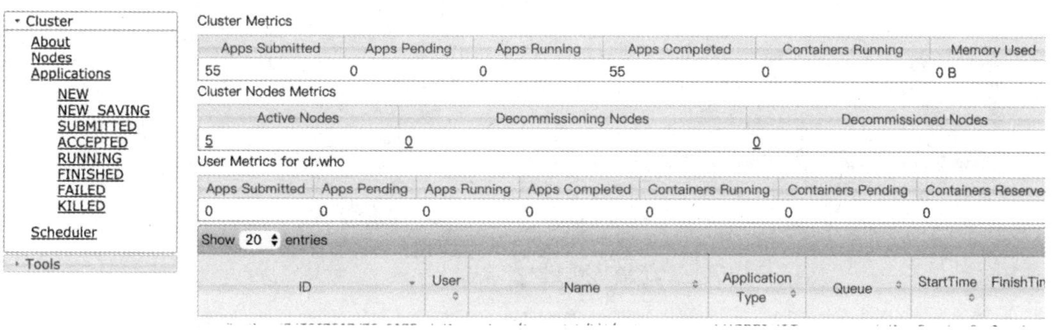

图 8.1　ResourceManager Web UI 页面

扩展： 图 8.1 是 Hadoop 2.x 版本的 ResourceManager Web UI，在 Hadoop 3.x 中的页面会有不同，但是包含的内容应该大同小异。

图 8.1 中最左边的栏目框包含两个大栏目：Cluster 和 Tools 栏目（在 Cluster 栏目下没有展开）。Cluster 栏目包含如下信息。

- About：单击 About 链接，会链接到集群整体的概况页面。
- Nodes：单击 Nodes 链接，会链接到集群各个节点的概况页面。
- Applications：单击 Applications 链接，会链接到集群历史和当前运行的作业的概况页面。Applications 下面还有几个链接，分别是 New、New_SAVING、SUBMITTED、ACCEPTED、RUNNING、FINISHED、FAILED 和 KILLED，这些链接也表示作业在 YARN 中的状态。例如，单击 KILLED 链接，会链接到如图 8.2 所示被杀死的作业概况页面中。

KILLED Applications

Cluster Metrics

Apps Submitted	Apps Pending	Apps Running	Apps Completed	Containers Running	Memory Used	Memory Total	Memory Reserved	VCores Used	VCores Total
55	0	0	55	0	0 B	30 GB	0 B	0	40

Cluster Nodes Metrics

Active Nodes	Decommissioning Nodes	Decommissioned Nodes	Lost Nodes	Unhealthy Nodes	Re
5	0	0	0	0	0

User Metrics for dr.who

Apps Submitted	Apps Pending	Apps Running	Apps Completed	Containers Running	Containers Pending	Containers Reserved	Memory Used	Memory Pending	Memory Reserved	VCores Used	VCores Pendin
0	0	0	0	0	0	0	0 B	0 B	0 B	0	0

Show 20 entries　　Search

ID	User	Name	Application Type	Queue	StartTime	FinishTime	State	FinalStatus	Running Containers	Allocated CPU VCores	Allocated Memory MB	Reserved CPU VCores	Reserved Memory MB
application_1545967695472_0016	hdfs	select max(s_score) from student_tb_orc(Stage-1)	MAPREDUCE	root.users.hdfs	Wed Jan 2 15:07:29 +0800 2019	Wed Jan 2 15:07:30 +0800 2019	KILLED	KILLED	N/A	N/A	N/A	N/A	N/A

图 8.2　被杀死的作业信息页面

- Scheduler：单击 Scheduler 链接，会链接到 YARN 调度器相关信息的页面，其中最主要的就是 Application Queues 一栏，如图 8.3 所示。

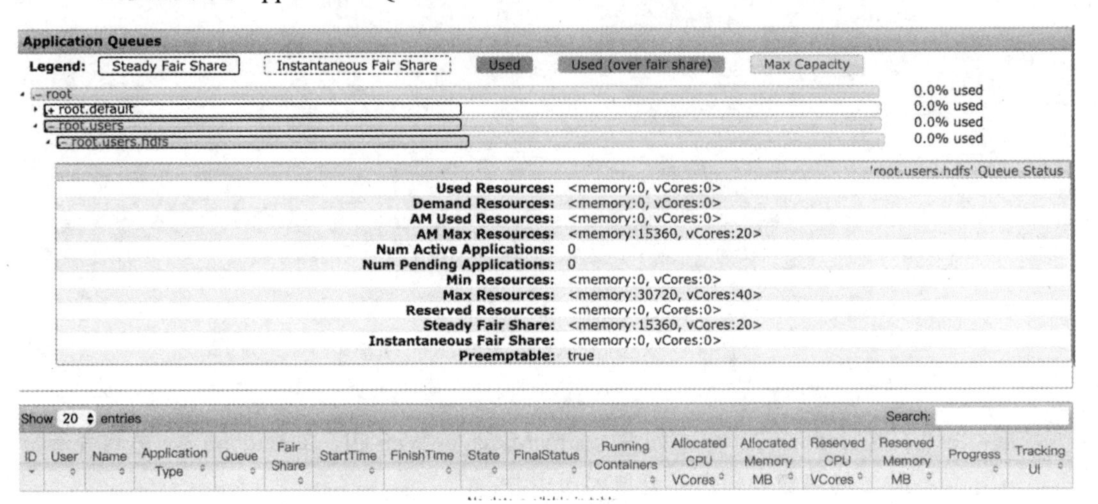

图 8.3 调度器相关信息

单击 Cluster 栏下的 Tools 链接，会看到如图 8.4 所示的信息。

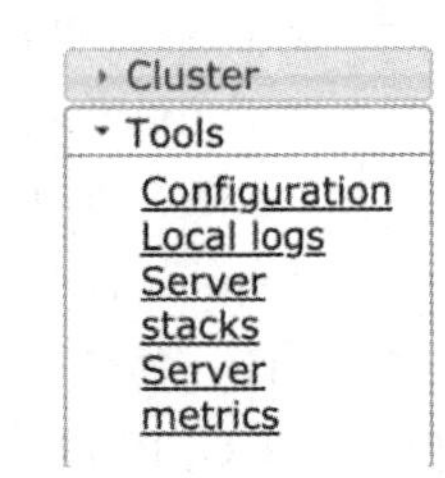

图 8.4 Tools 相关信息

Tools 栏目主要包含了如下信息：

- Configuration：单击 Configuration 链接，会链接到集群所有的配置信息页面，这些配置包含 yarn-site.mxl（或 yarn-default.xml）、mapred-default.xml（或 mapred-default.xml）、core-site.xml（或 core-default.xml）、hdfs-site.xml（或 hdfs-default.xml）。如果开发者没法直接登录服务查看集群的配置信息，则可以通过这个入口来查看对应的配置。例如，查找 yarn.nodemanager.resource.memory-mb 配置，打开 configuration 链接的配置页面，按 Ctrl+F 键调出搜索框，然后输入该配置，可以得到如图 8.5 所示的信息。

图 8.5 查看 configuration 配置页面

这对于不清楚集群安装配置，没有权限登录集群的用户来说，了解集群的基本信息有很大的帮助。

- Local logs：单击 Local logs 链接，可以链接到查看本地日志信息页面，如图 8.6 所示。

Directory: /logs/

hadoop-cmf-yarn-NODEMANAGER-fino-bigdata-03.log.out	45508420 bytes	Jan 6, 2019 1:28:15 PM
hadoop-cmf-yarn-NODEMANAGER-fino-bigdata-03.log.out.1	209715454 bytes	Dec 24, 2018 4:38:46 PM
hadoop-cmf-yarn-NODEMANAGER-fino-bigdata-03.log.out.2	209715443 bytes	Nov 30, 2018 8:56:13 PM
hadoop-cmf-yarn-RESOURCEMANAGER-fino-bigdata-03.log.out	74237840 bytes	Jan 6, 2019 1:56:53 PM
hadoop-cmf-yarn-RESOURCEMANAGER-fino-bigdata-03.log.out.1	209715274 bytes	Dec 21, 2018 1:16:35 PM
hadoop-cmf-yarn-RESOURCEMANAGER-fino-bigdata-03.log.out.2	209715230 bytes	Dec 3, 2018 4:29:01 PM
hadoop-cmf-yarn-RESOURCEMANAGER-fino-bigdata-03.log.out.3	209715404 bytes	Nov 26, 2018 4:48:39 AM
stacks/	4096 bytes	Nov 15, 2018 6:30:15 PM

图 8.6　Local logs 页面

如果 YARN 的服务如 node manager 或者 resource manager 出现异常，若想要查看相关的日志信息，则可以通过这个页面来查看对应的日志信息，这个对于集群的维护者较为有用。

8.1.2　JobHistory Web UI 界面

JobHistory 获取的时候 JobHistory Server 上收集到的日志，只包含历史的运行任务。该日志所在 IP 地址和端口，可以通过如下方式获取。

- IP 地址：YARN-JobHistory 角色部署机器 IP。
- 端口：查看 yarn-site.xml 配置项 mapreduce.jobhistory.webapp.address 的值，默认端口为 19888。

打开上面的 JobHistory 地址，可以看到如图 8.7 所示的页面。

JobHistory

Retired Jobs

Show 20 entries　　Search:

Submit Time	Start Time	Finish Time	Job ID	Name	User	Queue	State	Maps Total	Maps Completed	Reduces Total	Reduces Completed
2019.01.06 11:41:26 CST	2019.01.06 11:41:30 CST	2019.01.06 11:41:54 CST	job_1545967695472_0055	select /*+mapjoin(b)*/ a.* ...a.s_no=b.s_no(Stage	hdfs	root.users.hdfs	SUCCEEDED	3	3	0	0
2019.01.06 11:39:07 CST	2019.01.06 11:39:12 CST	2019.01.06 11:39:32 CST	job_1545967695472_0054	select /*+mapjoin(b)*/ a.* f...a.s_no=b.s_no(Stage	hdfs	root.users.hdfs	SUCCEEDED	3	3	0	0
2019.01.06 11:05:07 CST	2019.01.06 11:05:11 CST	2019.01.06 11:05:22 CST	job_1545967695472_0053	--构建桶表：student_orc_bucket, 并将...a.s_no=b.s_no(Stage	hdfs	root.users.hdfs	SUCCEEDED	16	16	0	0
2019.01.06 11:03:14 CST	2019.01.06 11:03:18 CST	2019.01.06 11:03:40 CST	job_1545967695472_0052	--构建桶表：student_orc_bucket, 并将...a.s_no=b.s_no(Stage	hdfs	root.users.hdfs	SUCCEEDED	3	3	0	0
2019.01.06	2019.01.06	2019.01.06	job_1545967695472_0051	--构建桶表：student_orc_bucket,	hdfs	root.users.hdfs	SUCCEEDED	2	2	0	0

图 8.7　JobHostory Web UI 页面

如图 8.7 所示，JobHostry 展示了以下几列基本信息。

- Submit Time：作业的提交时间。
- Start Time：作业开始时间。
- Finish Time：任务结束时间。
- Job ID：任务执行时被分配到的任务 ID。
- Name：提交任务的名称。使用 Hive 一般不用特别指定名称系统会自动生成作业名。
- User：提交任务的用户，一般为任务运行所在的 Linux 账户。
- Queue：提交任务的队列名。
- State：任务执行的最终状态，如 SUCCESSED、KILLED 和 FAILED 等。
- Maps Total：任务执行所分配的总 Map 数。
- Maps Completed：Map 完成的个数。一般情况下，Maps Completed 的个数和 Maps Total 一样。但是有可能出现部分 Map 任务失败，系统会自动创建新的 Map，这时候 Maps Total 会大于 Maps Completed。
- Reduces Total：任务执行分配的 Reduce 个数，如果数字为 0，就是代表任务没有用到 Reduce 节点。
- Reduces Compelted：Reduce 完成的个数。

扩展：

- Submit Time 到 Start Time 还会经历被集群队列所接受（Accept），最后等待资源分配后才能真正开始运行。Start Time 和 Submit Time 间隔时间越长，则代表队列（Queue）资源利用紧张，应当要注意集群队列的资源分配情况。
- Maps Total 不一定等于 Maps Completed，这种情况下意味着 Map 有失败，导致系统重新分配了 Map 数。出现这种情况需要特别注意，有可能是集群节点存在故障，Map 的所耗资源过多，Map 长期得到错误的资源（读取损坏的文件）。
- Reduces Total 也不一定等于 Reduces Completed，这种情况意味着 Reduce 任务有失败的，导致系统重新分配了 Reduce 数，这种情况也需要特别注意。

上面介绍了两种日志查看方式。但在实际工作场景中主要使用的是 ResourceManager 日志，它所提供的信息更全，也更加直观。接下来主要来看 ResouceManger 提供的信息。

8.2 快速查看集群概况

单击 Cluster 中的 About 链接后，可以看到如图 8.8 所示的页面。

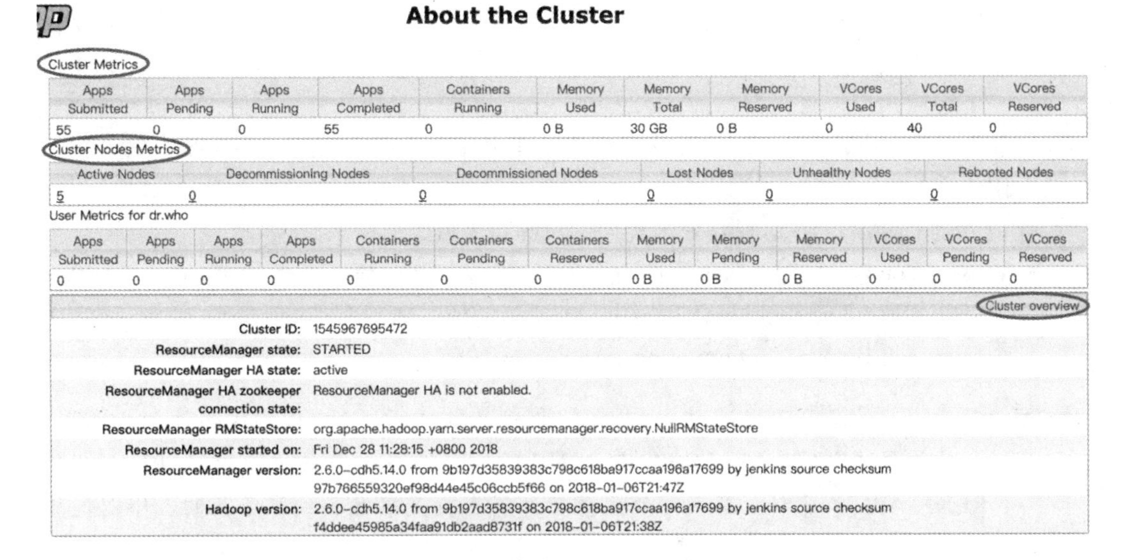

About the Cluster

Cluster Metrics

Apps Submitted	Apps Pending	Apps Running	Apps Completed	Containers Running	Memory Used	Memory Total	Memory Reserved	VCores Used	VCores Total	VCores Reserved
55	0	0	55	0	0 B	30 GB	0 B	0	40	0

Cluster Nodes Metrics

Active Nodes	Decommissioning Nodes	Decommissioned Nodes	Lost Nodes	Unhealthy Nodes	Rebooted Nodes
5	0	0	0	0	0

User Metrics for dr.who

Apps Submitted	Apps Pending	Apps Running	Apps Completed	Containers Running	Containers Pending	Containers Reserved	Memory Used	Memory Pending	Memory Reserved	VCores Used	VCores Pending	VCores Reserved
0	0	0	0	0	0	0	0 B	0 B	0 B	0	0	0

Cluster overview

Cluster ID:	1545967695472
ResourceManager state:	STARTED
ResourceManager HA state:	active
ResourceManager HA zookeeper connection state:	ResourceManager HA is not enabled.
ResourceManager RMStateStore:	org.apache.hadoop.yarn.server.resourcemanager.recovery.NullRMStateStore
ResourceManager started on:	Fri Dec 28 11:28:15 +0800 2018
ResourceManager version:	2.6.0-cdh5.14.0 from 9b197d35839383c798c618ba917ccaa196a17699 by jenkins source checksum 97b766559320ef98d44e45c06ccb5f66 on 2018-01-06T21:47Z
Hadoop version:	2.6.0-cdh5.14.0 from 9b197d35839383c798c618ba917ccaa196a17699 by jenkins source checksum f4ddee45985a34faa91db2aad8731f on 2018-01-06T21:38Z

图 8.8　cluster-about 信息

About 主要分为以下三部分。

- Cluster Metrics：表现集群当前的情况。
- Cluster Nodes Metrics：表现集群节点当前情况。
- Cluster overview：集群整体概况。

8.2.1　Cluster Metrics 集群度量指标

在 Cluster Metrics 中我们可以看到如下的栏目信息。

- Apps Submitted：应用作业的提交个数。
- Apps Pending：在所有队列（Queue）中等待执行的作业数。
- Apps Running：正在运行的作业数。
- Apps Completed：已经完成的作业数。
- Containers Running：当前正在运行的容器数，若出现这个指标，是由于所有在 YARN 的作业最后都会在 linux container（LXC）中运行，容器是运行在一个虚拟的隔离环境，通过容器可以实现运行时资源的隔离，实现对作业资源的控制。
- Memory Used：为集群中所有任务所耗用的内存。
- Memory Total：YARN 所能占用的最大内存数，特指 yarn-site.xml 中 key 为 yarn.scheduler.maximum-allocation-mb 的值，Memory Total=node manager 实例个数*yarn.scheduler.maximum-allocation-mb 的值。
- Memory Reserved：预留内存。当一个程序运行完部分 Map 或者 Reduce 程序后会将所占用的内存释放，这部分内存有可能会被接下来的第二个程序占用，但是所占用的内存又不足以启动程序，那么就会一直等待第一个程序将内存释放。但如果第一个程序内存一直没有释放，那么第二个程序将无限期地等待，最终导致程序“饿死”。预留内存就是防止这种情况产生，当内存足够启用第二个程序时，才会去占用内存。

- VCores Used：正在运行作业所耗用的总虚拟 CPU。
- VCores Total：YARN 服务所能占用的最大虚拟 CPU 数，特指 yarn-site.xml 中 key 为 yarn.scheduler.maximum-allocation-vcores 的值，Vcores Total=node manager 实例个*yarn.scheduler.maximum-allocation-vcores 的值。

扩展： 获取上述信息除了通过 Cluster/about 提供的链接外，还可以通过两种方式获取，一种是通过 YARN COMMAND LINE（CLI）来获取，另一种是 YARN 提供的 REST API 来获取。在实际的生产中开发人员是接触不到服务器的，难以通过 YARN CLI 来查看集群信息。

YARN REST API 提供了一个标准的数据访问方式，这种方式默认提供了两种数据格式，即 xml 和 json，通过这种方式我们可以在程序中快速获取作业所在生产环境的元数据。这个方法我们在介绍完 8.2.2 节内容后会顺带讲一下。

8.2.2 Cluster Node Metrics 集群节点的度量信息

Cluster Node Metrics 主要包含如下度量信息。

- Active Nodes：Node Manager 状态良好的节点数，如图 8.9 所示。

角色类型	状态	主机	授权状态
Gateway	不适用	bigdata-01	已授权
JobHistory Server	已启动	bigdata-04	已授权
NodeManager	已启动	bigdata-06	已授权
NodeManager	已启动	bigdata-05	已授权
NodeManager	已启动	bigdata-07	已授权
NodeManager	已启动	bigdata-04	已授权
NodeManager	已启动	bigdata-03	已授权
ResourceManager (活动)	已启动	bigdata-03	已授权

Active Nodes

图 8.9　YARN 已安装组件

- Decommissioning Nodes：正在删除的节点。
- Decommissioned Nodes：已经删除的节点。
- Lost Nodes：丢失的节点数。
- Unhealthy Nodes：不健康的节点数。

注意： Decommissioning Nodes、Decommissioned Nodes 和 Lost Nodes 通常在集群运维时出现。Unhealthy Nodes 通常发生在正常的生产阶段，例如，程序跑到一定阶段，磁盘空间不足的情况下，就会爆出这样的提示，而往往这个任务也是失败。如果提交到集群的作业，有任务被分配到这些异常的节点，则需要时刻关注这些作业的运行信息。

扩展： 通过 YARN REST API 可以在程序中获取到集群概况（About）及集群节点的度量指标（Cluster Node Metrics），例如下面的 REST API:

>>URL 请求：GET http://bigdata-03:8088/ws/v1/cluster/metrics

>>URL 请求得到的结果 Response Body:

```
{
   "clusterMetrics": {
      "appsSubmitted": 947,
      "appsCompleted": 940,
      "appsPending": 0,
      "appsRunning": 1,
      "appsFailed": 4,
      "appsKilled": 2,
      "reservedMB": 0,
      "availableMB": 49182,
      "allocatedMB": 7168,
      "reservedVirtualCores": 0,
      "availableVirtualCores": 33,
      "allocatedVirtualCores": 7,
      "containersAllocated": 7,
      "containersReserved": 0,
      "containersPending": 0,
      "totalMB": 56350,
      "totalVirtualCores": 40,
      "totalNodes": 5,
      "lostNodes": 0,
      "unhealthyNodes": 0,
      "decommissioningNodes": 0,
      "decommissionedNodes": 0,
      "rebootedNodes": 0,
      "activeNodes": 5
   }
}
```

从上面的返回结果可以看到比我们在页面上更加详细的信息如："appsKilled": 2，"containersReserved": 0，"containersPending": 0 等。

在使用 URL 请求 YARN REST 接口时需要注意，笔者使用的 POST MAN 是一款可以模拟 URL 请求的工具，或者可以使用 Chrome 浏览器，其他浏览器需要安装特殊插件才能看到格式化结果。在浏览器中如果没有指明 content-type，Chrome 则默认返回的是 Application/XML 格式，这个是 HTTP 返回内容的专有名词，如图 8.10 所示。


```
▼<clusterMetrics>
   <appsSubmitted>1005</appsSubmitted>
   <appsCompleted>999</appsCompleted>
   <appsPending>0</appsPending>
   <appsRunning>0</appsRunning>
   <appsFailed>4</appsFailed>
   <appsKilled>2</appsKilled>
   <reservedMB>0</reservedMB>
   <availableMB>56350</availableMB>
   <allocatedMB>0</allocatedMB>
   <reservedVirtualCores>0</reservedVirtualCores>
   <availableVirtualCores>40</availableVirtualCores>
   <allocatedVirtualCores>0</allocatedVirtualCores>
   <containersAllocated>0</containersAllocated>
   <containersReserved>0</containersReserved>
   <containersPending>0</containersPending>
   <totalMB>56350</totalMB>
   <totalVirtualCores>40</totalVirtualCores>
   <totalNodes>5</totalNodes>
   <lostNodes>0</lostNodes>
   <unhealthyNodes>0</unhealthyNodes>
   <decommissioningNodes>0</decommissioningNodes>
   <decommissionedNodes>0</decommissionedNodes>
   <rebootedNodes>0</rebootedNodes>
   <activeNodes>5</activeNodes>
 </clusterMetrics>
```


图 8.10　浏览器默认 XML 返回结果

如果要转成 JSON 格式，则需要将 content-type 变为 appllcation/json。

小技巧：通过在程序中实时请求 YARN 信息，可以构建我们生产环境中作业运行时的元数据，通过这些元数据，可以帮助我们在提交作业时实时查看集群的情况，如果 appsPending 过多，则可以动态调整作业的提交时间等。

8.2.3　Cluster Overview 集群概况

Cluster Overview 主要包含如下栏目信息。

- Cluster ID：集群 ID。
- ResourceManager State：YARNResource Manager 服务，正常状态是 STARTED，表示集群正常启动中。
- ResourceManager HA State：在实际生产环境中，ResouceManager 一般要支持高可用，也就是说要两台服务器，图 8.8 该栏目对应的 active 表示 ResouceManager 可以支持 HA（高可用），对应的接口是正常。但是请记住这不表示 ResourceManager 已经是 HA 的了。

- ResourceManager HA zookeeper connection state：一般在生产环境中用 ZooKeeper（ZK）作为服务注册，当 ZK 发现某台机器连接不上了，会自动切换到已经注册在 ZK 上备用的服务继续提供服务。在图 8.8 中可以看到 ResourceManager HA is not enabled。在图 8.9 中我们看到集群只部署了一个 ResouceManager 节点，因此 HA 当然也是不可用的。
- ResourceManager started on：Resource Manger 启动的时间。

8.3　查看集群节点概况

在上一节中介绍了通过 About 链接我们可以了解观察整个集群的基本状态。本节中将会介绍在作业运行时会接触到第二个层面的信息——节点（Node）。通过这部分，我们会看到节点的基本信息，以及在节点上运行的作业和容器信息。

8.3.1　节点列表概况

单击 Cluster/Nodes 链接，会链接到如图 8.11 所示的页面。

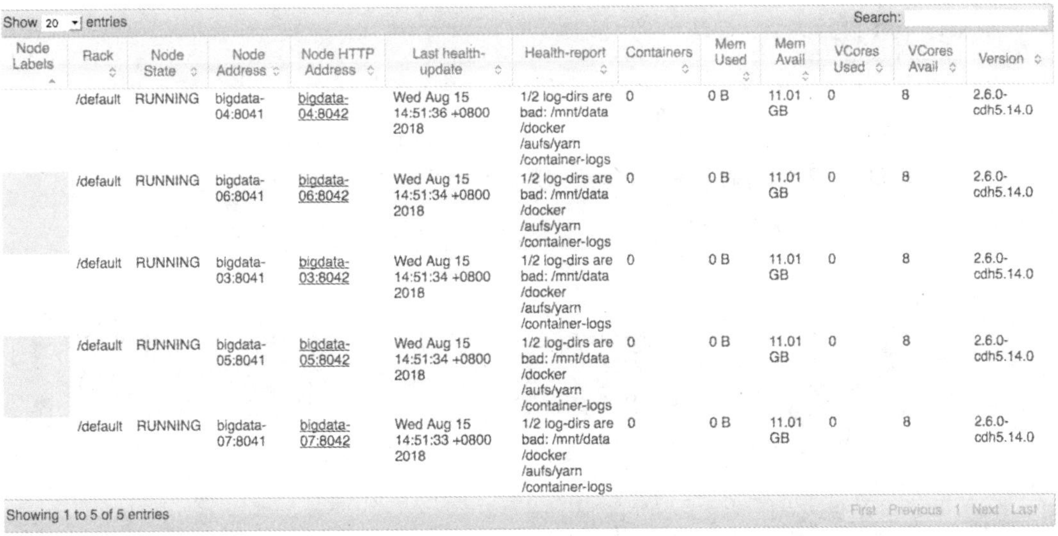

Show 20 entries　　Search:

Node Labels	Rack	Node State	Node Address	Node HTTP Address	Last health-update	Health-report	Containers	Mem Used	Mem Avail	VCores Used	VCores Avail	Version
	/default	RUNNING	bigdata-04:8041	bigdata-04:8042	Wed Aug 15 14:51:36 +0800 2018	1/2 log-dirs are bad: /mnt/data /docker /aufs/yarn /container-logs	0	0 B	11.01 GB	0	8	2.6.0-cdh5.14.0
	/default	RUNNING	bigdata-06:8041	bigdata-06:8042	Wed Aug 15 14:51:34 +0800 2018	1/2 log-dirs are bad: /mnt/data /docker /aufs/yarn /container-logs	0	0 B	11.01 GB	0	8	2.6.0-cdh5.14.0
	/default	RUNNING	bigdata-03:8041	bigdata-03:8042	Wed Aug 15 14:51:34 +0800 2018	1/2 log-dirs are bad: /mnt/data /docker /aufs/yarn /container-logs	0	0 B	11.01 GB	0	8	2.6.0-cdh5.14.0
	/default	RUNNING	bigdata-05:8041	bigdata-05:8042	Wed Aug 15 14:51:34 +0800 2018	1/2 log-dirs are bad: /mnt/data /docker /aufs/yarn /container-logs	0	0 B	11.01 GB	0	8	2.6.0-cdh5.14.0
	/default	RUNNING	bigdata-07:8041	bigdata-07:8042	Wed Aug 15 14:51:33 +0800 2018	1/2 log-dirs are bad: /mnt/data /docker /aufs/yarn /container-logs	0	0 B	11.01 GB	0	8	2.6.0-cdh5.14.0

Showing 1 to 5 of 5 entries　　First Previous 1 Next Last

图 8.11　Nodes 列表

从图 8.11 中可以看到如下指标。

Node Labels：节点标签，通过对节点进行打标签，我们可以控制任务运行在特定的标签节点上，如计算密集型，将这些任务分配在 CPU 性能良好的节点，如 Spark 作业，会分配在内存参数更好的节点。简而言之，在实际生产环境中可以通过 Node Labels 来实现作业的分区域计算。

- Rack：机架，现在大部分企业都是用云服务，这个参数基本没用。
- Node State：节点状态信息，RUNNING 状态表示节点正常。
- Node Address：NodeManager IPC 地址，对应 yarn-site.xml 中 yarn.nodemanager.address 地址，默认端口是 8041。
- Node HTTP Address：NodeManager Web 应用程序 HTTP 端口，对应 yarn-site.xml 中 yarn.nodemanager.webapp.address 地址，默认端口是 8042。集群最后运行的任务都是在这些服务所在的服务器。
- Last health-update：节点最近有心跳的时间。
- Health-report：心跳报告的存储路径。
- Containers：节点内正在运行的 Containers。
- Mem Used：节点已用内存。
- Mem Avail：节点可用总内存。这里我们用到的是 11.01GB 对应配置项 yarn.nodemanager.resource.memory-mb，如果需要更多内存资源，可以调整这个参数。
- VCores Used：节点正在运行的作业所占用的核心数。
- VCores Avail：节点可用虚拟 CPU 核心数，对应配置文件中的配置项 yarn.nodemanager.resource.cpu-vcores。这里分配到的个数是 8 个，如果需要更多 CPU 资源，可以调整这个参数。

扩展： 节点的列表信息我们可以通过 YARN 提供的 REST 服务来获取。下面是获取方式:

>>URL 请求：GET http://bigdata-03:8088/ws/v1/cluster/nodes。

>>URL 请求得到的结果 Response Body 如下:

```
{
    "nodes": {
        "node": [
            {
                "rack": "/default",
                "state": "RUNNING",
                "id": "bigdata-04:8041",
                "nodeHostName": "bigdata-04",
                "nodeHTTPAddress": "bigdata-04:8042",
                "lastHealthUpdate": 1534321296066,
                "version": "2.6.0-cdh5.14.0",
                "healthReport": "1/2 log-dirs are bad: /mnt/data/docker/aufs/
yarn/container-logs",
                "numContainers": 0,
                "usedMemoryMB": 0,
                "availMemoryMB": 11270,
```

```
                "usedVirtualCores": 0,
                "availableVirtualCores": 8
            },
        ……#其他信息同上
        ]
    }
}
```

8.3.2 节点详细信息

单击图 8.11 中 Node 的任意一个记录中的 Node HTTP Address 链接，可以看到如图 8.12 所示的页面。

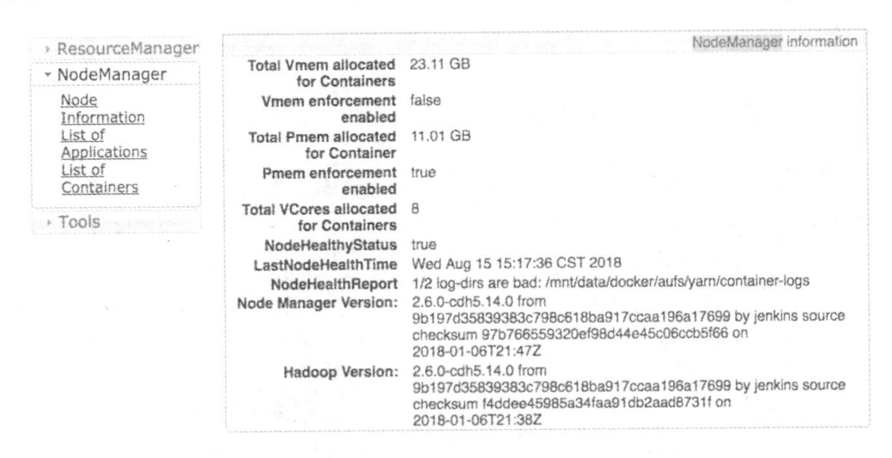

图 8.12　NodeManager information 页面

从图 8.12 左边的 NodeManager 中可以看到，NodeManager 可以查看以下三部分内容。

- Node Information：单击 Node Information 链接，会链接到显示单节点的概况信息网页。默认进入 Node HTTP Address 所在的页面，右边会显示 Node Information 的信息。
- List of Applications：单击 List of Applications 链接会链接到显示在该节点上运行应用的信息。
- List of Contianers：单击 List of Containers 链接，会显示在该节点上运行的所有容器信息。

单击进入 NodeManger information 所链接的网页，即图 8.12 的右边栏，可以看到如下指标：

- Total Pmem allocated for Container：节点可用的物理内存，也就是 8.3.1 节中我们配置项 yarn.nodemanager.resource.memory-mb 的值。
- Total Vmem allocated for Containers：总共可用虚拟内存 23.11GB。决定虚拟内存是

按可用的物理内存乘以一个系数来算的。这个系数为配置--yarn.nodemanager.vmem-pmem-ratio 对应的值，默认情况下该值为 2.1，表示如果可用的物理内存为1MB，那么虚拟内存能够申请到 2.1MB。

- Vmem enforcement enabled：当启动一个线程时，检查任务是否超过可用的虚拟内存。如超过可用内存分配值则将其 kill，默认是 true。这里我们设置为 false。
- Pmem enforcement enabled：当启动一个线程时，检查任务是否超过可用的物理内存。如超过可用内存分配值则将其 kill，默认是 true。这里我们设置为 True。
- Total VCores allocated for Containers：可分配给容器使用的总虚拟核心数。
- NodeHealthyStatus：节点是否存在心跳。
- LastNodeHealthTime：最近有心跳时间。
- NodeHealthReport：节点健康报告存储路径。
- Node Manager Version：NodeManger 的所用版本信息。
- Hadoop Version：Hadoop 版本信息。

扩展：通过 REST API 来获取节点信息。例如：

>>URL 请求格式: GET http://nodemanager 地址:端口/ws/v1/cluster/nodes/node-id。这里的 node-id 见图 8.11 Node Adress 一栏，如 bigdata-03:8041。

>>URL 请求例子: GET http://bigdata-03:8088/ws/v1/cluster/nodes/bigdata-03:8041。

>>URL 请求得到的结果 Response Body 如下：

```
{
    "node": {
        "rack": "/default",
        "state": "RUNNING",
        "id": "bigdata-03:8041",
        "nodeHostName": "bigdata-03",
        "nodeHTTPAddress": "bigdata-03:8042",
        "lastHealthUpdate": 1534321654359,
        "version": "2.6.0-cdh5.14.0",
        "healthReport": "1/2 log-dirs are bad: /mnt/data/docker/aufs/yarn/
container-logs",
        "numContainers": 0,
        "usedMemoryMB": 0,
        "availMemoryMB": 11270,
        "usedVirtualCores": 0,
        "availableVirtualCores": 8
    }
}
```

8.3.3 节点作业信息

单击图 8.12 中的 NodeManger/List of Applications，可以看到节点正在运行的作业相关信息，如图 8.13 所示。

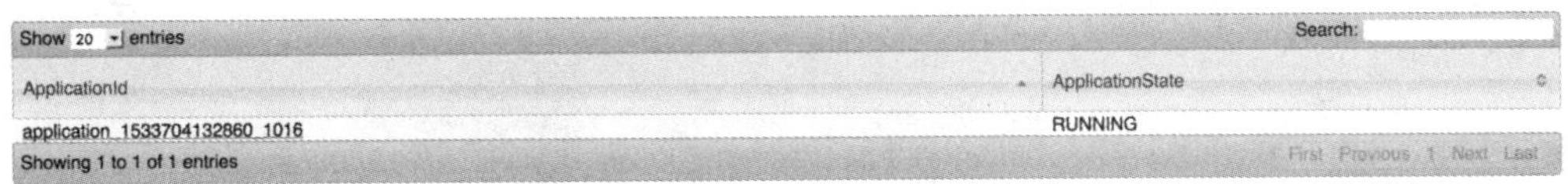

图 8.13　单个 Node 上的作业信息

图 8.13 表示在该 Node 上正在运行的任务（Task）信息。图中显示了两列信息：ApplicationId 和 Application State。

小技巧：在实际生产环境中，如果发现有些任务有时提交后能正常运行，有时提交后又不能正常运行，那么可以通过观察这个界面来查看不能正常运行所在的节点，是不是同一台节点。举一个案例，在一次集群升级后，笔者发现之前能正常运行的任务，Oozie 经常会失败、重试，有的会超过重试次数，直接失败了。笔者尝试复现上述场景时，发现任务被分配到特定的几个节点时都会失败。向运维人员咨询这几台机器的情况，发现是新增节点，而我们的任务需要访问同一个服务器上的数据库，如果要访问对应的服务器，则需要开放特定的网络权限，而这些新增的节点，由于疏忽忘记了这个要求，从而导致作业无法正常运行。

单击 ApplicationId，会链接到 ApplicationId 在该节点上的容器（Container）运行的列表信息，如图 8.14 所示。

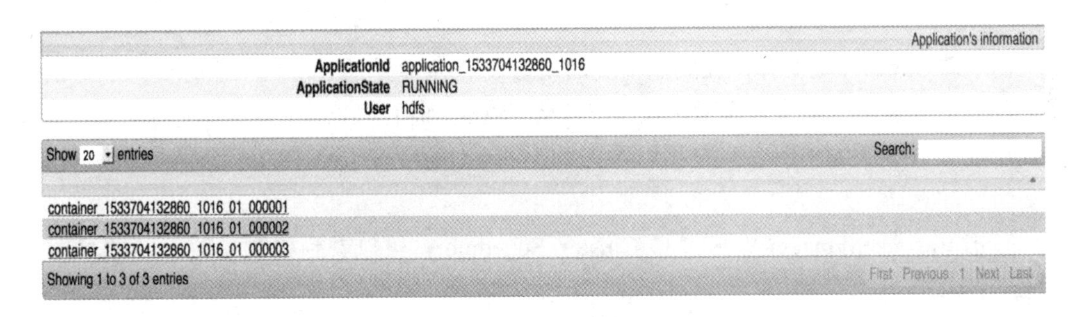

图 8.14　容器信息

从图 8.14 中可以看到 ApplicationId 为 application_1533704132860_1016，在这个 Node 节点上有 3 个容器，单击其中一个 Container 链接，会看到如图 8.15 所示的信息。

从图 8.15 中可以看到该容器的基本信息。

- ContainerID：容器 ID。
- ContainerState：容器运行状态。
- User：运行容器的用户，一般和提交作业的用户一致。
- TotalMemoryNeeded：容器所用内存。

- TotalVCoresNeeded：容器所用虚拟核心数。
- Logs：容器内部日志。

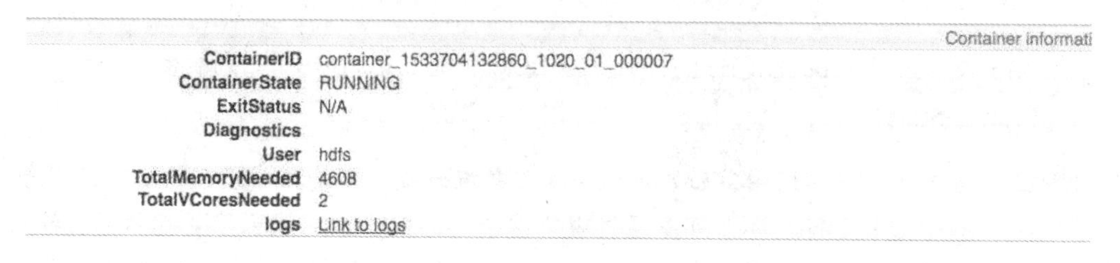

图 8.15 Container 详细信息

注意：如果集群使用的计算引擎是 Spark，且 Spark 的资源调度是交给 YARN 进行管理的，那么这个 logs 是看不到的。

8.4 查看集群的队列调度情况

队列（Queue）是所有作业真正提交的地方，YARN 是通过队列来进行资源划分的。一个作业所能利用的最大资源数，就是该任务所在队列被集群分配到的最大资源数，队列所能用的最大资源数和图 8.8 中我们看到 Memory Total、VCores Total 是不一样的，这点需要特别注意。

单击 ResouceManager WebUI 中 Cluster/ Scheduler，可以看到如图 8.16 所示的页面。

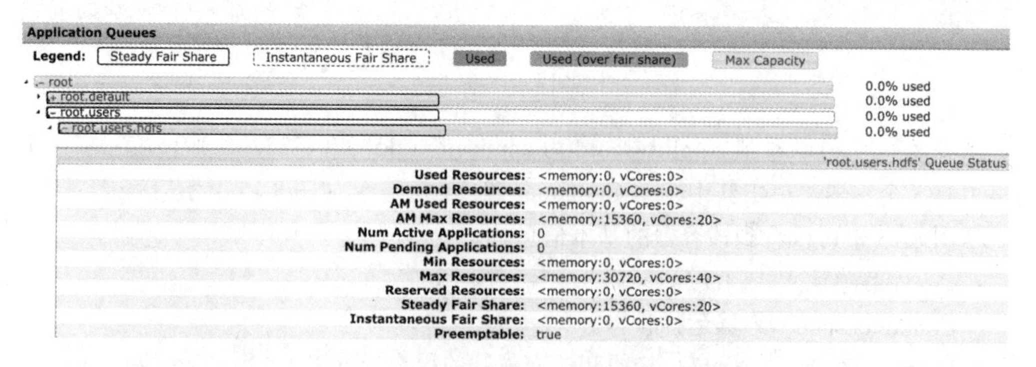

图 8.16 Fair Scheduler 页面

在图 8.16 中可以看到 YARN 公平调度器中所有队列的信息，具体说明如下。

- root：表示根队列，包含了集群的所有资源，所有的队列都是 root 子队列。
- root.xxx：表示 root 的二级子队列，例如，如图 8.16 中的 root.users。root.xxx.xxx 表示 root 的三级子队列。

在图 8.16 中，root 的二级子队列 root.default 是默认创建的队列。一般情况下，如果没有特别指明任务提交的 queue，则会被默认分配到这个任务中。

在图 8.16 中也可以看到 root 的又一子队列 root.users。在这个子队列下又创建了 root.users.hue 和 root.users.hdfs 两个子队列，当单击到对应队列上，可以看到如下指标。

- Used Resources：该队列已用资源，内存是 37888MB，核心数是 17。
- AM Used Resources：Application Master 所耗用的内存。
- AM Max Resources：Appplication Master 所能用的最大资源数。
- Num Active Applications：当前队列正在运行的作业数量。
- Num Pending Applications：当前等待运行的作业数。
- Min Resources：队列所能用的最小资源数。
- Max Resources：队列所能用的最大资源数，作业能够使用的最大资源数不会超过这个限制，如果不限制队列的资源数，则会利用整个集群。
- Steady Fair Share：稳定的公平资源分配。所分配的资源数会结合所有队列所需要的资源，给每个队列分配基本的资源数。在图 8.11 中我们有两个一级队列，由于这两个队列配置 Min/Max Resources 资源一致，那么每个队列将得到的公平资源就是集群所有资源的一半。由于 root.users 下有两个二级队列，因而 root.users 下的两个队列会平分 root.users 得到 stready Fair share，也就是所有资源的 1/4。
- Instantaneous Fair Share：实时动态公平资源分配。上面的 Steady Fair Share 保证了即使集群再繁忙，每个队列也能分配到一定的资源。而实时动态公平资源的分配策略，则在部分队列资源有空余的情况下才能被其他队列所利用。

如图 8.17 所示，由于我们的集群只有一个任务在运行，且在 root.user.hdfs 队列上，因而集群会把所有可调整的资源全部分配给它，这时能利用到的最大资源是整个集群。如果这时在 root.users.hue 中启动另外一个进程，那么 hue 和 hdfs 这两个队列能动态分配的资源是平均分配，也就是各占一半比例。

注意：资源的分配直接决定了任务运行的效率，如果处在一个大的团队，集群的资源耗用是比较紧张的，需要关注自己所在团队被分配的资源数，以及资源的调度策略。

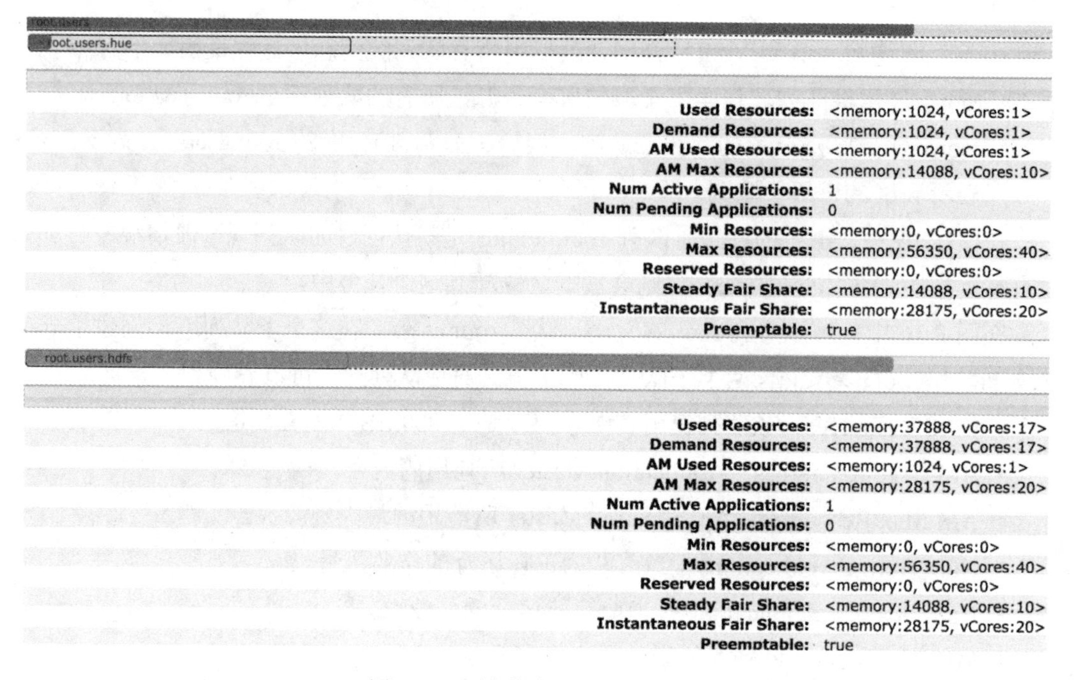

图 8.17　两个任务下的资源耗用

扩展：上述信息依然可以通过 YARN REST API 来获取，而且获取的信息会比网页更加丰富。

>>URL 请求：GET http://bigdata-03:8088/ws/v1/cluster/metrics。

>>URL 请求得到的结果 Response Body 如下：


```
{
   "scheduler": {
      "schedulerInfo": {
          "type": "fairScheduler",
          "rootQueue": {
             "maxApps": 2147483647,
             "minResources": {"memory": 0,"vCores": 0},
             "maxResources": {"memory": 56350, "vCores": 40},
             "usedResources": {"memory": 39936, "vCores": 19},
             "amUsedResources": {"memory": 0, "vCores": 0},
             "amMaxResources": {"memory": 0,"vCores": 0},
             "demandResources": {"memory": 39936,"vCores": 19},
             "steadyFairResources": {"memory": 56350,"vCores": 40},
             "fairResources": {"memory": 56350,"vCores": 40},
             "clusterResources": {"memory": 56350,"vCores": 40},
             "reservedResources": {"memory": 0,"vCores": 0},
             "pendingContainers": 0,
             "allocatedContainers": 11,
```

```
                "reservedContainers": 0,
                "queueName": "root",
                "schedulingPolicy": "DRF",
                "childQueues": {
                   "queue": [
                      {
                         ...
                         "queueName": "root.default",
                         "schedulingPolicy": "DRF",
                         ...
                      },
                      {
                         "maxApps": 2147483647,
                         "minResources": {"memory": 0,"vCores": 0},
                         "maxResources": {"memory": 56350,"vCores": 40
                         "usedResources": {"memory": 39936,"vCores": 19},
                         "amUsedResources": {"memory": 0,"vCores": 0},
                         "amMaxResources": {"memory": 0,"vCores": 0},
                         "demandResources": {"memory": 39936,"vCores": 19},
                         "steadyFairResources": {"memory": 28175,"vCores": 20},
                         "fairResources": {"memory": 56350,"vCores": 40},
                         "clusterResources": {"memory": 56350,"vCores": 40},
                         "reservedResources": {"memory": 0,"vCores": 0},
                         "pendingContainers": 0,
                         "allocatedContainers": 11,
                         "reservedContainers": 0,
                         "queueName": "root.users",
                         "schedulingPolicy": "DRF",
                         "childQueues": {
                            "queue": [
                               {
                                  "type": "fairSchedulerLeafQueueInfo",
                                  "maxApps": 2147483647,
                                  "minResources": {},"memory": 0,
    "vCores": 0},
                                  "maxResources": {"memory": 56350,
    "vCores": 40},
                                  "usedResources": {"memory": 2048,
    "vCores": 2},
                                  "amUsedResources": {"memory": 1024,
    "vCores": 1},
                                  "amMaxResources": {"memory": 14088,
    "vCores": 10},
                                  "demandResources": {"memory": 2048,
    "vCores": 2},
                                  "steadyFairResources": {"memory": 14088,
    "vCores": 10},
                                  "fairResources": {"memory": 28175,
    "vCores": 20},
                                  "clusterResources": {"memory": 56350,
    "vCores": 40},
                                  "reservedResources": {"memory": 0,
    "vCores": 0},
                                  "pendingContainers": 0,
                                  "allocatedContainers": 2,
```

```
                                    "reservedContainers": 0,
                                    "queueName": "root.users.hue",
                                    "schedulingPolicy": "fair",
                                    "preemptable": true,
                                    "numPendingApps": 0,
                                    "numActiveApps": 1
                                },
                                {
                                    ...
                                    "queueName": "root.users.hdfs",
                                    ...
                                }
                            }
                        },
                        "preemptable": true
                    }
                ]
            },
            "preemptable": true
        }
    }
  }
}
```

8.5 查看集群作业运行信息

通过前面几节的学习，我们了解了作业在集群中所要观察的 3 个方面：集群整体信息、任务运行所在的节点信息，以及任务所在队列的信息。通过这 3 个方面，可以从一个整体的角度来看待作业运行可能出现的问题，能够快速定位由于环境因素导致的程序性能低下问题。

本节将详细剖析作业具体运行时所要注意的信息，快速定位由于程序或设计问题导致的程序性能低下或者报错的问题引发点。

8.5.1 集群作业运行状态

Hive 在 YARN 集群运行的任务会涉及几个状态：NEW、NEW_SAVING、SUBMITTED、ACCEPTED、RUNNING、FINISHED、FAILED 和 KILLED。其中，NEW、NEW_SAVING 和 UBMITED 在实际工作中用到的概率极低，因此我们只谈实际工作场景中用得到、需要重点关注的 ACCEPTED、RUNNING、FINISHED、FAILED 和 KILLED 这 5 个状态。

- ACCEPTED：接受状态，已经被队列（Queue）所接受，但在还没开始执行前，作业会暂时变为这个状态，如果作业一直停留在这个状态，需要及时查看队列资源是否充足，并及时调整队列资源或者更换队列。

- RUNNING：运行状态，表示作业已经获取到足够的资源，开始在进群中进行计算处理的状态，如果一个作业持续运行时间很长，就需要在这个状态下查看运行的日志。
- FINSHED：完成状态，表示作业已经正常结束。
- FAILED：失败状态，表示作业运行失败，在开发初期会经常用到，后期运维中也会偶尔用到。通过查询这个状态的作业，可以快速找到失败的作业，并根据作业ID来查看日志定位问题。
- KILLED：被人为或者调度系统关停的任务。

扩展： 在数据仓库和数据平台中，作业启动、运行和持续状态是一个非常重要的数据，我们称之为元数据。通过采集这些元数据，对这些元数据进行建模处理、统计分析，可以知道常规作业调度任务的启动时间、结束时间、运行时长及耗用资源等数据指标，为一个作业建立属于自身的完整画像。

在这些数据之上还可以刻画整个数据平台或者数据仓库使用的画像。通过各层次的数据粒度，可以去做很多很有意思的事情。例如，作业提交队列资源紧张与否、作业启动延迟报警、作业运行延时报警和作业运行异常等。简而言之，让我们可以做到事故的提前预警，事故发生时的快速定位，判断事故影响的波及面，做到对整个系统全面掌控。由于这些元数据在日常工作中实在是用得太频繁，也太重要，我们会在本章中单独介绍采集哪些元数据、如何采集、什么时候采集，以及如何使用这些元数据等内容。

8.5.2　查看作业运行的基本信息

首先进入8.1.1节中提到的ResourceManager Web UI，单击右边的Cluster项，选择Applications下的FININSHED状态，在页面的右下方会出现作业列表，单击最右边的Tracking UI链接，如图8.18所示，就可以看到作业的基本信息，如图8.19所示。

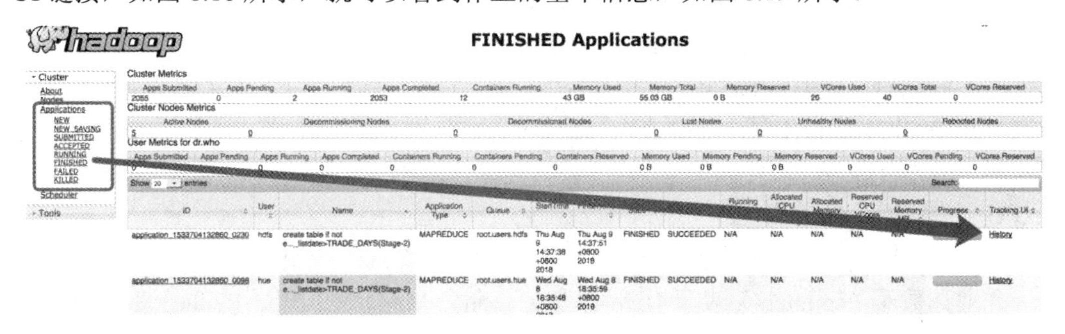

图8.18　进入作业基本信息界面图

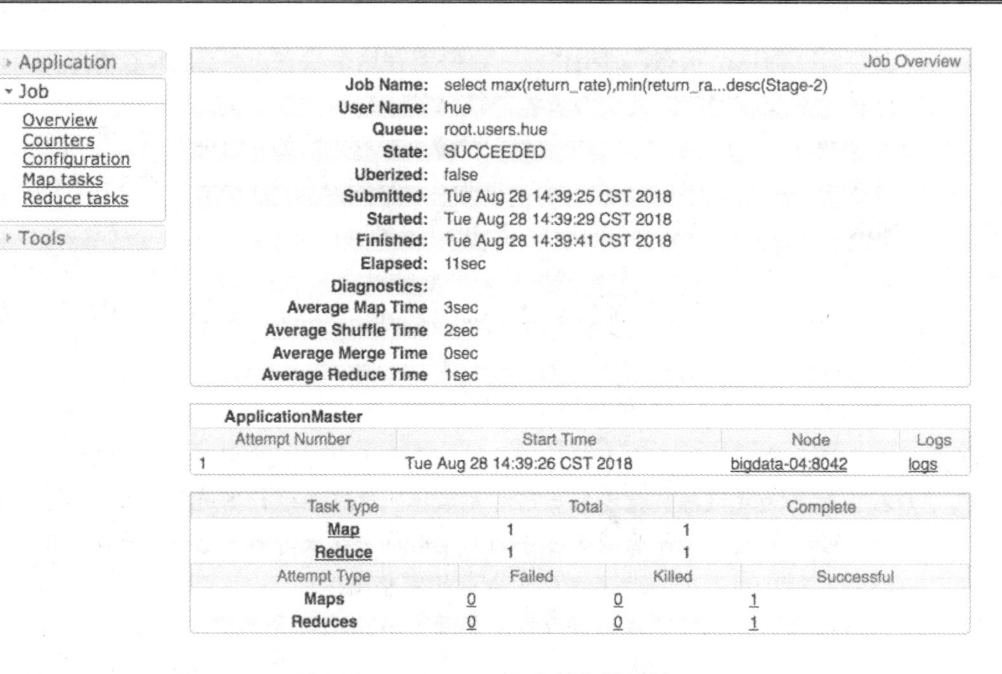

图 8.19　MapReduce 作业基本信息图

在图 8.19 中可以看到如下信息。

- Job Name：作业名，如果没有指明 Job Name，一般由系统自动生成。通常，在 HiveSQL 中没有必要去指定名称。
- User Name：提交作业的用户，如图 8.19 中的提交用户是 hue。
- Queue：作业运行所在的队列。
- Uberized：表示是否开启 Uber 运行模式。
- Submitted：提交任务的时间。
- Started：启动作业的时间。
- Finished：完成作业的时间。
- Elapsed：作业从启动到完成所用耗时。
- Average Map Time：Map 阶段，所有 Map 程序运行的平均时间。
- Average Shuffle Time：Shuffle 平均耗时。
- Average Merge Time：Merge 平均耗时。
- Average Reduce Time：Reduce 平均耗时。

8.5.3　查看作业计数器

作业计数器（counters）表示 Hive 作业在 Input、Map、Shuffle、Reduce 和 Output 等各个阶段的定量数据。通过作业计数器，能够直观看到作业处理的数据量、处理耗时和所用资源，这对于平常开发时定位问题点，提升性能瓶颈有直接的作用。

单击图 8.19 左边 Job 项下的 Counters 链接，可以打开作业的计数器页面。作业计数器一般分为以下 7 部分：

- 文件系统计数器（File System Counters）；
- 作业计数器（Job Counters）；
- MapReduce 框架计数器（MapReduce Framework Counters）；
- Hive 计数器（Hive Counters）；
- Shuffle 错误计数器（Shuffle Errors Counters）；
- File Input Format Counters；
- File Output Format Counters。

每一个部分都有若干指标，接下来就来看下每部分下面的各个指标所代表的含义。

提示： 不同版本的 Hadoop 所提供的指标可能不太一样，但是没关系，调优所用到的指标其实就几个，下面所介绍的指标都是在实际工作中会用到的。

1. 文件系统计数器（File System Counters）

（1）HDFS 部分

- Number of write operations：表示一个作业内写 HDFS 的次数。写 HDFS 操作一般只发生在 Reduce 输出数据阶段，写入次数等于写入 HDFS 的文件数。
- Number of bytes written：表示一个作业内写 HDFS 的数据量。
- Number of read operations：表示一个作业内读 HDFS 的次数，读 HDFS 操作一般只发生在 Map 读取数据阶段，读取次数等于所操作表在 HDFS 中的文件数。
- Number of bytes read：表示一个作业内读 HDFS 的数据量。

（2）FILE 部分

- Number of write operations：表示一个作业内写本地文件的次数，写本地文件操作发生在 Map 阶段的输出和读入 Reduce 操作之前。一般，如果 Reduce 阶段还有文件合并的操作，也会先写到本地文件。
- Number of bytes written：表示一个作业内写本地文件的数据量。
- Number of read operations：表示一个作业内读取本地文件的次数，读取本地文件操作一般只发生在 Reduce 阶段读取数据操作。

注意： 如果数据来源操作的是本地文件，那么 Number of read operations 在 Map 阶段会被统计到。

- FILE：Number of bytes read，表示一个作业内，读取本地文件的数据量。

2．作业计数器（Job Counters）

- Data-local map tasks：数据本地化的 Map 数，即一个 Map 程序所要读取的所有数据，恰好在运行该 Map 节点可以全部找到，避免了读取数据时要进行网络传输，这种 Map 的效率最高，性能最好。
- Killed reduce tasks：在运行过程中被杀死的 Reduce 个数。
- Launched map tasks：启动的总 Map 个数。
- Launched reduce tasks：启动的总 Reduce 个数。
- Rack-local map tasks：在同一个机架内执行的 Map 数。
- Total time spent by all map tasks (ms)：在 Map 阶段执行的总耗时。
- Total time spent by all reduce tasks (ms)：在 Redcue 阶段执行的总耗时。
- Total vcore-milliseconds taken by all map tasks：在 Map 阶段占用的虚拟核心数时间。
- Total vcore-milliseconds taken by all reduce tasks：在 Reduce 阶段占用的虚拟核心数时间。

扩展：从作业计数器中可以直观地看到 Map 和 Reduce 阶段的耗时，可以对作业的性能瓶颈有一个较为直观的了解。

3．MapReduce 框架计数器

- Combine input records：Combine 阶段输入的记录数。
- Combine output records：Combine 阶段输出的记录数。
- CPU time spent (ms)：统计 Map、Reduce 阶段，以及总的耗时记录。
- Failed Shuffles：失败的 Shuffles 数量。
- GC time elapsed (ms)：在 Map 和 Reduce 阶段，Java 虚拟机垃圾回收（GC）耗时。
- Input split bytes：Map 阶段 Input 分片大小。
- Map input records：Map 阶段输入的记录数。
- Map output bytes：Map 阶段输出的数据量。
- Map output materialized bytes：Map 输出后的物化字节数。
- Map output records：Map 阶段输出的记录数。
- Merged Map outputs：Map 合并输出的记录数。
- Physical memory (bytes) snapshot：在各个阶段耗用的物理内存。
- Reduce input groups：Reduce 输入的分组数量。
- Reduce input records：Reduce 输入的记录数。
- Reduce output records：Reduce 输出的记录数。
- Reduce shuffle bytes：Reduce 阶段的 Shuffle 的数据量。

- Spilled Records：溢出到磁盘的记录数。
- Virtual memory (bytes) snapshot：虚拟内存的耗用。

4. Hive计数器

- CREATED_FILES：Hive 任务结束后创建的文件数。
- DESERIALIZE_ERRORS：反序列化，错误数。
- RECORDS_IN：Hive 任务数据的输入数量，可以理解为 Map 阶段的读入数据记录数。
- RECORDS_OUT_0：Hive 任务输出的记录数，可以理解为最终的记录数。
- RECORDS_OUT_INTERMEDIATE：Hive 任务产生的中间结果记录数。

5. Shuffle 错误计数器

- IO_ERROR：I/O 出现异常的数量。
- WRONG_MAP：出现异常的 Map 数量。
- WRONG_REDUCE：出现异常的 Reduce 数量。

6. File Input Format Counters文件输入格式的计数器

Bytes Read 和 Map 阶段读取的 Value 值数据量。

7. File Output Format Counters文件输出格式的计数器

Bytes Write 和 Reduce 阶段输出的 Value 值数据量。

第 9 章　数据存储

本章我们着重讲解 Hive 的数据存储，它是 Hive 操作数据的基础。选择一个合适的底层数据存储文件格式，即使在不改变当前 Hive SQL 的情况下，性能也能得到数量级的提升。这种优化方式对学过 MySQL 等关系型数据库的读者并不陌生，选择不同的数据存储引擎，代表着不同的数据组织方式，对于数据库的表现会有不同的影响。

Hive 数据存储支持的格式有文本格式（TextFile）、二进制序列化文件（SequenceFile）、行列式文件（RCFile）、Apache Parquet 和优化的行列式文件（ORCFile）。其中，ORCFile 和 Apache Parquet，以其高效的数据存储和数据处理性能得以在实际的生产环境中大量运用。

本章将重点介绍 Apache ORC 和 Apache Parquet。深入介绍每个存储格式的数据存储结构，以便于了解为什么它们相比于其他数据存储格式对性能更加友好，同时介绍在 Hive 中如何使用这两种文件格式。

9.1　文件存储格式之 Apache ORC

Apache ORC（Optimized Row Columnar）创建于 2013 年，其开发的目的是加速 Apache Hive 和 Apache Hadoop 的数据处理，减少集群的文件大小，在 2015 年被 Apache 提升为顶级项目。

ORC 存储的文件是一种带有模式描述的行列式存储文件。ORC 有别于传统的数据存储文件，它会将数据先按行组进行切分，一个行组内部包含若干行，每一行组再按列进行存储，如图 9.1 所示。

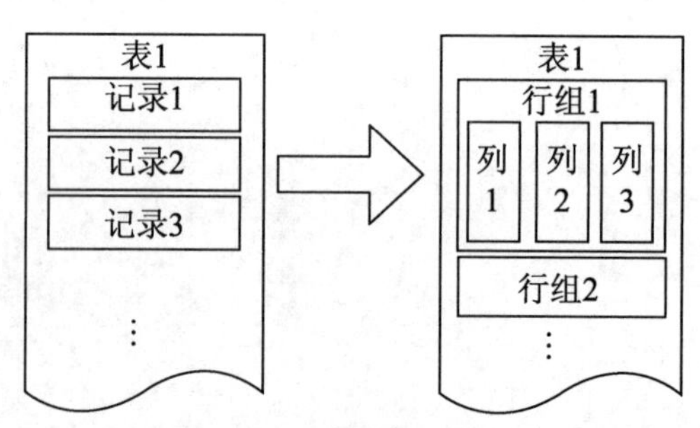

图 9.1　ORC 存储的简化方式

9.1.1 ORC 的结构

为什么要将 ORC 的结构设计成图 9.1 的方式？我们知道传统的行式数据库，数据按行存储，在没有使用索引的情况下，如果要查询一个字段，需要将整行的数据查找出来，再找到相应的字段，这样的操作是比较消耗 I/O 资源的。最初的解决方式是建立 Hive 索引。

Hive 建立索引是一项比较消耗集群资源的工作，并且需要时刻关注是否更新。数据如有更新，就需要对索引进行重建。数据有更新却没有及时重建或者忘了重建，则会引发使用过程的异常。正是建立 Hive 索引成本高，又极容易引发异常，所以在实际生产中，Hive 索引很少被用到。这时候有些人就想到使用列式存储。

相比于行式存储，列式存储的数据则是按列进行存储，每一列存储一个字段的数据，在进行数据查询时就好比走索引查询，效率较高。但是如果需要读取所有的列，例如一个数据平台刚接入数据，需要对所有的字段进行校验过滤，在这种场景下列式存储需要花费比行式存储更多的资源，因为行式存储读取一条数据只需要一次 I/O 操作，而列式存储则需要花费多次，列数越多消耗的 I/O 资源越多。

ORC 的行列式存储结构结合了行式和列式存储的优点，在有大数据量扫描读取时，可以按行组进行数据读取。如果要读取某个列的数据，则可以在读取行组的基础上，读取指定的列，而不需要读取行组内所有行的数据及一行内所有字段的数据。下面就让我们一起来学习一下 ORC。

ORC 文件结构由三部分组成。

- 条带（stripe）：ORC 文件存储数据的地方。
- 文件脚注（file footer）：包含了文件中 stripe 的列表，每个 stripe 的行数，以及每个列的数据类型。它还包含每个列的最小值、最大值、行计数、求和等聚合信息。
- postscript：含有压缩参数和压缩大小相关的信息。

stripe 结构同样可以分为三部分：index data、rows data 和 stripe footer。

- index data：保存了所在条带的一些统计信息，以及数据在 stripe 中的位置索引信息。
- rows data：数据存储的地方，由多个行组构成，数据以流（stream）的形式进行存储。
- stripe footer：保存数据所在的文件目录。
- rows data：存储两部分的数据，即 metadata stream 和 data stream。
- metadata stream：用于描述每个行组的元数据信息。
- data stream：存储数据的地方。

如图 9.2 所示为 ORC 的文件结构示意图。

简要了解完 ORC 的结构可以得知，ORC 在每个文件中提供了 3 个级别的索引。

- 文件级：这一级的索引信息记录文件中所有 stripe 的位置信息，以及文件中所存储的每列数据的统计信息。

- 条带级别：该级别索引记录每个 stripe 所存储数据的统计信息。
- 行组级别：在 stripe 中，每 10 000 行构成一个行组，该级别的索引信息就是记录这个行组中存储的数据的统计信息。

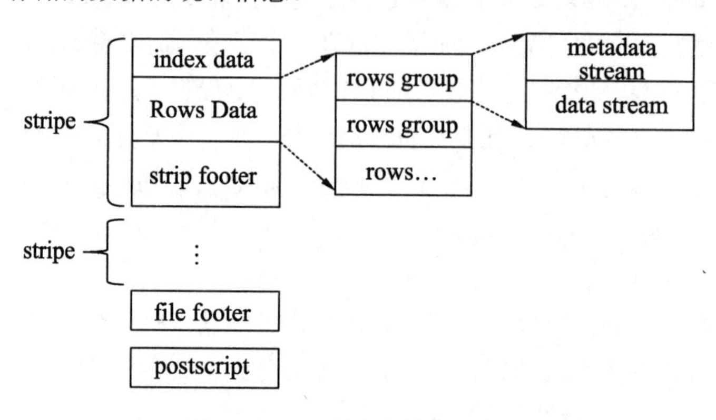

图 9.2　ORC 的文件结构示意图

程序可以借助 ORC 提供的索引加快数据查找和读取效率。程序在查询 ORC 文件类型的表时，会先读取每一列的索引信息，将查找数据的条件和索引信息进行对比，找到满足查找条件的文件。接着根据文件中的索引信息，找到存储对应的查询条件数据 stripe，再借助 stripe 的索引信息读文件中满足查询条件的所有 stripe 块。之后再根据 stripe 中每个行组的索引信息和查询条件比对的结果，找到满足要求的行组。

程序通过 ORC 这些索引，可以快速定位满足查询的数据块，规避大部分不满足查询条件的文件和数据块，相比于读取传统的数据文件，进行查找时需要遍历全部的数据，使用 ORC 可以避免磁盘和网络 I/O 的浪费，提升程序的查找效率，提升整个集群的工作负载。

9.1.2　ORC 的数据类型

Hive 在使用 ORC 文件进行存储数据时，描述这些数据的字段信息、字段类型信息及编码等相关信息都是和 ORC 中存储的数据放在一起的。ORC 中每个块中的数据都是自描述的，不依赖外部的数据，也不存储在 Hive 的元数据库中。ORC 提供的数据数据类型包含如下内容：

- 整型：包含 boolean（1bit）、tinyint（8bit）、smallint（16bit）、int（32bit）、bigint（64bit）。
- 浮点型：包含 float 和 double。
- 字符串类型：包含 string、char 和 varchar。
- 二进制类型：包含 binary。

- 日期和时间类型：包含 timestamp 和 date。
- 复杂类型：包含 struct、list、map 和 union 类型。

目前 ORC 基本已经兼容了日常所能用到的绝大部分的字段类型。另外，ORC 中所有的类型都可以接受 NULL 值。

Hive 在创建 ORC 类型的表时，表中的列是按照 struct 形式组织，struct 是按照树的方式来组织并描述字段的。例如：

```
create table test(
   a int
   b map<string,struct<myString : string,myDouble: double>>,
   c string
)
```

上面的表可以表示成如图 9.3 所示的结构。

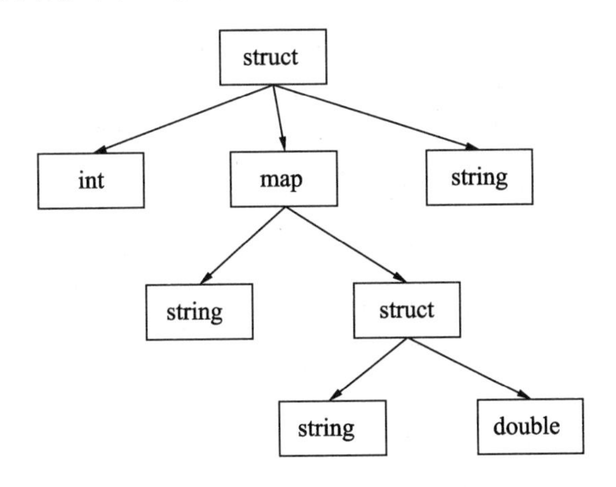

图 9.3　ORC 的 struct 存储方式

使用 MapReduce 读取 ORC 的文件，并获取一个列的数据，代码如下：

```
public static class MyMapper
    extends Mapper<NullWritable,OrcStruct,Text,IntWritable> {
  public void map(NullWritable key, OrcStruct value,
                 Context output) throws Exception {
    /**ORC 文件已经存储了列的信息，可以直接通过 getFieldValue 方法
    *直接定位到指定的列，取得需要的数据，相比读取 text 类型文件的一列数据（读取 text
    类型的文件中的一列数据
    *无法直接定位所在列的位置，需要读取一行后，根据列的分割符，进行分割存入数组，再根
    据列的位置读取数组相应下标中的数据），ORC 读取一列的数据无疑显得高效
    */
    firstfield=value.getFieldValue(0);
    secondfield=value.getFieldValue(1);
  }
}
```

9.1.3 ACID 事务的支持

在 Hive 0.14 版本以前，Hive 表的数据只能新增或者整块删除分区或表，而不能对表的单个记录进行修改。在 Hive 0.14 版本后，ORC 文件能够确保 Hive 在工作时的原子性、一致性、隔离性和持久性的 ACID 事务能够被正确地得到使用，使得对数据更新操作成为可能。

Hive 是面向 OLAP 的，所以它的事务也和 RDMBS 的事务有一定的区别。Hive 的事务被设计成每个事务适用于更新大批量的数据，而不建议用事务频繁地更新小批量的数据。

下面是创建 Hive 事务表的方法：

```
--（1）设置 hive 环境参数
--开启并发支持，支持插入、删除和更新的事务
set hive.support.concurrency=true;
--支持 ACID 事务的表必须为分桶表
set hive.enforce.bucketing=true;
--开启事物需要开启动态分区非严格模式
set hive.exec.dynamic.partition.mode=nonstrict;
--设置事务所管理类型为 org.apache.hive.ql.lockmgr.DbTxnManager
--原有的 org.apache.hadoop.hive.ql.lockmgr.DummyTxnManager 不支持事务
set hive.txn.manager=org.apache.hadoop.hive.ql.lockmgr.DbTxnManager;
--开启在相同的一个 meatore 实例运行初始化和清理的线程
set hive.compactor.initiator.on=true;
--设置每个 metastore 实例运行的线程数.hadoop
set hive.compactor.worker.threads=1;
--（2）创建表
create table student_txn
(id int,
name string
)
--必须支持分桶
clustered by (id) into 2 buckets
--在表属性中添加支持事务
stored as orc
TBLPROPERTIES ('transactional'='true');
--（3）插入数据
--插入 id 为 1001，名字为'student_1001
insert into table student_txn values('1001','student_1001');
--（4）更新数据
--更新数据
update student_txn
set name='student_lzh'
where id='1001';
--（5）查看表的数据，最终会发现 id 为 1001 被改为 sutdent_lzh
```

9.2　与 ORC 相关的 Hive 配置

Hive 表使用 ORC 作为存储文件，可以通过配置表属性来控制表的一些属性。

9.2.1　表配置属性

表的属性配置项有如下几个：

- orc.compress：表示 ORC 文件的压缩类型，可选的类型有 NONE、ZLIB 和 SNAPPY，默认值是 ZLIB。
- orc.compress.size：表示压缩块（chunk）的大小，默认值是 262144（256KB）。
- orc.stripe.size：写 stripe，可以使用的内存缓冲池大小，默认值是 67 108 864（64MB）。
- orc.row.index.stride：行组级别索引的数据量大小，默认是 10 000，必须要设置成大于等于 10 000 的数。
- orc.create.index：是否创建行组级别索引，默认是 true。
- orc.bloom.filter.columns：需要创建布隆过滤的组。
- orc.bloom.filter.fpp：使用布隆过滤器的假正（False Positive）概率，默认值是 0.05。

扩展：在 Hive 中使用 bloom 过滤器，可以用较少的文件空间快速判定数据是否存在于表中，但是也存在将不属于这个表的数据判定为属于这个这表的情况，这个情况称之为假正概率，开发者可以调整该概率，但概率越低，布隆过滤器所需要的空间越多。

9.2.2　Hive 表的配置属性

Hive 深度集成了 ORC，我们可以通过不同的 Hive 配置来调整 ORC 文件的参数。通过对这些配置项的学习，可以根据不同场景需求进行适当的参数调整，实现程序的优化。

- hive.default.fileformat：设置表创建时默认的格式，默认是 textfile。如果要使用 ORC 类型的文件，设置成 ORC 即可。示例如下：

```
set hive.default.fileformat=orc;
--不指定存储的文件类型
create table student_test(id int,name string);
--使用 desc 查看表的信息
desc formatted student_test;
OK
...
```

```
# Storage Information
SerDe Library:      org.apache.hadoop.hive.ql.io.orc.OrcSerde
InputFormat:        org.apache.hadoop.hive.ql.io.orc.OrcInputFormat
OutputFormat:       org.apache.hadoop.hive.ql.io.orc.OrcOutputFormat
...
```

- hive.stats.gather.num.threads：收集统计信息的线程数，默认是 10。这个配置只适用于 ORC 这类已经实现了 StatsProvidingRecordReader 接口的文件格式。
- hive.exec.orc.memory.pool：写 ORC 文件，可以使用已分配堆内存的最大比例。
- hive.exec.orc.default.stripe.size：写每个 stripe 文件，可以使用的缓冲池大小，默认是 64MB。
- hive.exec.orc.default.block.size：每个 stripe 存储的文件块大小，默认是 256MB。
- hive.exec.orc.dictionary.key.size.threshold：阀值，默认值为 0.8，如果字典中的键数大于所有非空数据总行数的这一阀值，则关闭字典编码。
- hive.exec.orc.default.row.index.stride：hive 表行组级别索引的数据量大小，默认为 10 000。
- hive.exec.orc.default.block.padding：在写入数据到 ORC 文件时，是否填充已有 HDFS 文件块，默认为 true。
- hive.exec.orc.block.padding.tolerance：阀值，默认是 0.05，允许填充到 HDFS 文件块的最小 stripe 块。
- hive.exec.orc.default.compress：定义 ORC 文件压缩编码/解码器，默认为 ZLIB。
- hive.merge.orcfile.stripe.level：默认是 true。这时如果 hive.merge.mapfiles、hive.merge.mapredfiles 或者 hive.merge.tezfiles 也开启，在写入数据到 ORC 文件时，将会以 strip 级别合并小文件。
- hive.exec.orc.zerocopy：默认值为 false，使用零拷贝的方式读取 ORC 的文件。传统方式在读取文件时需要将数据从用户态复制到内核缓存，再从内核复制到网卡缓存，需要经历多次 CPU 调度和上下文切换。引入零拷贝技术，减少了数据在读取时需要经历多次状态转换和 CPU 的参与，加快了数据的读取速度。
- hive.exec.orc.skip.corrupt.data：默认值为 false，表示在处理数据时遇到异常时抛出异常，为 true 时表示跳过该异常。

9.3 文件存储格式之 Apache Parquet

Parquet 是另外的一种高性能行列式的存储结构，可以适用多种计算框架，被多种查询引擎所支持，包括 Hive、Impala、Drill 等。

9.3.1 Parquet 基本结构

在一个 Parquet 类型的 Hive 表文件中，数据被分成多个行组，每个列块又被拆分成若干的页（Page），如图 9.4 所示。

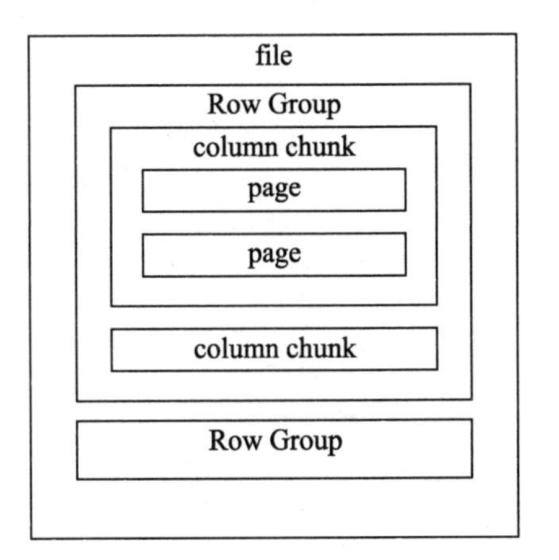

图 9.4　Parquet 的文件结构

Parquet 在存储数据时，也同 ORC 一样记录这些数据的元数据，这些元数据也同 Parquet 的文件结构一样，被分成多层文件级别的元数据、列块级别的元数据及页级别的元数据。

文件级别的元数据（fileMetadata）记录主要如下：

- 表结构信息（Schema）；
- 该文件的记录数；
- 该文件拥有的行组，以及每个行组的数据总量，记录数；
- 每个行组下，列块的文件偏移量。

列块的元数据信息如下：

- 记录该列块的未压缩和压缩后的数据大小和压缩编码；
- 数据页的偏移量；
- 索引页的偏移量；
- 列块的数据记录数。

页头的元数据信息如下：

- 该页的编码信息；
- 该页的数据记录数。

程序可以借助 Parquet 的这些元数据，在读取数据时过滤掉不需要读取的大部分文件数据，加快程序的运行速度。同 ORC 的元数据一样，Parquet 的这些元数据信息能够帮助提升程序的运行速度，但是 ORC 在读取数据时又做了一定的优化，增强了数据的读取效率。下面用两个例子来看看程序在读取 Parquet 和 ORC 文件时的差别。

```
--student_tb_par 是 Parquet 类型的数据
select s_age,max(s_score)
from student_tb_par
group by s_age;
```

执行上面的案例，查看该案例对应的作业的 MapReduce 计数器，如图 9.5 所示。

Name	Map	Reduce	Total
Combine input records	0	0	0
Combine output records	0	0	0
CPU time spent (ms)	40700	26150	66850
Failed Shuffles	0	0	0
GC time elapsed (ms)	2998	1553	4551
Input split bytes	1232	0	1232
Map input records	20000000	0	20000000
Map output bytes	616	0	616
Map output materialized bytes	1192	0	1192
Map output records	28	0	28
Merged Map outputs	0	36	36
Physical memory (bytes) snapshot	2997256192	2807943168	5805199360
Reduce input groups	0	7	7
Reduce input records	0	28	28
Reduce output records	0	0	0
Reduce shuffle bytes	0	1192	1192
Shuffled Maps	0	36	36
Spilled Records	28	28	56
Total committed heap usage (bytes)	2564816896	2834825216	5399642112
Virtual memory (bytes) snapshot	10544107520	23756554240	34300661760

图 9.5　查询 Parquet 类型表的 MapReduce 文件计数器

对比相同的逻辑，查询 student_tb_orc 表，可以得到图 9.6 所示的 MapReduce 计数器信息。

Name	Map	Reduce	Total
Combine input records	0	0	0
Combine output records	0	0	0
CPU time spent (ms)	9810	8440	18250
Failed Shuffles	0	0	0
GC time elapsed (ms)	171	255	426
Input split bytes	588	0	588
Map input records	19584	0	19584
Map output bytes	308	0	308
Map output materialized bytes	328	0	328
Map output records	14	0	14
Merged Map outputs	0	6	6
Physical memory (bytes) snapshot	1273454592	927768576	2201223168
Reduce input groups	0	7	7
Reduce input records	0	14	14
Reduce output records	0	0	0
Reduce shuffle bytes	0	328	328
Shuffled Maps	0	6	6
Spilled Records	14	14	28
Total committed heap usage (bytes)	1183842304	892862464	2076704768
Virtual memory (bytes) snapshot	5334487040	7907540992	13242028032

图 9.6　查询 ORC 类型表的 MapReduce 文件计数器

对比图 9.5 和图 9.6 可以知道，使用 ORC 作为存储，可以有效地借助元数据快速筛选掉不需要的数据，在查询时所消耗的集群资源比 Parquet 类型少。

9.3.2　Parquet 的相关配置

学习了 Parquet 的基本结构后，我们再来看看 Parquet 的常用配置项，通过对这些配置项的学习，可以根据不同场景需求进行适当的参数调整，实现程序优化。

- parquet.block.size：默认值为 134217728byte，即 128MB，表示 RowGroup 在内存中的块大小。该值设置得大，可以提升 Parquet 文件的读取效率，但是相应在写的时候需要耗费更多的内存。
- parquet.page.size：默认值为 1048576byte，即 1MB，表示每个页（page）的大小。这个特指压缩后的页大小，在读取时会先将页的数据进行解压。页是 Parquet 操作数据的最小单位，每次读取时必须读完一整页的数据才能访问数据。这个值如果设置得过小，会导致压缩时出现性能问题。
- parquet.compression：默认值为 UNCOMPRESSED，表示页的压缩方式。可以使用的压缩方式有 UNCOMPRESSED、SNAPPY、GZIP 和 LZO。
- Parquet.enable.dictionary：默认为 true，表示是否启用字典编码。
- parquet.dictionary.page.size：默认值为 1048576byte，即 1MB。在使用字典编码时，会在 Parquet 的每行每列中创建一个字典页。使用字典编码，如果存储的数据页中重复的数据较多，能够起到一个很好的压缩效果，也能减少每个页在内存的占用。

扩展： Parquet 更多的相关配置，可以参考以下两个链接：

- https://Github.com/apache/parquet-mr/blob/master/parquet-hadoop/src/main/java/org/apache/parquet/hadoop/ParquetOutputFormat.java。
- https://Github.com/apache/parquet-mr/blob/master/Parquet-hadoop/src/main/java/org/apache/parquet/hadoop/ParquetInputFormat.java。

9.4　数据归档

对于 HDFS 中有大量小文件的表，可以通过 Hadoop 归档（Hadoop archive）的方式将文件归并成几个较大的文件。归并后的分区会先创建一个 data.har 目录，里面包含两部分内容：索引（_index 和_masterindex）和数据（part-*）。其中，索引记录归并前的文件在归并后的所在位置。

如图 9.7 所示为一个归档后的分区在 HDFS 的表现形式：

```
/busi_date=2019-01-11/data.har/_SUCCESS
/busi_date=2019-01-11/data.har/_index
/busi_date=2019-01-11/data.har/_masterindex
/busi_date=2019-01-11/data.har/part-0
```

图 9.7　归档后的分区数据在 HDFS 中的存储结构

注意： Hive 数据归档后并不会对数据进行压缩。

下面是启用数据归档的例子，代码如下：

```
--启用数据归档
set hive.archive.enabled=true;
set hive.archive.har.parentdir.settable=true;
--归档后的最大文件大小
set har.partfile.size=1099511627776;
--对分区执行归档的命令
alter table tablename archive partition (partition_col=partition_val)
--将归档的分区还原成原来的普通分区
alter table tablename unarchive partition (partition_col=partition_val)
```

第 10 章　发现并优化 Hive 中的性能问题

从 Hive 的使用角度来说，借助 Hadoop 生态技术组件所提供的工具就足以应对日常生产环境中产生的问题。本章将运用前面章节介绍的工具，也是性能问题定位最为常用的工具，来定位 Hive 中常见的性能问题。

本章使用到的工具有 Hive 的元数据，通过这些信息来监控 Hive 当前的状态，预防一些常见的性能问题，如使用低效率的数据存储格式、使用不可拆分的压缩格式等。使用 YARN 提供的 REST 接口和日志，来查看当前集群的状态、当前作业的状态信息及资源的使用状态，根据这些信息可以进行适当的优化，例如调整作业的提交分布、作业的调度策略，优化一些低质量的代码。

通过本章的学习，结合具体的例子，相信读者能对前面章节所学的工具有一个更为深入的了解，能够更熟练地使用这些工具。

10.1　监控 Hive 数据库的状态

我们知道，Hive 的元数据记录了 Hive 当前的状态信息，根据这些状态，可以编写一个 SQL 脚本做监控。编写监控的脚本，可能会使用到图 10.1 中所列的几张表。如图 10.1 所示为所要使用的表之间的关系，以及关联的主外键。

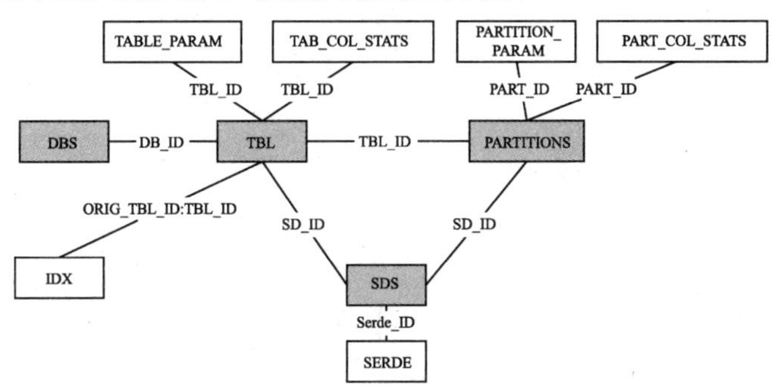

图 10.1　Hive 元数据 ER 图

本节所列的监控都是基于 Hive 元数据。在使用 Hive 元数据做监控时要确保相应表或者分区的元数据信息已经被收集。收集元数据的方式可以采用下列方式。

收集表的元数据：

```
analyze table 表名 compute statistics
```

收集表的字段的元数据：

```
analyze table 表名 compute statistics  for columns;
```

收集所有分区的元数据：

```
analyze table 表名 partition(分区列) compute statistics;
```

如果表太大，收集所有分区的元数据可能会导致收集超时，可以指定特定分区进行收集元数据：

```
analyze table 表名 partition(分区列=分区值) compute;
```

收集所有分区的列的元数据：

```
analyze table 表名 partition(分区列) compute statistics for columns;
```

扩展：收集元数据可以使用 noscan 的方式，如“analyze table 表名 compute statistics noscan”，将不会扫描整表，但是取到的元数据只有表中存储的文件个数（numFiles）和存储数据的大小（totalSize）这两个参数。

下面列举一些使用 Hive 的元数据做监控的例子。

（1）监控普通表存储的文件的平均大小。对于大的文件块可能导致数据在读取时产生数据倾斜，影响集群任务的运行效率。下面的代码是对大于两倍 HDFS 文件块大小的表：

```
--整体逻辑通过 DBS 找到对应库下面的表 TBLS
--再通过 TBLS 找到每个表对应的表属性，取得 totalSize 和 numFiles 两个属性，前者表示文
  件大小，后者表示文件数量
select tbl_name,avgfilesize'fileSize(MB)'
from (
      select tp.totalSize/(1024*1024)/numFiles avgfilesize,
             TBL_NAME
      from DBS d
      /*DBS 的主键 DB_ID*/
      inner join TBLS t on d.DB_ID = t.DB_ID
      left join (
         select TBL_ID,
                /*每个表存储的文件个数*/
                max(case PARAM_KEY when 'numFiles'
                      then PARAM_VALUE else 0 end) numFiles,
                /*文件存储的大小*/
                max(case PARAM_KEY when 'totalSize'
                      then PARAM_VALUE else 0 end) totalSize
         /*TABLE_PARAMS 记录的表属性*/
         from TABLE_PARAMS
```

```
            GROUP BY TBL_ID
        ) tp on t.TBL_ID=tp.TBL_ID
        where d.`NAME`='数据库名'
        and tp.numFiles is not null
        and tp.numFiles>0
) a where avgfilesize> hdfs 的文件块大小*2
```

（2）监控分区存储的文件平均大小，大于两倍 HDFS 文件块大小的分区，示例如下：

```
--先用 DBS 关联 TBLS 表，TBLS 表关联 PARTITIONS 表
PARTITION 表关联 PARTITION_PARAMS
select tbl_name,PART_NAME,avgfilesize'fileSize(MB)'
from (
        select pp.totalSize/(1024*1024)/numFiles avgfilesize,
                TBL_NAME,
                part.PART_NAME
        from DBS d
        inner join TBLS t on d.DB_ID = t.DB_ID
        inner join `PARTITIONS` part on t.TBL_ID=part.TBL_ID
        left join (
            select PART_ID,
                        /*每个表存储的文件个数*/
                        max(case PARAM_KEY when 'numFiles'
                                then PARAM_VALUE else 0 end) numFiles,
                        /*文件存储的大小*/
                        max(case PARAM_KEY when 'totalSize'
                                then PARAM_VALUE else 0 end) totalSize
            /*TABLE_PARAMS 记录的表属性*/
            from PARTITION_PARAMS
            GROUP BY PART_ID
        ) pp on part.PART_ID=pp.PART_ID
        where d.`NAME`='要监控的数据库名'
        and pp.numFiles is not null
        and pp.numFiles > 0
) a where avgfilesize> hdfs 的文件块大小*2
```

（3）监控大表不分区的表。对于大数据量的表，如果不进行分区，意味着程序在读取相同的数据时需要遍历更多的文件块。下面是监控该示例的代码：

```
/*监控大表不分区的表*/
select t.TBL_NAME '表名',d.`NAME` '库名',
            totalSize/1024/1024/1024 '文件大小(GB)'
from DBS d
/*DBS 的主键 DB_ID*/
inner join TBLS t on d.DB_ID = t.DB_ID
inner join (
    select TBL_ID,
                /*文件存储的大小*/
                max(case PARAM_KEY when 'totalSize'
                        then PARAM_VALUE else 0 end) totalSize
    /*TABLE_PARAMS 记录的表属性*/
    from TABLE_PARAMS
    GROUP BY TBL_ID
```

```
) tp on t.TBL_ID=tp.TBL_ID
left join (
select distinct TBL_ID from `PARTITIONS`
) part on t.TBL_ID=part.TBL_ID
/*part.TBL_ID is null 表示不存在分区*/
where d.`NAME` ='需要监控的库名'
and part.TBL_ID is null
/*数据量大于 30GB 的表*/
and totalSize/1024/1024/1024>30
```

（4）监控分区数据不均匀的表。分区不均匀的数据，可能意味着自己的分区列设计存在问题，或者某个分区的数据写入业务有调整，导致数据急速上升或者下跌，这时我们需要做特别的关注。监控的示例如下：

```
select TBL_NAME,
   max(totalSize),
   min(totalSize),
   avg(totalSize)
from (
      select pp.totalSize,
               TBL_NAME,
               part.PART_NAME
      from DBS d
      inner join TBLS t on d.DB_ID = t.DB_ID
      inner join `PARTITIONS` part on t.TBL_ID=part.TBL_ID
      inner join (
         select PART_ID,
                  /*文件存储的大小*/
                  max(case PARAM_KEY when 'totalSize'
                        then PARAM_VALUE else 0 end)/1024/1024 totalSize
         /*TABLE_PARAMS 记录的表属性*/
         from PARTITION_PARAMS
         GROUP BY PART_ID
      ) pp on part.PART_ID=pp.PART_ID
      where d.`NAME`='default'
      and pp.totalSize is not null
      and pp.totalSize > 0
) a group by TBL_NAME
having max(totalSize)>avg(totalSize)*5
```

（5）监控采用 ORC 或者 Parquet 以外格式的表。ORC 和 Parquet 都是行列式的数据存储文件，在兼顾读写效率的同时，也能保证数据的存储占用空间比其他文件格式更少。事实上，ORC 和 Parquet 已经成为企业构建大数据平台存储文件格式的事实标准。监控示例代码如下：

```
/*监控数据库采用的 ORC 或者 Parquet 以外的存储格式，
并统计它们大小是否压缩，以及数据量大小*/
select t.TBL_NAME '表名',d.`NAME` '库名',
         totalSize/1024/1024/1024 '文件大小(GB)',
         sds.INPUT_FORMAT,
         case when sds.IS_COMPRESSED =0
         then 'N' else 'Y' end '是否压缩'
```

```
from DBS d
/*DBS 的主键 DB_ID*/
inner join TBLS t on d.DB_ID = t.DB_ID
inner join (
   select TBL_ID,
            /*文件存储的大小*/
            max(case PARAM_KEY when 'totalSize'
                  then PARAM_VALUE else 0 end) totalSize
   /*TABLE_PARAMS 记录的表属性*/
   from TABLE_PARAMS
   GROUP BY TBL_ID
) tp on t.TBL_ID=tp.TBL_ID
inner join SDS  sds on t.SD_ID=sds.SD_ID
/*part.TBL_ID is null 表示不存在分区*/
where d.`NAME` ='default'  and (
INPUT_FORMAT not like  '%OrcInputFormat'
or INPUT_FORMAT not like '%ParquetInputFormat')
```

（6）查询有使用索引的表。Hive 的索引相比于其他关系型的数据库索引，对于 Hive 的使用者显得不怎么友好。每次有数据时需要及时更新索引，相当于重建一个新表，否则会影响数据查询的效率和准确性。Hive 官方文档已经明确表示 Hive 的索引不推荐被使用，在新版本的 Hive 中已经废弃了 Hive。监控示例代码如下：

```
/**监控有使用索引的表*/
SELECT
   t.TBL_NAME '表名',
   d.`NAME` '库名',
   idx.INDEX_NAME '索引名'
FROM
   DBS d /*DBS 的主键 DB_ID*/
   INNER JOIN TBLS t ON d.DB_ID = t.DB_ID
   INNER JOIN IDXS idx ON t.TBL_ID = idx.INDEX_TBL_ID
WHERE
   d.`NAME` = '需要监控的库名'
```

（7）查询表字段的空值率，以及字段重复的占比。如果某个字段的空值率或者重复占比很高，会影响 Hive 的查询效率，特别是含有表连接的查询。监控示例代码如下：

```
/**表字段的空值率，以及重复字段所占的比例*/
select t.TBL_NAME '表名',
         d.`NAME` '库名',
         tcs.COLUMN_NAME '字段名',
         NUM_NULLS*1.0/tp.numRows '空值率',
         1-NUM_DISTINCTS*1.0/tp.numRows '重复字段占比'
from DBS d
/*DBS 的主键 DB_ID*/
inner join TBLS t
   on d.DB_ID = t.DB_ID
inner join TAB_COL_STATS tcs
   on t.TBL_ID=tcs.TBL_ID
left  join (
```

```
    select TBL_ID,
            /*文件存储的大小*/
            max(case PARAM_KEY when 'numRows'
                  then PARAM_VALUE else 0 end) numRows
    /*TABLE_PARAMS 记录的表属性*/
    from TABLE_PARAMS
    GROUP BY TBL_ID
) tp
  on t.TBL_ID=tp.TBL_ID
where d.`NAME`='需要监控的库名'  and t.TBL_NAME='需要监控的表名'
```

（8）监控分区的字段空值率，以及字段重复值的占比。监控示例代码如下：

```
    SELECT
    t.TBL_NAME '表名',
    d.`NAME` '库名',
    part.PART_NAME '分区名',
    pcs.COLUMN_NAME '字段名',
    NUM_NULLS * 1.0 / pp.numRows '空值率',
    1- NUM_DISTINCTS * 1.0 / pp.numRows '重复字段占比'
FROM
    DBS d
    INNER JOIN TBLS t ON d.DB_ID = t.DB_ID
    INNER JOIN `PARTITIONS` part ON part.TBL_ID = t.TBL_ID
    INNER JOIN PART_COL_STATS pcs ON pcs.PART_ID = part.PART_ID
    LEFT JOIN (
          SELECT PART_ID,
          /*文件存储的大小*/
          max( CASE PARAM_KEY WHEN 'numRows'
                 THEN PARAM_VALUE ELSE 0 END ) numRows
          FROM PARTITION_PARAMS
          GROUP BY PART_ID
    ) pp ON part.PART_ID = pp.PART_ID
WHERE
    d.`NAME` = '需要监控的库名'
    AND t.TBL_NAME = '需要监控的表名'
```

（9）监控 Hive 表的分区数。监控示例代码如下：

```
SELECT
    t.TBL_NAME '表名',
    d.`NAME` '库名',
    count( part.PART_NAME ) '分区数'
FROM
    DBS d /*DBS 的主键 DB_ID*/
    INNER JOIN TBLS t ON d.DB_ID = t.DB_ID
    INNER JOIN `PARTITIONS` part ON part.TBL_ID = t.TBL_ID
where d.`NAME`='需要监控的库名'
GROUP BY
    t.TBL_NAME,
    d.`NAME`
```

伴随着 Hive 对元数据的丰富完善，后续相信还会有更多监控项。

10.2　监控当前集群状态

YARN 的资源调度管理器提供一些服务，该服务可以反映集群的当前状态、度量信息、调度信息、集群节点的信息，以及在集群上运行的任务等信息。通过调用这些服务，可以感知集群即时的状态信息，做到对集群的监控。

1. 获取集群的状态信息

访问服务 http://<rm http address:port>/ws/v1/cluster/info，例如：

```
get http://bigdata-03:8088/ws/v1/cluster
```

返回结果如下：

```
{
    "clusterInfo": {
        "id": 1545967695472,
        "startedOn": 1545967695472,
        "state": "STARTED",
        "haState": "ACTIVE",
        "rmStateStoreName": "org.apache.hadoop.yarn.server.resourcemanager.
recovery.NullRMStateStore",
        "resourceManagerVersion": "2.6.0-cdh5.14.0",
        "resourceManagerBuildVersion": "2.6.0-cdh5.14.0 from 9b197d3583938
3c798c618ba917ccaa196a17699  by jenkins source checksum 97b766559320ef98
d44e45c06ccb5f66",
        "resourceManagerVersionBuiltOn": "2018-01-06T21:47Z",
        "hadoopVersion": "2.6.0-cdh5.14.0",
        "hadoopBuildVersion": "2.6.0-cdh5.14.0 from 9b197d35839383c798c618
ba917ccaa196a17699  by jenkins source checksum f4ddee45985a34faa91db2aad
8731f",
        "hadoopVersionBuiltOn": "2018-01-06T21:38Z",
        "haZooKeeperConnectionState": "ResourceManager HA is not enabled."
    }
}
```

上面的返回结果中有以下几点需要关注：

- state：表示当前集群的状态，STARTED 表示当前集群为启动状态。
- startedOn：表示当前集群最近的启动时间。
- resourceManagerVersion：表示当前 ResourcManager 所用的源码包的版本。
- HadoopVersion：当前集群所用的 Hadoop 版本。
- haZooKeeperConnectionState：如果集群的 ResourceManager 有结合 ZooKeeper 做高可用的设计，这里应该显示为 CONNECTED；如果集群没有做高可用设计，这里的信息可以忽略。我们的集群没有做高可用，因此这里显示为 ResourceManager HA is not enabled。

上面的信息是采用浏览器直接访问链接的方式获取的，这种方式很难做到自动化监控。要想做到自动化监控，需要让程序能够访问这些链接并做自动化解析。下面演示使用 Python 获取集群状态的代码案例：

```
#需要安装 requests 包，安装方式 pip install requests
import requests
import json
clustr_status_url = "http://bigdata-03:8088/ws/v1/cluster"
#通过 HTTP 请求方式获取链接的位置
res = requests.get(clustr_status_url)
print res.content
#loads 方法将字符串转化为 JSON 对象
ct = json.loads(res.content)
#获取集群的状态
print ct.get('clusterInfo').get('state')
```

2. 获取集群任务的整体状态

访问服务 http://<rm http address:port>/ws/v1/cluster/metrics，例如：

```
get http://bigdata-03:8088/ws/v1/cluster/metrics
```

返回结果如下：


```
{
   "clusterMetrics": {
      "appsSubmitted": 1377,
      "appsCompleted": 1361,
      "appsPending": 0,
      "appsRunning": 0,
      "appsFailed": 4,
      "appsKilled": 12,
      "reservedMB": 0,
      "availableMB": 30720,
      "allocatedMB": 0,
      "reservedVirtualCores": 0,
      "availableVirtualCores": 40,
      "allocatedVirtualCores": 0,
      "containersAllocated": 0,
      "containersReserved": 0,
      "containersPending": 0,
      "totalMB": 30720,
      "totalVirtualCores": 40,
      "totalNodes": 5,
      "lostNodes": 0,
      "unhealthyNodes": 0,
      "decommissioningNodes": 0,
      "decommissionedNodes": 0,
      "rebootedNodes": 0,
```

```
        "activeNodes": 5
    }
}
```

在上面的返回结果中，关注下面几个数据项：

- appsPending：当前等待运行的作业。
- appsRunning：当前正在运行的作业。
- availableMB：当前可用内存。
- totalMB：总内存。
- availableVirtualCores：当前可用的虚拟核心。
- totalVirtualCores：总的虚拟核心数。

通过定时采集这些数据，可以感知集群当前的状态，描绘出资源使用的趋势或者分布图，为后续提交任务提供一定的参考和指导。程序的方式同集群状态信息的 Python 代码类似。

3．获取提交到集群所有任务的运行信息

访问服务 http://<rm http address:port>/ws/v1/cluster/apps，默认情况返回所有曾经提交集群的任务信息，每个任务的信息包括执行时间，占用的 CPU 和内存资源等信息。

由于历史执行的作业数很多返回的数据会比较慢，可使用下面的查询条件参数，获取指定的数据。

- states：查询处于特定状态的所有任务。
- finalStatus：查询处于 final 状态的任务。
- user：查询指定用户提交的所有作业。
- queue：查询提交到指定队列的所有任务。
- startedTimeBegin：查询从指定时间开始运行的所有任务，格式为毫秒时间戳格式。
- startedTimeEnd：查询指定时间结束之前开始运行的所有任务，格式为毫秒时间戳格式。
- finishedTimeBegin：查询从指定时间开始结束运行的所有任务，格式为毫秒时间戳格式。
- finishedTimeEnd：查询指定时间结束运行的所有任务，格式为毫秒时间戳格式。

如果指定 startedTimeBegin、startedTimeEnd、finishedTimeBegin 和 finishedTimeEnd，那么结果会返回开始时间介于 startedTimeBegin 和 startedTimeEnd 之间，或结束时间介于 finishedTimeBegin 和 finishedTimeEnd 之间的作业信息。

- applicationTypes：任务的类型。

下面的例子是获取提交到集群，隶属于 hue 用户的所有任务的运行信息：

```
get: http://bigdata-03:8088/ws/v1/cluster/apps?user=hue
```

返回结果如下：


```
{
    "apps": {
        "app": [
            {
                "id": "application_1545967695472_0932",
                "user": "hue",
                "name":"select busi_date, count(*) as nu...busi_date(Stage-2)",
                "queue": "root.users.hue",
                "state": "FINISHED",
                "finalStatus": "SUCCEEDED",
                "progress": 100,
                "trackingUI": "History",
                "trackingUrl": "http://bigdata-03:8088/proxy/application_
1545967695472_0932/",
                "diagnostics": "",
                "clusterId": 1545967695472,
                "applicationType": "MAPREDUCE",
                "applicationTags": "",
                "startedTime": 1548035238063,
                "finishedTime": 1548035254837,
                "elapsedTime": 16774,
                "amContainerLogs": "http://bigdata-05:8042/node/
containerlogs/container_1545967695472_0932_01_000001/hue",
                "amHostHttpAddress": "fino-bigdata-05:8042",
                "allocatedMB": -1,
                "allocatedVCores": -1,
                "reservedMB": -1,
                "reservedVCores": -1,
                "runningContainers": -1,
                "memorySeconds": 31494,
                "vcoreSeconds": 60,
                "preemptedResourceMB": 0,
                "preemptedResourceVCores": 0,
                "numNonAMContainerPreempted": 0,
                "numAMContainerPreempted": 0,
                "logAggregationStatus": "SUCCEEDED"
            }
        ]
    }
}
```


通过定时增量拉取这个服务的信息，可以获得作业提交在一天内或者指定周期内的分布和资源需求的分布，有助于判断指定时间内提交作业集群是否有足够的资源去支撑新增作业的提交。如果不足，可以考虑更改提交的时间段或者增加集群资源。

4．获取提交到集群的单个任务的运行信息

访问服务 http://<rm http address:port>/ws/v1/cluster/apps/任务 ID，其实就是在服务 http://bigdata-03:8088/ws/v1/cluster/apps 后面跟上任务 ID，返回的结果只会返回所要查询的作业的信息。

5．获取当前资源调度的分配信息

访问服务 http://<rm http address:port>/ws/v1/cluster/scheduler，可以获取到当前层级调度的所有信息，包括当前队列可用虚拟 CPU 个数、可用内存、最大 CPU 个数、最大内存等信息。不同的调度器如 Fair/FIFO/capacity Scheduler，显示内容可能不会不一样。例如：

```
get : http://bigdata-03:8088/ws/v1/cluster/scheduler
```

返回结果如下：


```
{
    "scheduler": {
        "schedulerInfo": {
            "type": "fairScheduler",
            "rootQueue": {
                "maxApps": 2147483647,
                "minResources": {
                    "memory": 0,
                    "vCores": 0
                },
                "maxResources": {
                    "memory": 30720,
                    "vCores": 40
                },
                "usedResources": {
                    "memory": 0,
                    "vCores": 0
                },
                "amUsedResources": {
                    "memory": 0,
                    "vCores": 0
                },
                "amMaxResources": {
                    "memory": 0,
                    "vCores": 0
                },
                "demandResources": {
                    "memory": 0,
                    "vCores": 0
                },
```

```
                "steadyFairResources": {
                    "memory": 30720,
                    "vCores": 40
                },
                "fairResources": {
                    "memory": 30720,
                    "vCores": 40
                },
                "clusterResources": {
                    "memory": 30720,
                    "vCores": 40
                },
                "reservedResources": {
                    "memory": 0,
                    "vCores": 0
                },
                "pendingContainers": 0,
                "allocatedContainers": 0,
                "reservedContainers": 0,
                "queueName": "root",
                "schedulingPolicy": "DRF",
                "childQueues": {...//显示 root 队列的子队列信息，显示的内容和 root
队列一样},
                "preemptable": true
            }
        }
    }
}
```

10.3 定位性能瓶颈

本节我们会将之前所学过的工具，用于实际开发中的性能瓶颈定位。主要使用 HiveServer2（HS2）Web UI 提供的作业分析工具，以及使用 YARN 提供的日志工具。熟练使用这两个工具，基本能够解决实际开发中的大部分问题。

10.3.1 使用 HS2 WebUI 排除非大数据组件的问题

HiveServer2（HS2）WebUI 提供的作业分析工具，能够帮助我们快速查看发生问题产生的地方。访问该工具的 URL 一般遵循 http://主机名（hiveserver2 所在服务器的主机名）:10002（默认端口为 10002）/hiveserver2.jsp。如图 10.2 所示为使用该工具进行分析的示意图。

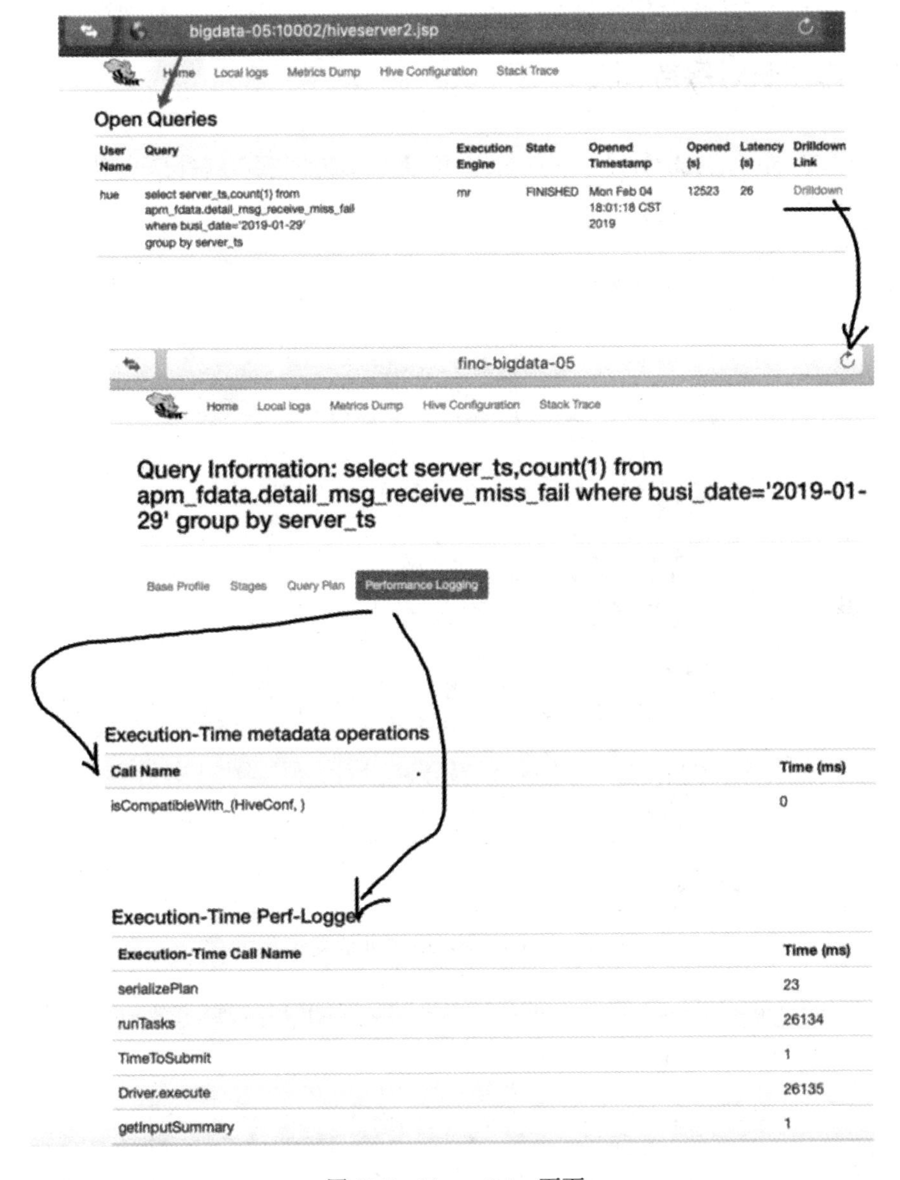

图 10.2　hiveser2.jsp 页面

访问 hiveserver2.jsp。访问 Open Query 找到需要进行分析的 SQL，单击 Drill down 下载要分析 SQL 的详细界面，找到 Performance Logging，在这个页面里可以看到两个参数项 Execution-Time metadata operations 和 Execution-Time Perf-Logger。这两个参数项分别表示获取 Hive 的元数据所使用的时间，以及任务提交到集群后运行的耗时。

通过这种方式可以快速查看是否是因 HiveServer2 自身服务和 MetaData 相关服务引起的问题。

10.3.2 排查长时等待调度

通过YARN提供的Job OverView的日志，可以查看作业是否存在长时等待，Job OverView如图10.3所示。

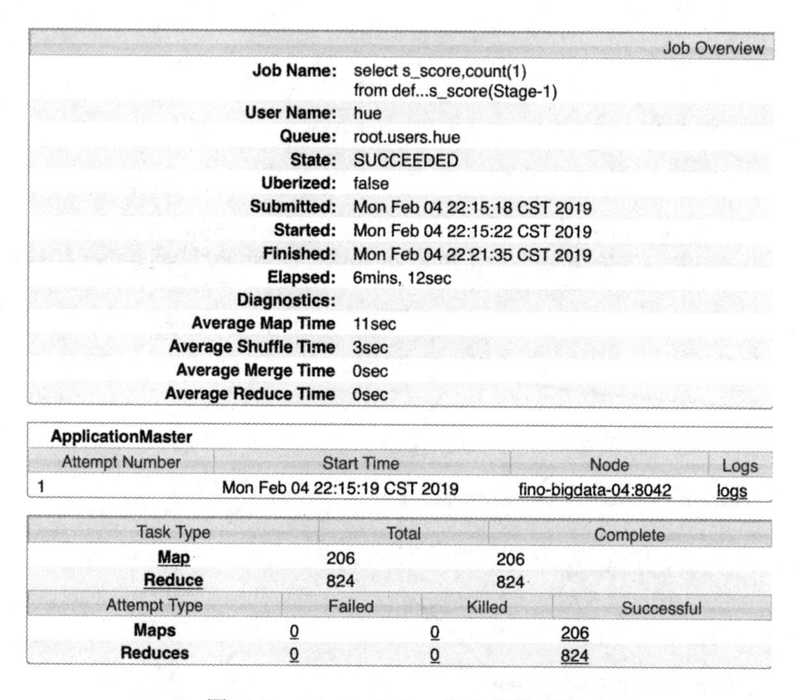

图 10.3 Job OverView 作业信息概览

观察Submitted和Stated的启动间隔，如果间隔时间较长，就要查看当时作业所在队列的信息。Scheduler的信息如图10.4所示。

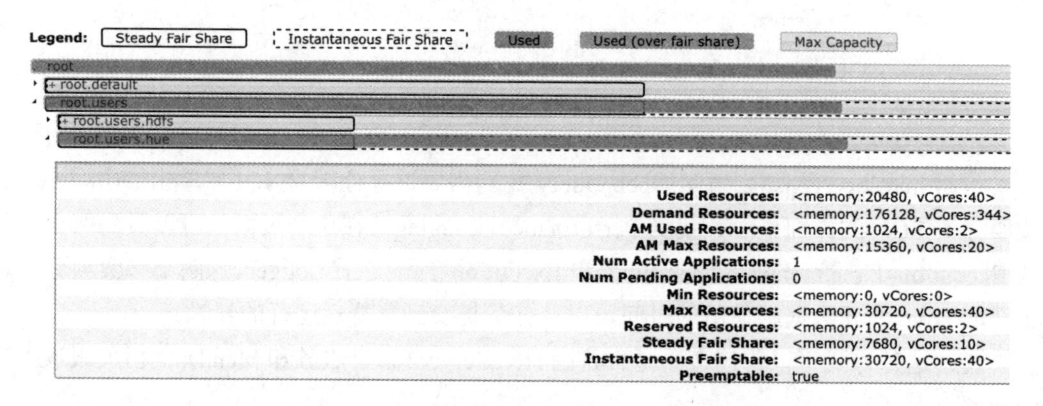

图 10.4 Scheduler 调度信息

观察所在队列的资源使用是否过载。如果所提交的作业是一个每天例行运行的作业，则需要结合 10.2 节所提到的 YARN 提供的服务调度接口来观察该时段资源使用是否较高，如果该时段资源使用较高，可以考虑将作业换一个在该阶段资源使用较少的队列，或者更改一个时间段再提交到该队列中。

10.3.3　Map 任务读取小文件和大文件

读取小文件：如果一个作业读取的文件多数为小文件，那么作业需要耗费额外的工作去读取小文件，如果没有配置合并读取小文件，那么意味着每读取一个文件都需要启动一个 Java 进程。

10.1 节介绍过监控 Hive 数据库的状态，以及获取表或者分区存储的文件大小（totalSize）和文件数（numFiles），如果 totalSize/numFiles 远远小于 HDFS 默认的文件块大小，则认为表或者分区存在大量的数据倾斜。本节将介绍从 Hive 作业的角度去观察是否存在操作小文件的低效操作，如图 10.5 所示。

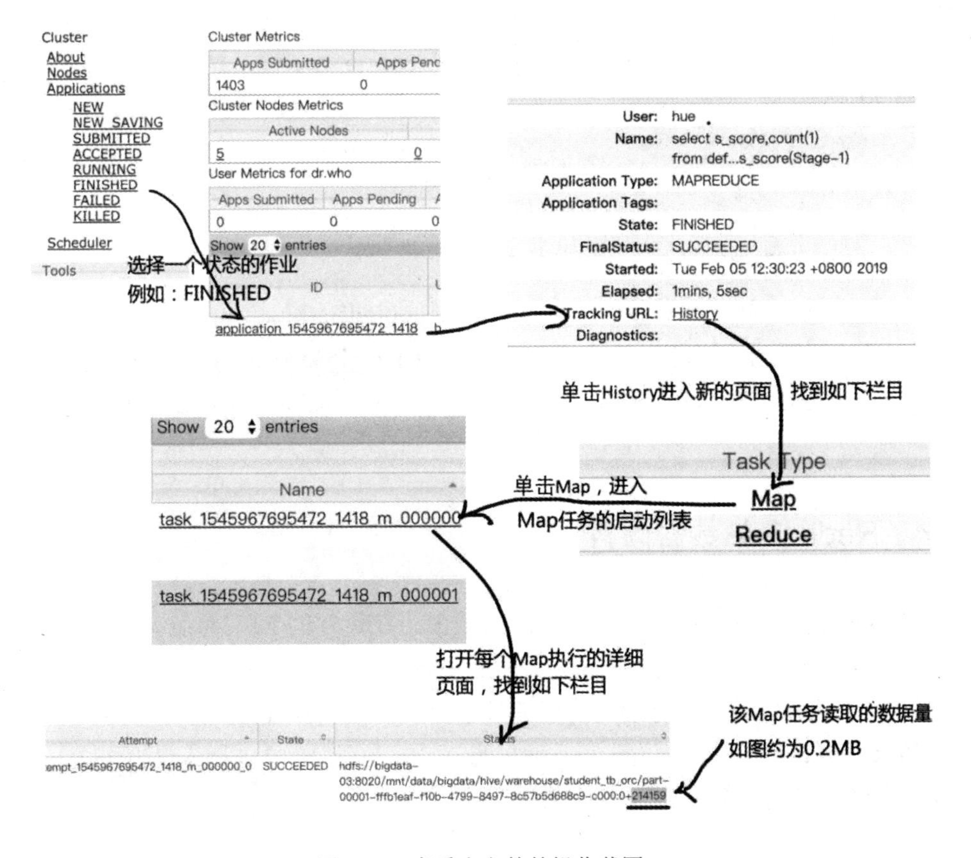

图 10.5　查看小文件的操作截图

在图 10.5 中可以看到每个 Map 执行的详细页面。在 Status 一栏会看到相关的信息：hdfs://bigdata-03:8020/mnt/data/bigdata/hive/warehouse/student_tb_orc/part-00001-fffb1eaf-f10b-4799-8497-8c57b5d688c9-c000:0+214159，其中，hdfs://bigdata-03:8020/mnt/data/bigdata/hive/warehouse/student_tb_orc/part-00001-fffb1eaf-f10b-4799-8497-8c57b5d688c9-c000 表示读取 HDFS 文件，0+214159 表示读取 0 到 214149bytes 的文件内容。214149bytes 相比于一个 HDFS 文件块大小是一个很小的文件。如果大部分 Map 执行的详细页面信息 Status 中该数值都较小，就需要关注小文件的优化。

读取可分割的大文件：如果一个文件大小远大于 HDFS 的文件，可能会被多个 Map 任务同时读取，这时会丧失任务执行的本地化，即需要跨服务读取存储在不同服务器的文件。

在 Map 执行的详细页面 Status 中，我们会看到一个文件被多个任务同时读取，如图 10.6 所示。

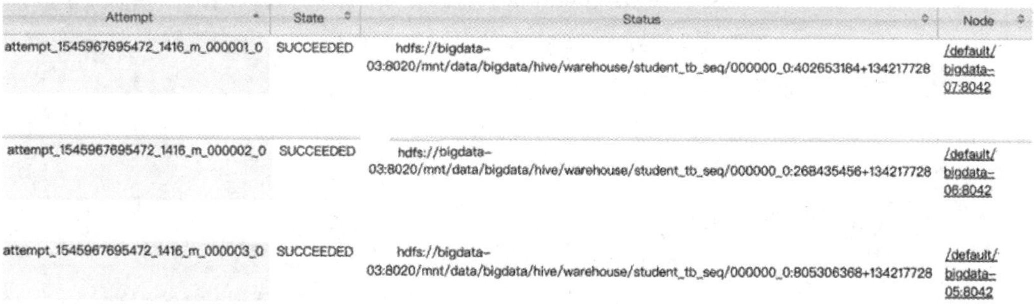

Attempt	State	Status	Node
attempt_1545967695472_1416_m_000001_0	SUCCEEDED	hdfs://bigdata-03:8020/mnt/data/bigdata/hive/warehouse/student_tb_seq/000000_0:402653184+134217728	/default/bigdata-07:8042
attempt_1545967695472_1416_m_000002_0	SUCCEEDED	hdfs://bigdata-03:8020/mnt/data/bigdata/hive/warehouse/student_tb_seq/000000_0:268435456+134217728	/default/bigdata-06:8042
attempt_1545967695472_1416_m_000003_0	SUCCEEDED	hdfs://bigdata-03:8020/mnt/data/bigdata/hive/warehouse/student_tb_seq/000000_0:805306368+134217728	/default/bigdata-05:8042

图 10.6　Map 的详细页面

可以看到，文件 hdfs://bigdata-03:8020/mnt/data/bigdata/hive/warehouse/student_tb_seq/000000_0 同时不停地被服务器上的 3 个任务 attempt_1545967695472_1416_m_000001_0、attempt_1545967695472_1416_m_000002_0 和 attempt_1545967695472_1416_m_000003_0 读取。

10.3.4　Reduce 的数据倾斜

通过 Tracking UI 可以查看已经运行完成或者正在运行的 Reduce 任务。通过比对任务运行的时间和计数器中的信息，可以判定是否有数据倾斜，如图 10.7 所示。

从图 10.7 中可以看到耗时最短的任务只运行了 3（Elapsed Time），并且可以在计数器显示的信息中看到，Reduce input records 为 0，Reduce shuffle bytes 仅为 3328bytes。再来看一下耗时较长的任务，如图 10.8 所示。

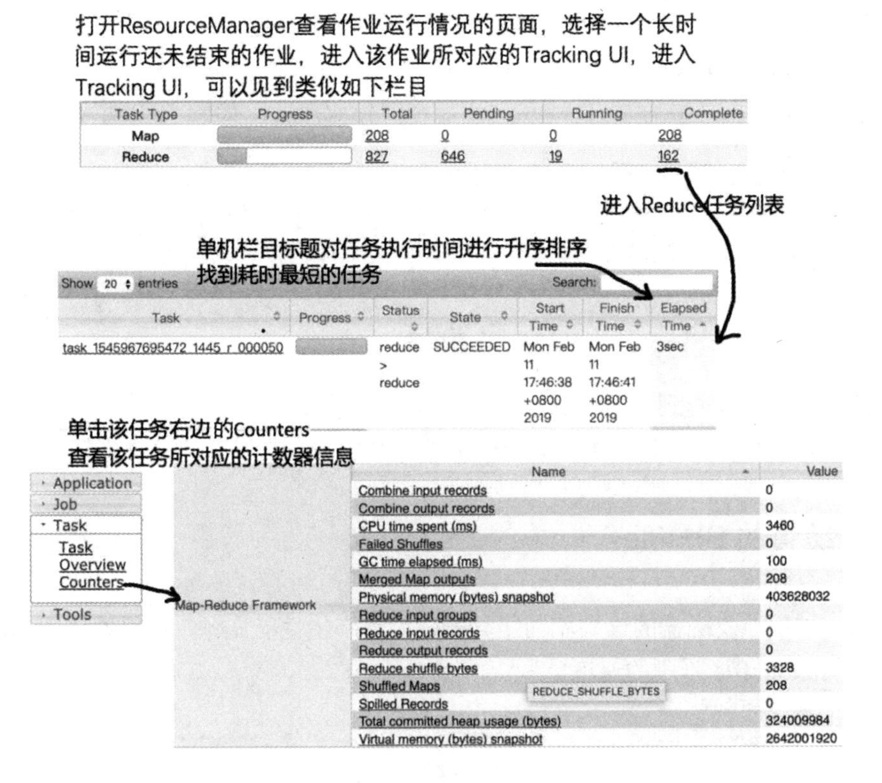

图 10.7　查看耗时短 Reduce 任务的 MapReduce 框架计数器

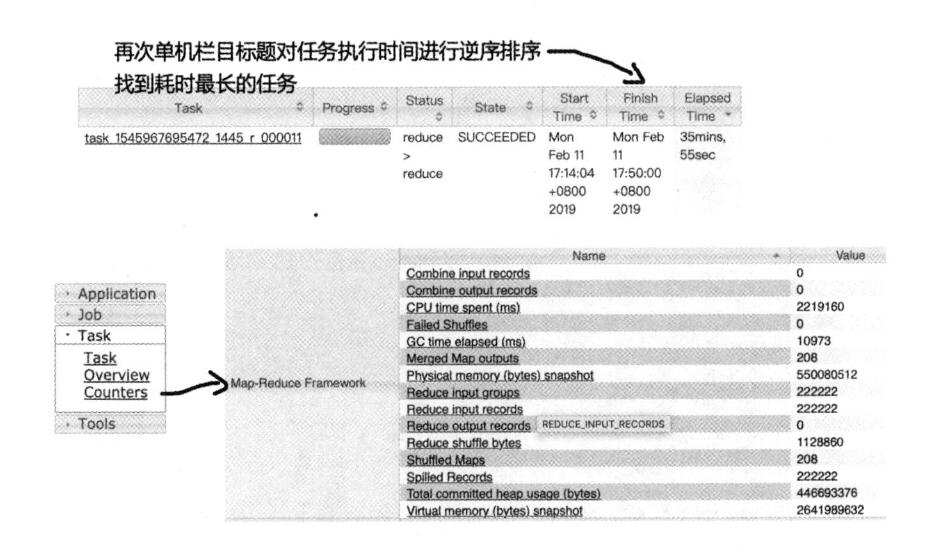

图 10.8　查看耗时长 Reduce 任务的 MapReduce 框架计数器

从图 10.8 中可以看到，该任务耗时 35 分 55 秒，从时间看，可以初步断定有数据倾斜。再看图 10.8 中的 Reduce input groups 可以知道，该任务处理了近 22 万条记录，Reduce shuffle 用了 1128860Bytes。

最后再查看该任务运行后 Tracking UI 显示的作业概况，如图 10.9 所示。

Average Map Time	11sec
Average Shuffle Time	4sec
Average Merge Time	0sec
Average Reduce Time	3mins, 22sec

图 10.9　查看任务的平均耗时

从图 10.9 中可以看到，每个 Reduce 平均耗时 3 分钟。

综合以上几点，我们基本可以断定任务存在数据倾斜。

10.3.5　缓慢的 Shuffle

Shuffle 过程涉及磁盘的读写和网络传输，容易产生性能瓶颈，可以通过图 10.10 的方式来查看作业 Shuffle 阶段的速度。

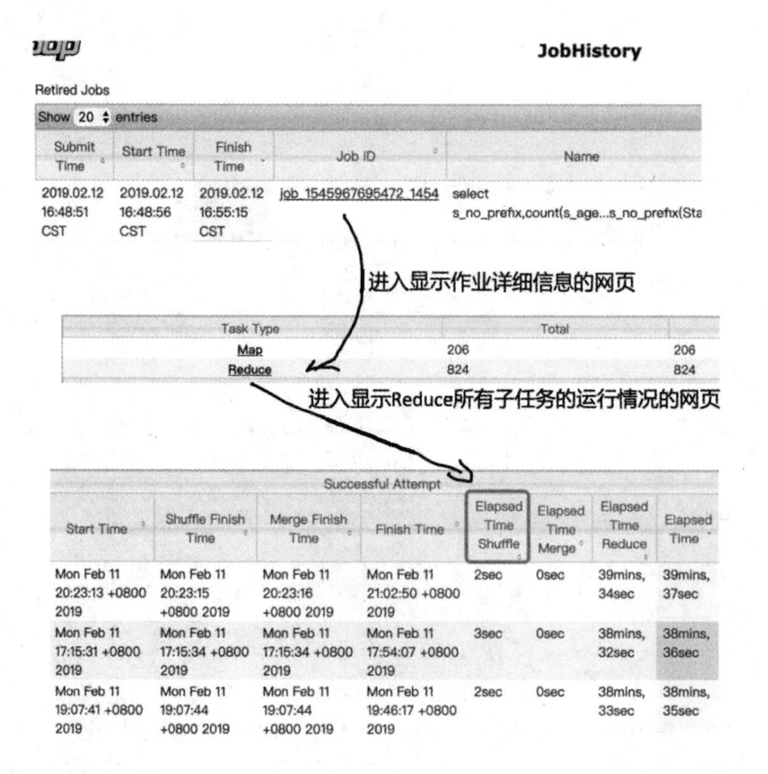

图 10.10　查看 Shuffle 耗时

进入 JobHistory 选择一个作业，单击对应的 Job ID 进入显示作业详细信息的网页，单击 Reduce 对应的链接，进入显示 Reduce 所有子任务运行情况的网页。在这个网页中可以看到所有任务在运行过程中主要阶段的耗时。其中，Elapsed Time Shuffle 就是记录在 Shuffle 阶段的耗时。

扩展： 查看 Shuffle 的耗时，也可以通过 ResourceManager 日志，查看状态为 FINISHED 的作业。

10.3.6　集群资源的限制

作业运行时发现待运行的任务很多，启动的任务却不是很多，如图 10.11 所示。

Job Overvi

Job Name: select count(case whe...prefix=b.s_no_prefix(Stage-1)
State: RUNNING
Uberized: false
Started: Tue Feb 12 17:24:06 CST 2019
Elapsed: 2mins, 42sec

ApplicationMaster

Attempt Number	Start Time	Node	Log
1	Tue Feb 12 17:24:04 CST 2019	fino-bigdata-03:8042	logs

Task Type	Progress	Total	Pending	Running	Complete
Map		208	0	2	206
Reduce		827	810	17	0

Attempt Type	New	Running	Failed	Killed	Successful
Maps	0	2	0	0	206
Reduces	810	17	0	0	0

图 10.11　查看一个作业任务的当前运行情况

从图 10.11 中可以看到 Running 任务只有 17 个，有大量的任务在 Pending 状态等待运行。这时我们可以查看任务所在队列的资源使用情况，如图 10.12 所示。

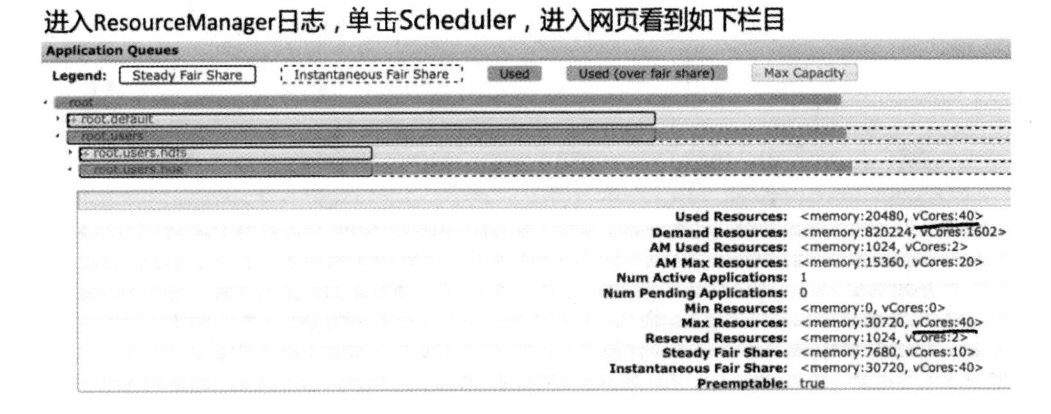

图 10.12　查看队列的使用情况

从图 10.12 中可以看到，队列已经使用的资源（Used Resources）中 VCores 已经达到 40，达到该队列所能使用的最大资源数（Max Resources），说明该作业的运行受限于队列的所分配的资源。

10.4 数据倾斜

数据倾斜，即单个节点任务所处理的数据量远大于同类型任务所处理的数据量，导致该节点成为整个作业的瓶颈，这是分布式系统不可能避免的问题。从本质来说，导致数据倾斜有两种原因，一是任务读取大文件，二是任务需要处理大量相同键的数据。

任务读取大文件，最常见的就是读取压缩的不可分割的大文件，具体在 10.4.1 节会介绍。任务需要处理大量相同键的数据，这种情况有以下 4 种表现形式：

- 数据含有大量无意义的数据，例如空值（NULL）、空字符串等。
- 含有倾斜数据在进行聚合计算时无法聚合中间结果，大量数据都需要经过 Shuffle 阶段的处理，引起数据倾斜。
- 数据在计算时做多维数据集合，导致维度膨胀引起的数据倾斜。
- 两表进行 Join，都含有大量相同的倾斜数据键。

10.4.1 不可拆分大文件引发的数据倾斜

当集群的数据量增长到一定规模，有些数据需要归档或者转储，这时候往往会对数据进行压缩；当对文件使用 GZIP 压缩等不支持文件分割操作的压缩方式，在日后有作业涉及读取压缩后的文件时，该压缩文件只会被一个任务所读取。如果该压缩文件很大，则处理该文件的 Map 需要花费的时间会远多于读取普通文件的 Map 时间，该 Map 任务会成为作业运行的瓶颈。这种情况也就是 Map 读取文件的数据倾斜。例如存在这样一张表 t_des_info，图 10.13 是对该表的描述。

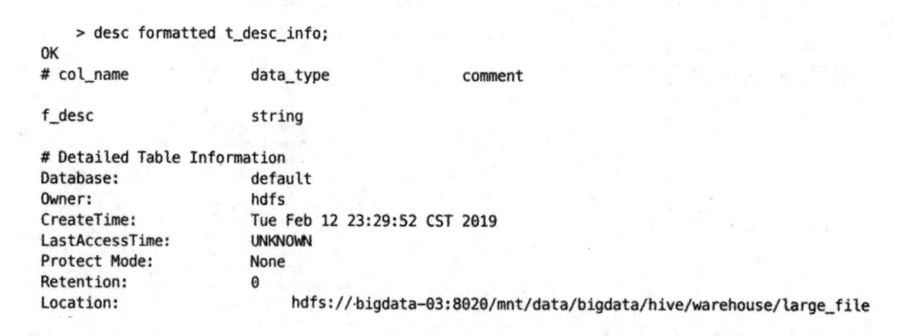

图 10.13 查看表的描述信息

t_des_info 表由 3 个 GZIP 压缩后的文件组成，如图 10.14 所示。

```
212961029 2019-02-12 23:24 /mnt/data/bigdata/hive/warehouse/large_file/large_file.gz
 70987003 2019-02-12 23:24 /mnt/data/bigdata/hive/warehouse/large_file/s2.gz
 70987023 2019-02-12 23:25 /mnt/data/bigdata/hive/warehouse/large_file/skew_table_student.txt.gz
```

图 10.14　查看表在 Hdfs 中的数据存储情况

其中，large_file.gz 文件约 200MB，在计算引擎在运行时，预先设置每个 Map 处理的数据量为 128MB，但是计算引擎无法切分 large_file.gz 文件，所以该文件不会交给两个 Map 任务去读取，而是有且仅有一个任务在操作。

t_des_info 表有 3 个 gz 文件，任何涉及处理该表的数据都只会使用 3 个 Map，例如图 10.15 所示的案例。

```
hive> select count(1) from t_desc_info;
Query ID = hdfs_20190526110404_e93c3409-c90f-4ad3-8930-b8d1875a3f43
Total jobs = 1
Launching Job 1 out of 1
Number of reduce tasks determined at compile time: 1
In order to change the average load for a reducer (in bytes):
  set hive.exec.reducers.bytes.per.reducer=<number>
In order to limit the maximum number of reducers:
  set hive.exec.reducers.max=<number>
In order to set a constant number of reducers:
  set mapreduce.job.reduces=<number>
Starting Job = job_1554168666268_0062, Tracking URL = http://bigdata-07:808
8/proxy/application_1554168666268_0062/
Kill Command = /opt/cloudera/parcels/CDH-5.14.0-1.cdh5.14.0.p0.24/lib/hadoop/bin
/hadoop job  -kill job_1554168666268_0062
Hadoop job information for Stage-1: number of mappers: 3; number of reducers: 1
```

图 10.15　查看执行任务所用的 Map 数量

如果想要了解每个 Map 任务所读取的具体文件，可以借助 10.3.3 节提到的方法。为避免因不可拆分大文件而引发数据读取的倾斜，在数据压缩的时候可以采用 bzip2 和 Zip 等支持文件分割的压缩算法。

10.4.2　业务无关的数据引发的数据倾斜

实际业务中有些大量的 NULL 值或者一些无意义的数据参与到计算作业中，这些数据可能来自业务为上报或因数据规范将某类数据进行归一化变成空值或空字符串等形式。这些与业务无关的数据引入导致在进行分组聚合或者在执行表连接时发生数据倾斜。对于这类问题引发的数据倾斜，在计算过程中排除含有这类“异常”数据即可。

10.4.3 多维聚合计算数据膨胀引起的数据倾斜

在多维聚合计算时存在这样的场景：select a, b, c, count(1) from T group by a, b, c with rollup。对于上述的 SQL，可以拆解成 4 种类型的键进行分组聚合，它们分别是(a, b, c)、(a, b, null)、(a, null, null)和(null, null, null)。

如果 T 表的数据量很大，并且 Map 端的聚合不能很好地起到数据压缩的情况下，会导致 Map 端产出的数据急速膨胀，这种情况容易导致作业内存溢出的异常。如果 T 表含有数据倾斜键，会加剧 Shuffle 过程的数据倾斜。

对上述的情况我们会很自然地想到拆解上面的 SQL 语句，将 rollup 拆解成如下多个普通类型分组聚合的组合。

```
select a, b, c, count(1)
from T
group by a, b, c;
select a, b, null, count(1)
from T
group by a, b;
select a, null, null, count(1)
from T
group by a;
select null, null, null, count(1)
from T;
```

这是很笨拙的方法，如果分组聚合的列远不止 3 个列，那么需要拆解的 SQL 语句会更多。在 Hive 中可以通过参数（hive.new.job.grouping.set.cardinality）配置的方式自动控制作业的拆解，该参数默认值是 30。该参数表示针对 grouping sets/rollups/cubes 这类多维聚合的操作，如果最后拆解的键组合（上面例子的组合是 4）大于该值，会启用新的任务去处理大于该值之外的组合。如果在处理数据时，某个分组聚合的列有较大的倾斜，可以适当调小该值。

10.4.4 无法削减中间结果的数据量引发的数据倾斜

在一些操作中无法削减中间结果，例如使用 collect_list 聚合函数，存在如下 SQL：

```
select s_age,collect_list(s_score) list_score
from student_tb_txt
group by s_age
```

在 student_tb_txt 表中，s_age 有数据倾斜，但如果数据量大到一定的数量，会导致处理倾斜的 Reduce 任务产生内存溢出的异常。针对这种场景，即使开启 hive.groupby.skewindata 配置参数，也不会起到优化的作业，反而会拖累整个作业的运行。

启用该配置参数会将作业拆解成两个作业，第一个作业会尽可能将 Map 的数据平均分配到 Reduce 阶段，并在这个阶段实现数据的预聚合，以减少第二个作业处理的数据量；第二个作业在第一个作业处理的数据基础上进行结果的聚合。

hive.groupby.skewindata 的核心作用在于生成的第一个作业能够有效减少数量。但是对于 collect_list 这类要求全量操作所有数据的中间结果的函数来说，明显起不到作用，反而因为引入新的作业增加了磁盘和网络 I/O 的负担，而导致性能变得更为低下。

解决这类问题，最直接的方式就是调整 Reduce 所执行的内存大小，使用 mapreduce.reduce.memory.mb 这个参数（如果是 Map 任务内存瓶颈可以调整 mapreduce.map.memory.mb）。但还存在一个问题，如果 Hive 的客户端连接的 HIveServer2 一次性需要返回处理的数据很大，超过了启动 HiveServer2 设置的 Java 堆（Xmx），也会导致 HiveServer2 服务内存溢出。

10.4.5　两个 Hive 数据表连接时引发的数据倾斜

两表进行普通的 repartition join 时，如果表连接的键存在倾斜，那么在 Shuffle 阶段必然会引起数据倾斜。

遇到这种情况，Hive 的通常做法还是启用两个作业，第一个作业处理没有倾斜的数据，第二个作业将倾斜的数据存到分布式缓存中，分发到各个 Map 任务所在节点。在 Map 阶段完成 join 操作，即 MapJoin，这避免了 Shuffle，从而避免了数据倾斜。

第 11 章　Hive 知识体系总结

本章简要梳理一下 Hive 的整个知识体系。通过梳理整个知识体系，全面了解一项技术涉及的方方面面，有助于读者对该技术的学习和理解。

例如，在梳理 Hive 数据存储相关的知识时可以知道 Hive 提供了多种数据存储，如果仔细分析 Hive 为什么需要提供这么多的数据存储知识，我们所能学到的调优知识将会更多，在后续调优的过程中自然会将数据存储格式的选择列为调优的重要选择项之一。

11.1　Hive 知识体系

Hive 知识体系可以用一张导图来概括，如图 11.1 所示。

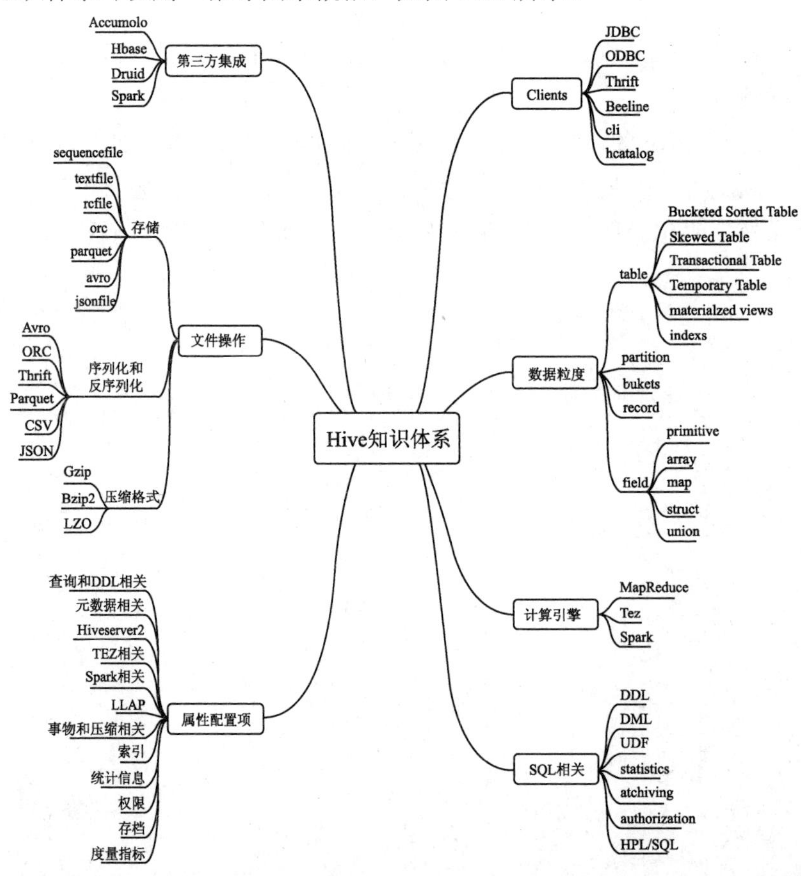

图 11.1　Hive 知识体系总览

整个知识体系包含如下几部分：

（1）计算引擎。

计算引擎包含 3 个部分：MapReduce、Spark 和 Tez（包括 LLAP）。三者的计算原理类似。Spark 和 Tez 都引入了 DAG 用于优化复杂作业的执行计划。LLAP 提升了 Hive 在 OLAP 场景下的交互性能。

（2）属性配置项。

Hive 属性配置项涵盖的内容很多，可以分为如下几部分：

- 查询语句和 DDL 相关的配置；
- 元数据相关的配置；
- HiveServer2 相关的配置；
- Spark 相关的配置；
- LLAP 相关的配置；
- 事务和数据压缩相关的配置；
- 索引相关的配置信息；
- 权限相关的配置；
- 归档相关的配置；
- Hive 监控的度量指标配置。

Hive 属性配置项内容特别多，具体的配置项可以参考 Hive Wiki。

（3）客户端。

（4）Hive 支持 JDBC、ODBC、Thrift、Beeline、CLI 等方式提交 SQL 代码。

（5）第三方组件。

（6）Hive 可集成的第三方组件包括 Accumolo、Spark、Druid、Hbase 和 Spark 等。

（7）数据粒度。

（8）SQL 相关。

（9）文件操作。

其中，数据粒度、SQL 相关和文件操作会在后面的章节详细介绍。

11.2 数据粒度

在 Hive 中，数据粒度可以分为表、分区、桶、列和字段，如图 11.2 所示。

字段部分，Hive 提供了两个虚拟列：

- INPUT__FILE__NAME：mapper 任务的输入文件名称。
- BLOCK__OFFSET__INSIDE__FILE：记录所在当前全局文件的位置。

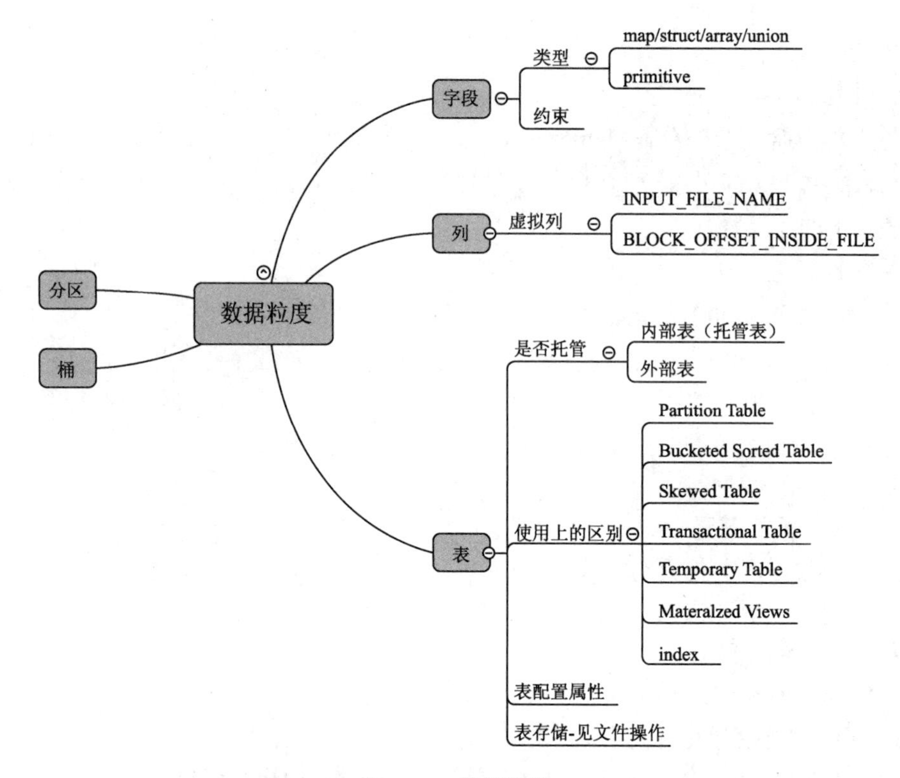

图 11.2　数据粒度

Hive 除了支持基本的数据类型（primitive）tinyint、smallint、int、bigint、double、float、decimal、date、timestamp、string、varchar、char、boolean、binary 和 interval 之外，还支持复杂结构的数据类型，如 array、struct、union 和 map。

桶是 Hive 表或分区更为细粒度的数据范围划分。Hive 也是针对某一列进行桶的组织。Hive 采用对列值哈希，然后除以桶的个数求余的方式决定该条记录存放在哪个桶当中。这样的一个特性能够将列值相同的数据组织得更为紧凑。通过桶我们可以改变数据分布。

分区是 Hive 表更为细粒度的数据范围划分。从实际数据存储来看，是在表所在的目录下创建二级目录，每个目录对应一个分区键。

Hive 根据是否被 Hive 托管划分为内部表（托管表）和外部表。内部表和外部表的本质区别是：内部表是由 Hive 来管理表的元数据、存储数据及统计信息，而外部表只维护一个表的元数据。因为本质差异导致了某些特性只能适用于一种表，特性如下：

- ARCHIVE/UNARCHIVE/TRUNCATE/MERGE/CONCATENATE 只适用于托管表。
- Drop 命令删除托管表的所有数据，外部表只删除元数据；
- ACID/Transactional 只对托管表有效；
- 查询结果缓存只适用于托管表；
- 仅对外部表允许依赖约束；

- 一些物化视图特性只在托管表上工作。

创建内部表用法举例：

```
CREATE TABLE page_view(viewTime INT, userid BIGINT,
     page_url STRING
 )
 COMMENT 'This is the page view table'
 PARTITIONED BY(dt STRING, country STRING)
 ROW FORMAT DELIMITED
   FIELDS TERMINATED BY '\001'
 STORED AS SEQUENCEFILE;
```

创建外部表用法举例：

```
CREATE EXTERNAL TABLE page_view(viewTime INT, userid BIGINT,
     page_url STRING
 )
 COMMENT 'This is the staging page view table'
 ROW FORMAT DELIMITED FIELDS TERMINATED BY '\054'
 STORED AS TEXTFILE
 LOCATION '<hdfs_location>';
```

从上面的例子中我们可以体验到二者的区别，外部表需要声明为 EXTERNAL，并指定 LOCATION。

Hive 根据使用上的区别，可以划分为下面几类：

（1）分区表（partiton table），可以使用 PARTIONED BY 子句创建分区表。一个表可以有一个或多个分区列，并且为分区列中的每个不同值组合创建一个单独的数据目录。

创建分区表的用法举例：

```
CREATE TABLE page_view(viewTime INT, userid BIGINT,
     page_url STRING
 )
 COMMENT 'This is the page view table'
 PARTITIONED BY(dt STRING, country STRING)
 ROW FORMAT DELIMITED
   FIELDS TERMINATED BY '\001'
 STORED AS SEQUENCEFILE;
```

（2）桶排序表（bucketed sorted table），数据按制定的列进行分桶，每个桶内的数据按制定的字段进行排序。这样的组织方式有助于对集群抽样。同时表本身自带排序，对于查询有也有一定的帮助。

创建桶排序表的用法举例：

```
CREATE TABLE page_view(viewTime INT, userid BIGINT,
     page_url STRING
)
 COMMENT 'This is the page view table'
 PARTITIONED BY(dt STRING, country STRING)
 CLUSTERED BY(userid) SORTED BY(viewTime) INTO 32 BUCKETS
 ROW FORMAT DELIMITED
   FIELDS TERMINATED BY '\001'
```

```
    COLLECTION ITEMS TERMINATED BY '\002'
    MAP KEYS TERMINATED BY '\003'
  STORED AS SEQUENCEFILE;
```

（3）倾斜表（skewed table），当表的部分列具有倾斜值时，可以用这个特性提高表的性能。原理：指定了列，会告诉计算引擎，计算的时候先过滤掉某些列，这些列采用单独的作业去计算。这种方式的使用是一把双刃剑，要建立在对业务较为熟悉的基础上使用。

创建倾斜表用法举例：

```
CREATE TABLE list_bucket_single (key STRING, value STRING)
SKEWED BY (key) ON (1,5,6) [STORED AS DIRECTORIES];
```

（4）临时表（Temporary Table），Hive 的临时表只有一种——会话（session）内临时表，即在当前会话内创建，会话结束后被删除。临时表的数据暂存在 scratch 目录，即 hive.exec.scratchdir 配置的目录。有 3 点需要注意：

- 临时表不能和已创建的非临时表名冲突；
- 临时表不支持分区；
- 临时表不支持创建索引。

创建索引的用法举例：

```
CREATE TEMPORARY TABLE list_bucket_multiple (col1 STRING, col2 int, col3
STRING);
```

扩展：从 Hive 1.1 开始，存储策略可以设置放内存、SSD，或者默认 hive-site.xml 所配置 hive.exec.temporary.table.storage 的存储配置参数。

（5）Transactional Table 事务表，顾名思义，这里所说的事务要求能够保证关系型数据库事务要求的 A（原子性）、C（一致性）、I（隔离性）、D（持久性）。但事务的出现并不代表 Hive 能够很好地支持在线事务（OLTP）场景。它还对少并发、高吞吐的场景更加友好。

创建事务用法举例：

```
CREATE TRANSACTIONAL TABLE transactional_table_test(key string, value
string) PARTITIONED BY(ds string) STORED AS ORC;
```

（6）TBLPROPERTIE 表配置属性，表配置属性允许使用自己的元数据键-值对标记表定义。一些预定义的表属性也存在，例如 last_modified_user 和 last_modified_time，它们是由 Hive 自动添加和管理的。下面是预定义一些表属性：

```
TBLPROPERTIES ("comment"="table_comment")
TBLPROPERTIES ("hbase.table.name"="table_name")
TBLPROPERTIES ("immutable"="true") or ("immutable"="false")
TBLPROPERTIES ("orc.compress"="ZLIB") or ("orc.compress"="SNAPPY") or
("orc.compress"="NONE") and other ORC properties
TBLPROPERTIES ("transactional"="true") or ("transactional"="false")
TBLPROPERTIES("NO_AUTO_COMPACTION"="true")or ("NO_AUTO_COMPACTION"="false")
TBLPROPERTIES ("compactor.mapreduce.map.memory.mb"="mapper_memory")
```

```
TBLPROPERTIES ("compactorthreshold.hive.compactor.delta.num.threshold"=
"threshold_num")
TBLPROPERTIES ("compactorthreshold.hive.compactor.delta.pct.threshold"=
"threshold_pct")
TBLPROPERTIES ("auto.purge"="true") or ("auto.purge"="false")
TBLPROPERTIES ("EXTERNAL"="TRUE")
```

表的存储，Hive 提供了多种类型的表存储方式，包括 ORC、Parquet 和 RCFile 等。

11.3　SQL 相关

这一部分是开发人员经常接触的一部分，整个 SQL 相关的技术组成如图 11.3 所示。

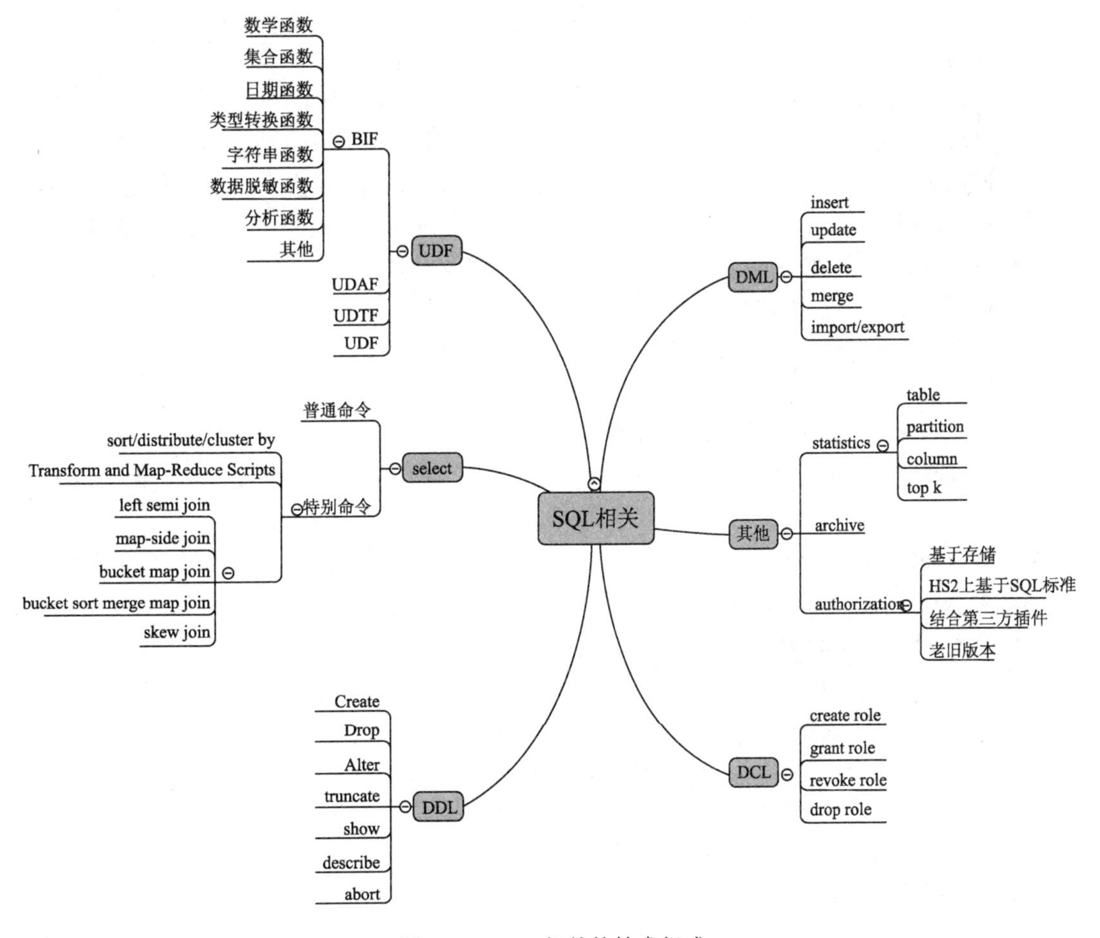

图 11.3　SQL 相关的技术组成

从图 11.3 中可以看到整个 SQL 相关的技术组成：select 查询语句、DDL、DML、DCL、UDF 和其他。

11.3.1 select 查询语句

select 查询语句部分可以分为两部分：普通命令和特殊命令。普通命令即与关系型数据库相同的命令，包括列选择、列聚合、行筛选、窗口操作和表链接等操作；特殊命令是 Hive 独有的，主要来看下面几部分。

- sort/distribute/cluster by：sort by 是 Reduce 阶段的排序，能保证整个 Reduce 阶段的任务有序。Reduce 是 MapReduce 计算引擎的 Reduce。根据 distribute by 指定的列，将数据分布到 Reduce 阶段中，所有列值相同的行都将使用相同的 Reduce 节点。culster by 则是结合 sort by 与 distribute by 的功能。
- Tansform and Map-Reduce Scripts：这是 Hive 提供的一个比较强大的特性，允许在 SQL 中内嵌其他语言的代码，例如 Python 和 Java 等语言代码，以实现复杂的逻辑处理。
- left semi join：左半连接，用于替换 Hive 中的 in / exists 子查询。在传统的 RDBMS 中，in 和 exists 子句被广泛使用，而在 Hive 中，left semi join 被用作相同子句的替换。
- map-side join：在 Hive 中连接多个表时会出现这种情况，其中一个表的行数比较小，而另一个表的行数比较大。为了高效地生成结果，Hive 使用了 map side join。map 指 MapReduce 计算引擎的 Map。在 map side join 中，较小的表被缓存到内存中，而大的表被流化通过 Map 计算节点。这样做，Hive 只在 Map 端完成连接，大大削减了 Reduce 端的数据量，性能得到了极大的改善。
- bucketd map join：这是 Map Join 的特殊情况。如果两表都是桶表（bucketd table），并且两表之间的桶数存在倍数关系，则会使用 bucketd map join。
- bucketd sorted merge join：这是 bucketd map join 的特殊情况，两桶表在 Map 段进行表连接是基于有序数据的合并连接。
- skew join：当 join 表中有一个包含倾斜数据的表时，就可以使用倾斜连接。倾斜表是一个表，其中少部分的值与其他数据相比会在表中大量出现。正常情况下，如果需要依据倾斜值所在的列进行两表连接，那么该特定列的数据将转到单个 Reducer 上，可能造成一个 Reduce 所要处理的数据量是其他节点的几十倍或几百倍。由于单台机子的资源限制，导致这个 Reducer 节点会成为整个作业的瓶颈。

11.3.2 数据定义语言（DDL）

数据定义语言包括如下几部分：

（1）创建（create）库/表/分区/视图/索引/宏（Macro）。

🔔**注意：**索引特性，在最新的 Hive 3.0 中已经被废弃，可以用两种方式代替，一种是物化视图，这个在 Hive 2.3 版本中有支持；一种是 ORC 的文件存储格式。

（2）删除（drop）库/表/分区/视图/索引/宏（Macro）。

（3）修改（alter）库/表/分区/列/视图。

（4）清空（truncate）表。

（5）中断（abort）事务：abort 事务特性是在 Hive 1.3 和 Hive 2.1 版本中添加的。

（6）MSCK 表：MSCK 命令用于修复元数据库中表的分区信息。如果向 Hive 表中插入新的分区和数据，不采用 Hive SQL 的 Insert 方式，而是直接使用 hdfs dfs -put 命令方式，则会使 Hive 的元数据库没有记录该分区信息，最终导致新插入的分区及数据无法被 Hive SQL 访问到。MSCK 命令可以扫描 HDFS 的路径，将这些路径信息同步到 Hive 元数据库对应的表的分区，实现表的修复，使 Hive SQL 能够访问到通过 hdfs dfs -put 命令新增的分区及数据信息。MSCK 的语法如下：

```
MSCK [REPAIR] TABLE table_name [ADD/DROP/SYNC PARTITIONS];
```

（7）显示（Show）库/表/分区/视图/索引/列/建表语句/表配置属性/函数/锁/权限/事务相关信息。

- show databases：获取 hive 的库名列表。
- show tables：获取当前库下的表名列表。
- show partitions 表名：获取表的分区列表。
- show functions：获取当前可用函数列表。
- show views：获取当前库下的视图列表，Hive 2.2 版本中新增。
- show tblproperties：获取某个表的表配置属性。
- show create table 表名：获取某个表的完整建表语句。
- show column from 表名：获取表的所有字段名。
- show locks：获取某个库、表或者某个表的分区的锁信息。
- show transactions：获取库内的事务信息。
- show compactions：获取已经被压缩或正在被压缩的表/分区的压缩信息。
- show conf '值名'：查看配置项当前的值，如 show conf　'hive.execution.engine'。
- show table extended like 表名：获取表的大部分信息，包括数据存储位置、输入/输出格式、列基本信息和表的配置信息等。这对于在开发中要获取表信息有比较大的用处。下面是用法举例：

```
hive> show table extended like student_tb_orc;
OK
tableName:student_tb_orc
owner:hue
location:hdfs://bigdata-02:8020/mnt/data/bigdata/warehouse/student_tb_orc
inputformat:org.apache.hadoop.hive.ql.io.orc.OrcInputFormat
```

```
outputformat:org.apache.hadoop.hive.ql.io.orc.OrcOutputFormat
columns:struct columns { string s_no, string s_name, string s_birth, i64
s_age, string s_sex, i64 s_score, string s_desc}
partitioned:false
partitionColumns:
totalNumberFiles:1000
totalFileSize:219753694
maxFileSize:225530
minFileSize:212931
lastAccessTime:1540523424010
lastUpdateTime:1538041303532
```

（8）Desc 库/表/分区/列/视图：

- desc database 库名，用于获取库的描述，包括库的存储位置及权限信息。
- desc [extended|formatted]表/分区，用于获取表或者某个表的分区的详细信息，比 show table extend 更加具体。

具体见下面的例子：

```
hive> desc formatted default.student_tb_orc;
OK
# col_name              data_type            comment

s_no                    string               ??
s_name                  string               ??
s_birth                 string               ??
s_age                   bigint
s_sex                   string
s_score                 bigint               ??????
s_desc                  string               ????
# Detailed Table Information
Database:               default
Owner:                  hue
CreateTime:             Thu Sep 27 16:29:07 CST 2018
LastAccessTime:         UNKNOWN
Protect Mode:           None
Retention:              0
Location:               hdfs://bigdata-02:8020/mnt/data/bigdata/warehouse/
                        student_tb_orc
Table Type:         MANAGED_TABLE
Table Parameters:
   COLUMN_STATS_ACCURATE       true
   numFiles                1000
   totalSize               219753694
   transient_lastDdlTime   1538041303

# Storage Information
SerDe Library:          org.apache.hadoop.hive.ql.io.orc.OrcSerde
InputFormat:            org.apache.hadoop.hive.ql.io.orc.OrcInputFormat
OutputFormat:           org.apache.hadoop.hive.ql.io.orc.OrcOutputFormat
Compressed:             No
Num Buckets:            -1
Bucket Columns:         []
Sort Columns:           []
```

```
Storage Desc Params:
    serialization.format    1
```

11.3.3　数据控制语言（DML）

数据控制语言包含如下命令：

（1）insert 命令：将数据写入表/目录。

（2）delete 命令：将表中的数据删除，但仅仅针对表类型支持 ACID 操作。

（3）update 命令：更新表中的数据，但仅仅针对表类型支持 ACID 操作。

（4）load 命令：将本地/集群上的某个文件直接插入表/分区。语法如下：

```
LOAD DATA [LOCAL] INPATH 'filepath' [OVERWRITE] INTO TABLE tablename
[PARTITION (partcol1=val1,partcol2=val2 ...)]
```

在 Hive 3.0 中开始支持如下方式：

```
LOAD DATA [LOCAL] INPATH 'filepath' [OVERWRITE] INTO TABLE tablename
[PARTITION (partcol1=val1, partcol2=val2 ...)] [INPUTFORMAT 'inputformat'
SERDE 'serde']
```

（5）merge 命令：将两张表进行合并，合并的规则可以根据条件的不同，实现更新、删除和添加，但需要在 Hive 2.2 版本以上，并且表类型能支持 ACID 操作。语法如下：

```
MERGE INTO <target table> AS T USING <source expression/table> AS S
ON <boolean expression1>
WHEN MATCHED [AND <boolean expression2>] THEN UPDATE SET <set clause list>
WHEN MATCHED [AND <boolean expression3>] THEN DELETE
WHEN NOT MATCHED [AND <boolean expression4>] THEN INSERT VALUES<value list>
```

（6）export 命令：将表或分区的数据连同元数据导出到指定的输出位置。语法如下：

```
EXPORT TABLE tablename [PARTITION (part_column="value"[, ...])]
TO 'export_target_path' [ FOR replication('eventid') ]
```

用法举例：

```
export table employee partition (emp_country="in", emp_state="ka") to
'hdfs_exports_location/employee';
```

（7）import 命令：导入数据到对应的表，如果表不存在就创建，如果表存在，要校验导入数据的 schema 及输入/输出格式。在倒入的时候要注意，如果表未分区，要确保导入的表为空，如果导入的表是分区表，要确保导入的分区不能存在。语法如下：

```
IMPORT [[EXTERNAL] TABLE new_or_original_tablename [PARTITION (part_
column="value"[, ...])]]
FROM 'source_path' [LOCATION 'import_target_path']
```

用法举例：

```
import from 'hdfs_exports_location/employee';
```

11.3.4 用户自定义函数（UDF）

用户自定义函数可以分为三部分：BIF（Built-in-functions）Hive 内建函数、UDAF（User-Defined Aggregate Functions）聚合函数和 UDTF（User-Defined Table-Generating Functions）表生成函数。

BIF 部分的内容可以分为以下几大类：

（1）数学函数，包括 abs、acos、asin、atan、bin、bround、cbrt、ceil、conv、cos、degrees、e、exp、factorial、floor、greatest、hex、least、ln、log2、log10、log、negative、pi、pmod、positive、pow、radians、rand、round、round、shiftleft、shiftright、shiftrightunsigned、sign、sin、sqrt、tan、unhex 和 width_bucket。

（2）集合函数，包括 size、map_keys、map_values、array_contains 和 sort_array。

（3）类型转换函数，包括 binary、cast。

（4）日期函数，包括 from_unixtime、unix_timestamp、to_date、year、quarter、month、day、hour、minute、second、weekofyear、extract、datediff、date_add、date_sub、from_utc_timestamp、to_utc_timestamp、current_date、current_timestamp、add_months、last_day、next_day、trunc、months_between 和 date_format。

（5）条件判断函数，包括 if、isnull、isnotnull、nvl、coalesce、case、nullif 和 assert_true。

（6）字符串函数，包括 ascii、base64、character_length、chr、concat、context_ngrams、concat_ws、decode、elt、encode、field、find_in_set、format_number、get_json_object、in_file、instr、length、locate、lower、lpad、ltrim、ngrams、octet_length、parse_url、printf、regexp_extract、regexp_replace、repeat、replace、reverse、rpad、rtrim、sentences、space、split、str_to_map、substr、substring_index、translate、trim、unbase64、upper、initcap、levenshtein 和 soundex。

（7）数据脱敏函数，包括 mask、mask_first_n、mask_last_n、mask_show_first_n 和 mask_show_last_n、mask_hash。

扩展： 数据脱敏，即将敏感的原始真实数据转换成虚拟值，转换后的值被永久改变且不可恢复。

（8）分析函数，包括 cume_dist、dense_rank、first_value、lag、last_value、lead、ntil、percent_rank、rank 和 row_number。

（9）其他杂项函数，包括 java_method、reflect、hash、current_user、logged_in_user、current_database、md5、sha1、sha、crc32、sha2、aes_encrypt、aes_decrypt 和 version。

（10）UDAF，包括 count、sum、avg、min、max、variance、var_samp、stddev_pop、stddev_samp、covar_pop、covar_samp、corr、percentile、percentile_approx、regr_avgx、 regr_avgy、regr_count、regr_intercept、regr_r2、regr_slope、regr_sxy、regr_syy、histogram_numeric、collect_set、collect_list 和 ntile。

（11）UDTF，包括 explode、posexploed、inline、stack、json_tuple 和 parse_url_tuple。

其他命令，这部分包括 archive 和 statistics 等。authorization（权限），这里讨论的权限是指验证用户是否具有执行特定操作的权限授权，而不是验证用户的身份。通过使用 Kerberos，可以为像 Hive 命令行这样的工具提供强身份验证。

Hive 权限控制主要针两个方面，一是对 Hive 元数据的访问权限控制，二是对存储在 HDFS 上的数据的访问权限控制。针对这两个方面，Hive 目前有以下 4 种权限控制方式：

- 基于存储检查的权限控制：Hive 不提供对数据访问的控制，全部交给底层的 HDFS 权限来控制，以拥有一致的数据和元数据授权策略。但是这个权限的控制是粗粒度，只能提供对数据库、表和分区的访问控制。
- 在 HiveServer2（HS2）上基于 SQL 标准的权限控制：Hive Server2 可以通过访问 Hive 的元数据信息获取行和列的信息，从而实现基于 SQL 标准的细粒度访问控制。当然 Hive CLI 从原理上讲也是可以做到的，只是 CLI 的访问控制策略不能够进行安全的访问控制，用户还是可以直接访问 HDFS，而绕过了这个 SQL 校验，所以被禁止。
- 通过 apache ranger 和 apache sentry 进行权限控制。
- 老版本的权限控制：采用类似基于 SQL 标准的授权模型，即通过 grant/revoke 声明访问控制，但是底层数据存储的访问权限与声明的访问控制权限是不同的。这种方式存在较大的问题，用户可以直接绕过 Hive 权限控制，直接访问 HDFS。

11.4 文件操作

文件操作可以分为三大部分：文件存储类型、序列化/反序列化方式、压缩格式，如图 11.4 所示。

文件的存储类型包括 SequenceFile、TextFile、RCFile、ORC、Parquet、Avro、JsonFile 等。

Hive 提供的序列化/反序列化方式有：

- RegexSerDe：支持通过正则表达式的识别文本内容，并以 Hive 表形式呈现。
- AvroSerDe：支持对 Avro 类型文件的读写。
- OrcSerDe：支持对 ORC 类型文件的读写。
- ParquetSerDe：支持对 Parquet 文件的读写。
- CSVSerDe：提供对 CSV 文件的读写。
- JSONSerDe：提供对 JSON 文件的读写。
- ThriftSerDe：提供对 thrift 文件的读写。

- LazySimpleSerDe：Hive 2.1 之后出现的新类型，可用于读取与 MetadataTypedColumnsetSerDe 和 TCTLSeparatedProtocol 相同的数据格式。然而，LazySimpleSerDe 以一种懒执行的方式创建对象，旨在提供更好的性能。LazySimpleSerDe 也输出类型化的列，而不是像 Metadatatypedcolumnsetserde 那样将所有列当作字符串处理。

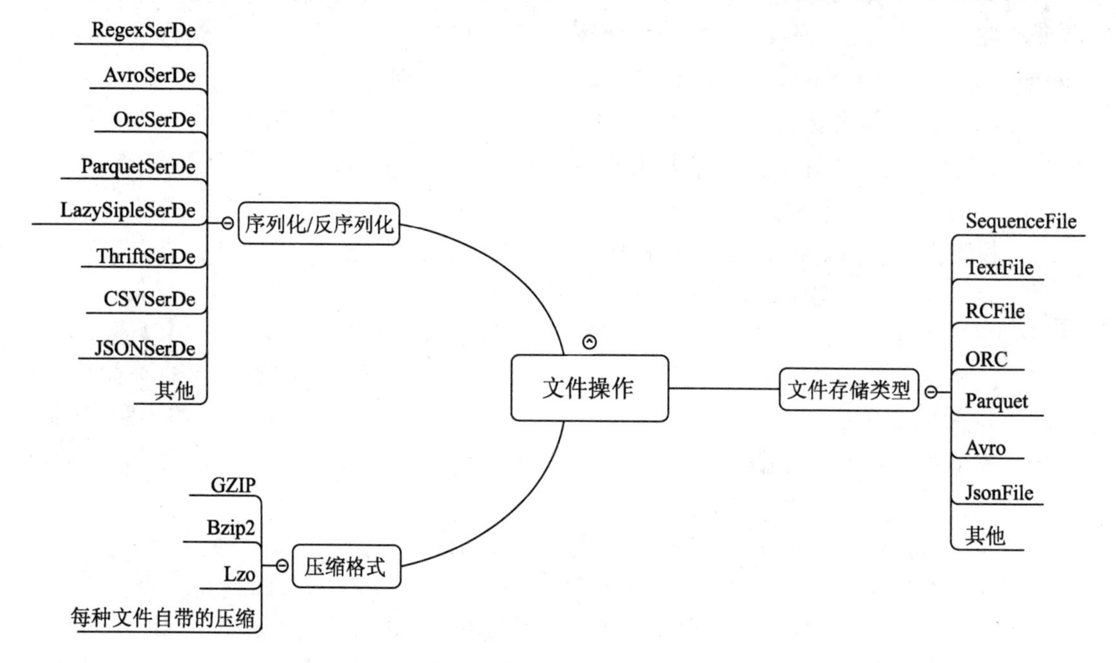

图 11.4　文件操作

推荐阅读

从零开始学
Python网络爬虫

从零开始学
Scrapy网络爬虫
（视频教学版）

从零开始学
Python数据分析
（视频教学版）

人脸识别与
美颜算法实战
基于Python、机器学习与深度学习

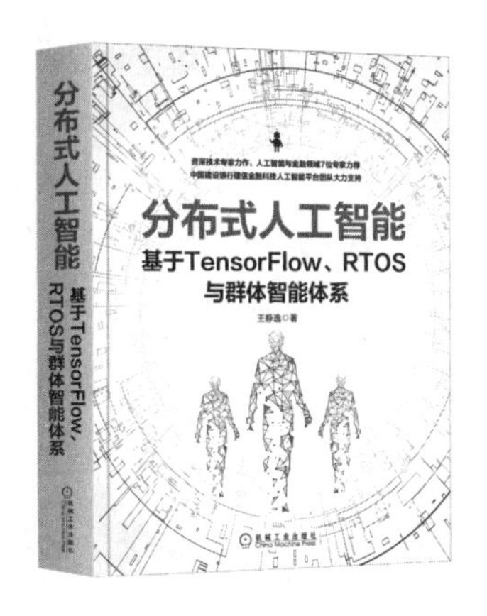
分布式人工智能
基于TensorFlow、RTOS
与群体智能体系

深度学习之
TensorFlow
入门、原理与进阶实战

深度学习之
图像识别
核心技术与案例实战

深度学习之
人脸图像处理
核心算法与案例实战

机器学习算法框架实战
Java和Python实现

推荐阅读

从零开始学Hadoop大数据分析（视频教学版）

作者 温春水 毕洁馨 书号：978-7-111-61931-4 定价：89.00元

凝聚资深专家12年一线开发经验，手把手带你掌握Hadoop核心技术
采用“理论讲解→环境搭建→项目案例实战”的科学编排体系

本书从零开始，手把手带领读者全面学习Hadoop大数据分析的基础知识、14个核心组件模块、30个中小案例及4个项目实战案例。为了帮助读者更加高效、直观地学习，作者特意为本书录制了118段共20小时高质量、高价值的大数据核心技术配套教学视频。

Hadoop大数据挖掘从入门到进阶实战（视频教学版）

作者 邓杰 书号：978-7-111-60010-7 定价：99.00元

博客园资深博主、极客学院特邀讲师分享多年的Hadoop使用经验
全面涵盖Hadoop从基础部署到集群管理，再到底层设计等重点内容

本书采用“理论+实战”的编写形式，结合51个实例、10个综合案例及作者多年积累的一线开发经验，带领读者通过实际动手的方式提高编程水平。书中的所有实例和案例均来源于作者多年的工作经验积累和技术分享。本书提供近200分钟配套教学视频，手把手带领读者高效学习。

Spark Streaming实时流式大数据处理实战

作者 肖力涛 书号：978-7-111-62432-5 定价：69.00元

前腾讯优图实验室及WeTest研究员/现拼多多资深算法工程师力作
腾讯WeTest总监方亮与腾讯深海实验室创始人辛愿等5位大咖力荐
快速搭建Spark平台，从0到1动手实践Spark Streaming流式大数据处理

本书通过透彻的原理分析和充实的实例代码讲解，全面阐述了Spark Streaming流式处理平台的相关知识，能够让读者快速掌握如何搭建Spark平台，然后在此基础上学习流式处理框架，并动手实践进行Spark Streaming流式应用开发，包括与主流平台框架的对接应用及项目实战中的一些调优策略等。